在人们之前对自闭症的研究中，认为自闭症儿童的智力都是正常的，只是存在严重的人际关系障碍问题，他们的记忆力都很好。

异装癖是性欲倒错的一种，他们通过穿着异性的服装，来唤醒自己身体里面真正的自我，达到在精神层面上成为目标性别的欲望。

重口味心理学

张卉妍◎编著

四川人民出版社

图书在版编目（CIP）数据

重口味心理学 / 张卉妍编著 . -- 成都 : 四川人民出版社, 2019.5
ISBN 978-7-220-11359-8

Ⅰ . ①重… Ⅱ . ①张… Ⅲ . ①心理学 – 通俗读物
Ⅳ . ① B84-49

中国版本图书馆 CIP 数据核字 (2019) 第 070851 号

ZHONGKOUWEI XINLIXUE

重口味心理学

张卉妍　编著

出 版 人	黄立新
策划组稿	张明辉
编辑统筹	罗晓春
责任编辑	罗晓春
营销策划	张明辉
插画绘制	金版文化
封面设计	黄健民
责任校对	吴　玥
责任印刷	许　茜
出版发行	四川人民出版社（成都槐树街2号）
网　　址	http：//www.scpph.com
E-mail	sarmcbs@sina.com
新浪微博	@四川人民出版社
微信公众号	四川人民出版社
发行部业务电话	（028）86259624　86259453
防盗版举报电话	（028）86259624
印　　刷	深圳市雅佳图印刷有限公司
成品尺寸	135mm × 180mm
印　　张	14
字　　数	300千
版　　次	2019年5月第1版
印　　次	2019年5月第1次印刷
书　　号	ISBN 978-7-220-11359-8
定　　价	42.80元

前言

preface

你的身边是否有些人看起来思维另类、行为怪异、不能理解，你甚至曾在心里嘀咕着那个人是不是神经病？你有没有遇到过某些人某些时候会突然性情大变，几乎变成了另一个人？你知不知道有些人会将一些稀奇古怪的东西当作自己的爱人，甚至忠贞不渝？你身边是否有人长期遭受着情绪低落的痛苦，甚至会出现轻生的念头？是否有人会不停地吃东西，即使已经吃得很饱也依然如此？是否有人害怕与人交往，甚至不敢去公共场合……

其实，这些重口味的怪异行为背后都有着深层的心理因素。19世纪俄国批判现实主义作家屠格涅夫曾说："人的心灵是一片幽暗的森林。"确实，人心包罗万象，神秘怪异如一个深潭，让人无法探清其真相。然而，每个人的思想、态度、愿望、情绪、性格等个性特征，都会不自觉地反映于外界事物或他人，这是一种心理投射作用。反过来讲，人的心理活动，会通过对外界事物或他人的态度和情绪不自觉地表现出来，因此，我们探究人的某些重口味行为背后的心理就变得有迹可循。

心理世界是个极其复杂的神秘地带，而重口味心理学则是心理学的最后一块隐秘之地。重口味心理学让我们看到了某些人怪异行为背后的那些心理隐秘，为我们打开了通往另一个心灵世界的大门。这扇大门之后的世界简直可以颠覆我们以往的认知。那感觉就像在看惊悚片，明明心脏颤抖得在紧缩，可是大脑里的猎奇意识却疯狂地在扩张、恐惧、厌恶，但又忍不住想一探究竟。开始你也许会恐惧，也许会抵触，接下来你也许开始怀疑自己，然后不断怀疑别人，最后你会站在更客观的角度，会更容易理解和接受这个世界，理解和接受身边的人。

学习重口味心理学，会让你读懂人性、看清人心，更好地认识自己。有人说过，没有不能看透的人，没有不能解读的行为，只有你没能理解的人心和欲望。看到重口味心理学的内容，或许你会惊讶：世上竟然还有这种人？他们怎么会有这样的想法？嗤之以鼻之后，你是否想过，内心深处，你所不敢面对的，不也有某种异样的情绪在蠢蠢欲动吗？ 当我们不了解时，我们就意识不到；当我们了解了，才发觉原来真相是这么的可怕。只有深刻地认识到内心深处某些心理产生的根源，并参照其他人的行为反观自身，我们才能深思、揣摩自己的内心，从而对人性有更深刻的洞察，发现潜藏在内心深处的自己，并且学会自我调节和改正，从而行走在平静、幸福的路上！

学习重口味心理学，会让我们更清楚地看清他人，从而更客观地理解和对待别人。就像著名的印度哲学家吉达·克里希那穆提说的："要了解一样东西，你就必须活在其中，你必须观察它，认识它的所有内涵、本质、结构以及它的活动。如果我们一开始就怪罪或批判他人，就表示我们无法看清真相了。"学了这方面的知识，你才会注意到我们常常用来贬损他人的"人格分裂"会严重到多个灵魂并存在一个身体里那么高深的程度；你才会去注意有些人看起来怪怪的时候，并不是因为他性格怪癖，或者是喝醉酒、吃错药，那是因为他有病；你才会注意到某些时候不受意识控制地涌出来的一些想法、意念和冲动是多么危险的信号，有那么多人曾经走到了一个"患者"和"正常人"的边界线。你才会了解异装癖、偷窥癖、精神分裂症、性虐待、暴露狂……这些都是人类生命的辛酸和忧郁、灵魂的孤独和幽暗、心路的曲折和执拗的写照。

正所谓"病由心生"，只有为心理把好脉，才能让身心保持在一种平衡健康的状态，才能让生活变得阳光起来。本书采用现实案例加科学分析的方式，对现代社会中容易出现的各种重口味心理，如人格障碍、恋物癖、社交恐惧、神经性厌食、性别认定障碍、精神分裂、强迫症、物质成瘾、露阴癖及疑病症、自恋症、心理逆反、性冷淡、异装癖、睡行症、受虐狂、失忆症等做了全面细致、科学通俗的解析，全面论述了各种心理异常的演变情况，阐释了具体心理障碍及其形成的原因。通过阅读本书，你能够挖掘出那些重口味心理背后所隐藏的秘密，从而更好地掌控自己的人生，更理性地对待他人。

重口味心理学，就是用一种刺激的方式给了你一种无敌的正能量。

目录
CONTENTS

第一篇 一个肉体能装下几个“灵魂”——多重人格障碍

002 轮流值班的灵魂
006 核心人格和非核心人格
010 多重人格和精神分裂
015 被催眠的安娜
021 灵魂从哪里来
026 多重人格与表演者

第二篇 妄想症与偏执狂——受伤的“理智”

032 你永远也理解不了的“一根筋”
034 受伤的“理智”
038 坚信一直有人在伤害自己的“被害妄想症”

041 “幻肢症”“虚构症”“错构症”

048 总想与明星谈恋爱的“被爱妄想症”

051 关于“偏执狂、妄想症症候群”的某些想法

第三篇 我一定是病了——疑病症

056 我一定是得了很多“重病”

060 疑病症的经典案例

065 完美主义和固执心理

069 患上疑病症，应该怎么办

074 关于艾滋病恐惧症

第四篇 失控的身体——强迫症

080 那些我们熟悉的强迫症患者

085 千奇百怪的强迫症
091 儿童强迫症
095 强迫性意向
100 强迫症小结

第五篇 没来由的各种怕——特定对象恐惧症

106 恐惧的渊源
109 没来由的“害怕”
115 声音恐惧症
119 恐高症
124 疾病恐惧症
130 动物恐惧症

第六篇 我怎么就那么完美——自恋症

138 我是我的“偶像”

142 我是人群中的“焦点”
148 我受不了你的缺点
156 他们为什么会成为自恋的人

第七篇 对物体产生的特殊情结——恋物癖

164 千奇百怪的恋物癖
168 奇怪癖好爱从何来
172 如何让恋物癖者“失恋”
176 我爱的是你的“假发”

第八篇 不需要但一直喜欢窃取——偷盗狂

182 恋上当“小偷”
187 偷来的东西是“我不需要的”
194 带来关心的“偷盗”

201 带来刺激的“偷窃”

206 带来满足的“偷盗”

212 “偷盗癖”起始都因心理补偿

第九篇 游走于私人的世界——睡行症

218 一边走路一边“睡觉”

223 无法唤醒的“夜行者”

228 昨天夜里“我做了什么”

236 黑夜里的“暴力者”

241 压力是“睡行症”祸首

第十篇 痛苦是一种乐趣——受虐

246 性爱里的快感——“受虐”

250 受虐使我感到“欢乐”

253 儿童时期不寻常的“经历”

第十一篇 戒不了的依赖
——物质成瘾

260 控制不住的欲望

272 戒断反应

275 滥用成瘾

279 依赖成瘾

284 酗酒的动机

第十二篇 无法自抑的“贪吃”
——神经性贪食

292 不满足的“食欲”

299 暴饮暴食后的“忧虑”

305 对体重的关注

第十三篇

“害羞的膀胱”
——社交恐惧

320　所有的眼睛都在“注视我”

325　怕见陌生人的“害羞鬼”

332　强迫、焦虑与恐惧

337　社交恐惧症的三大疗法

第十四篇

另一星球来访者
——自闭症

348　自闭症：孤独世界里的“孤独者”

355　记忆超群的儿童

358　阿斯伯格综合症

362　引人深思的数据

366　海洋天堂，父爱如海

第十五篇 我把自己丢掉了
——心因性失忆症

372　6 小时的大脑空白

378　失忆原来不简单

383　抓住记忆的尾巴

387　大脑是如何“主动”失忆的

392　别让你身边的人“失忆”

第十六篇 我本是男儿身，又不是女娇娥
——性别认定障碍

398　本是男儿身，不是女娇娥

403　性别认定障碍的起源与影响因素

407　性欲倒错的异装癖

412　性别认定障碍与异装癖

415　跨性别与变性者

422　同性恋恐惧

第一篇

一个肉体能装下几个『灵魂』

——多重人格障碍

轮流值班的**灵魂**

朋友S很不喜欢她的上司，用她的话说是：每天早上起床，想到要去上班，再想到要面对那个魔鬼上司，她就觉得人生很绝望。

可是为了生计，她还必须得乖乖去上班，为了保住这份工作，还必须得对上司毕恭毕敬、鞍前马后、俯首帖耳。而实际上，心里面的另一个声音早已把上司骂得体无完肤了。

她最近经常说到的一句话就是，“再这样下去，我真的是要人格分裂了。”

“至于吗，还人格分裂，有那么严重吗？呃，不过，话说回来，人格分裂到底是怎么回事呢？”

通常我们说自己要人格分裂，一般的理解也是基于感觉自己的行为心理呈现了多面性，感觉这不是一个人，而是多个人。所以，当我们看到身边的人时而温柔、时而冷漠、时而开朗、时而沉默的时候，我们还会冒出一句：“你还真是多重人格哎！”

其实，我们理解的人格分裂或是多重人格，在心理学上都有一个专有名字，叫作分离性身份识别障碍。分离性身份识别障碍以往被称为多重人格障碍，在某些出版物中也称之为解离性人格疾患，是心理疾病的一种。简单来理解，就是病人身体内由于存在多个人格，而且多个人格之间不能感知互相间的存在，无法正常地识别自己的身份。

这个名词乍一听很专业、很学术、很高深，实际上就字面意思都很好理解，就是当你的灵魂分裂成多个后，连自己也不认识自己了。

如果我们的身体真的像房子一样，里面住着我们的灵魂，那么多重人格障碍就是说，在这一幢房子里，不只住了一个灵魂，而是多个灵魂，它们轮流成为这个房子的主人，有时候它们还会彼此遇见，为了争夺房子发生争执。有心理学专家甚至提出，临床表明一个多重人格障碍患者平均可以有13～15个不同的人格。

看过变脸的人可能非常惊讶表演者可以瞬间变换面目，这种转变比起多重人格障碍的患者来说，简直就是小巫见大巫，他们可以在一瞬间突然转换成另一个人格，当然也有些人是慢慢变化的。每一个人格都有可能出现遗忘现象，当一个人格主宰身体时，其他的人格就会忘记自己这段时间在做什么，也许说它们那个时候根本就不存在了。

肉体，是灵魂的房子，是你存在于这个世界上的实实在在的模样。而里面的灵魂，指的就是你独有的行为模式、语音语调、习惯性姿势等，还包括你的性格、你的思考、你为人处世的方式，等等。

身体只能有一个，可是行为方式、思想等却可以有很多种。因此，才会有多重人格的出现。

那多重人格到底有怎样的症状表现呢？这里有一个“三个A”的例子：

主人公名字为A，是个27岁的年轻人，他患有很严重的头疼病，每天头疼，且次数频繁。更为关键的一点是，每次当他的头疼发作后，他总是记不起头疼的时候自己做过些什么。

那么，在A错过的那段记忆中，也就是说在他头疼的时候，他到底做过些什么？以下是旁观者给出的答案：

跑到外面和人打了一架，期间试图用刀子刺死对方，但被警察发现，逃跑过程中左腿被射中一枪。

拿着菜刀追着自己的妻子和只有三岁大的女儿到处跑。

试图把一名男子淹死在河中，但是扭打过程中他自己却先掉了进去，结果逆流游了400米回家了，第二天早上醒来时发现自己全身湿透，却搞不清楚这是为什么。

听到这些，A惊出一身冷汗。他意识到他需要医生的帮助了，于是他选择去医院住院治疗，这对于他来说真是再明智不过了，因为在接下来的“病症”发作期间他的行为都是在医务人员的掌控范围内的，而这更利于帮助A解开疑惑：我到底是怎么了？那个人是我吗？

而医务人员在观察过程中惊讶地发现，A在头疼期间会以不同的名号自称，举止也发生改变，完全跟换了一个人一样！

也就是说，

在A头痛期间出现了多个A，而每个A都各不相同，甚至那也不是本来的A。简单地说，A的身体里除了原来的A，又出现了分身。经过医务人员认真仔细地分析辨认，得出结论，A的分身分别是：小A、中A和大A。

小A的特征是：看起来非常儒雅，冷静又理智，能很好地控制自己。

中A的特征是：像只多情的蜜蜂。

大A的特征是：心狠手辣的暴徒，与小A和中A都反差极大。

最可怜的是，A对他这另外三个“兄弟”的存在一无所知。现在，四个灵魂挤在他那狭小的躯体里你争我夺，都想把A的肉体独占。

心理学家们当然好奇另外三个灵魂从哪里来，当然，这就是他们的工作。他们对A进行了深入全面的分析，最后抓住了三个灵魂的原型：

小A的原型是在A 6岁的时候第一次出现的，因为那时A目睹了他母亲刺伤了他的父亲。

中A的原型是源于A的母亲有时非常喜欢把他打扮成一个女孩，所以有一次在同样情景下，中A悄然登场。

大A的原型则是源于在A 10岁那年，他被一群野蛮青年殴打，就在这个时候，大A出现了，宣称他存在的全部原因都是为了保护A。

讲到这里，我们大概又有些迷茫了，一个人在不同时期不同情境下竟然会埋下隐性性格的种子吗？身体里那些轮流值班的“灵魂”竟然是某日某时某景下的自己吗？

核心人格和非核心人格

我们如何来区分一个人，或者说我们如何来辨认一个灵魂、一个分身？

心理学家是如何辨认出小A、中A、大A的？如何就能归类A在头疼时的哪些行为属于哪一灵魂的支配？比如，跑到外面跟人打架、拿着菜刀追着妻子女儿跑的一定是大A，而见到美女就走不动步的就是中A，等等。

所以我们要了解一下核心人格与非核心人格的含义。

美国著名的精神病学家、精神分析社会文化学派的主要代表之一沙利文指出："人格是重复人际情景的相对持久的模式，重复的人际情景是一个人生活的特性……有多少种典型的人际关系就有多少人格。"

也就是说每个人的人格都不是单一的，而是多个的，且是可以拆分的，整体的人格是由多个人格有机组合的结果。但是在这众多的人格当中有核心特质和非核心特质。比如，我们认为林黛玉是一个什么性格的人物呢？大多数人的印象是清高、聪明、孤僻、抑郁、敏感等，这些都是她的核心特质。

中心特质也称核心特质，是构成个体独特性的几个重要特质，在每个人身上大约有5～10个中心特质。核心特质是最能说明一个人人格的特质。一个人的人格由几个彼此相联系的核心特质组成，核心特质是行为的决定因素。

核心人格是指与生俱来的原始人格，而非核心人格则可能是因为外力环境的刺激而产生的应激性人格。

所以，我们就能够理解前面说到的A的案例。A的核心人格是A日常表现出来的本身，而后来在A的人生过程中受到各种刺激引发出的人格则为非核心人格。

一般来说，核心人格是消极的、空虚的、焦虑的，才会给非核心人格以可乘之机。所以，大A强悍，而A则可能是外表强悍但内心懦弱的男人。因为当他变身为大A后竟然主动出去挑衅打架，可见他应该是具备这种身体条件的，否则无法释放这种强悍型的人格，应该是个肌肉型的猛男。但是，为什么变身成大A才这样强悍，这说明也许原来的A性格懦弱，虽然有着强悍的外表，但可能遇事往往委曲求全，甚至要躲起来哭一场，这样的反差才会让另一个人格在某种特定情境下跳出来。

而非核心的人格则大多是有攻击性的、强势的，甚至更强悍的非核心人格会挤掉其他人格而独占肉体并控制整个局面，它会随机的把时间分配给每个人格，并且在不舒服的情况下出现其他人格。

所以，大家觉得“A氏四兄弟”中谁能掌控局面呢？是大A吗，因为在这里面表现最强悍的就是大A了，但不是，掌控局面的还是A。

为什么是A？因为掌控局面必然就要掌控时间及出场安排。如果我们再回头仔细观察一下就会发现，大A、中A、小A的出现，其时间和情境都是由A本人作出选择的。比如当A感觉头疼的时候，就让这三个分身从身体里蹦出来，“我不爽了，你们就来替我宣泄吧。”所以，A就是最大的幕后黑手。

这时你才真正认识到A是一个什么样的男人了吧？他外表看似强悍而内心脆弱，幻想狂妄可现实窝囊、憋屈，是一个矛盾的可憎的又有点可爱的男人。

如果说A是真正的幕后黑手，A在安排着这一切，那就是说A应该知道大A、中A、小A三个“兄弟”的存在才是，可是为什么A从来都说他不记得自己头疼之后做过什么，也就是说他从来不知道另外“三兄弟”的存在。那么“三兄弟”是不是也不知道A老大的存在呢？答案是不一定。这里就出现了核心人格和非核心人格并存的关系问题。

核心人格和非核心人格并存于一个主体内，核心人格在大多数情况下都无法感知到非核心人格的存在。事实上上面的案例比较像一部美国电影《三面夏娃》的情节，这是第一部以多重人格为题材拍的电影。该影片故事也是源自一个真实的案例。女主角“夏娃”的原型后来还将自己的多重人格病症经历写成一本书叫《我是夏娃》。

《三面夏娃》讲述了一名叫伊芙·怀特（Eve White）的少妇患有多重人格的故事。伊芙在其核心人格的支配下，是一个典型的居家主妇，做事谨慎，胆小又害羞，不仅对丈夫唯命是从，也是一位贤妻良母；然而，到了夜晚或者某些特定的时间，她的其他人格就会跳出来，使得她完全变成另外一个人，对那个叫伊芙·怀特的自己的想法和表现感到鄙视和不屑。她浓妆艳抹，装扮大胆，轻佻放荡的举止和谈吐，充满色情引诱的意味；她还做出一个与那个贤妻良母完全不相符的行为，出入酒吧、歌厅等娱乐场所，并且用她在娘家时候的名字称呼新的自己——伊芙·布莱克（Eve Black）。而对于这些事情，事后的伊芙浑然不知，有一次，她甚至在另一重人格出现时，差点勒死了自己的亲生女儿。丈夫终于意识到了她的病态，送她就医。

伊芙却在催眠疗法中又无意中生出了第三个人格——简，她不仅能够掌控伊芙的身体，还知道另外两个人格的存在，以及对她们的性格以及她们干了什么都了如指掌。三个灵魂好比三支军队，相互抵制，谁势力强谁就抑制另外两个灵魂、控制肉体，当这个人格变弱，则由另外强势的人格显现，那么肉体便会呈现出它的性格特点。

从伊芙的案例中我们就会发现，非核心人格可能能够感知到核心人格的存在，并且能对它有清醒的分析和认识，知道什么时候可以攻击它。真可谓，敌在暗，我在明。

所以，核心人格和非核心人格就以这样你

争我夺、伺机而动的状态存在于一个人的躯体里，比如A，痛苦而悲惨地成为人格之争的战场。

多重人格和**精神分裂**

在日常生活中，大多数人都有这样的误区，认为多重人格障碍是一种精神分裂。甚至有人将人格分裂与精神分裂混为一谈。多重人格障碍与精神分裂症之间的确有很多共同点，但它们其实是完全不同的两种心理障碍。

精神分裂症

精神分裂症是一种极为严重的精神疾病，其病因尚不明确，其症状主要表现为思维、情感、意志障碍。即病人会出现思维中断、扩散，对人冷漠，情绪变化剧烈，主动性减退、行为退缩、生活懒散等。妄想和幻觉则是精神分裂的重要症状之一，另外还有些病人会有木僵或兴奋躁动等行为表现。

美国电影《美丽心灵》曾获得奥斯卡金像奖，改编于美国著名数学家约翰·福布斯·纳什的真实事迹。是一部极富人性的电影，生动地刻画了一个典型的精神分裂症患者的患病过程和战胜病魔的心理历程。

故事的主人翁纳什是一位非常优异的天才数学家，但由于没有上预备班的经历，也没有遗产或者富足亲戚的资助，因此未能进入“常青藤盟校”，遭受了重大的打击。为了证明自己，他整天沉迷于一件事：寻找一个真正有创意的理论。

一晚在酒吧，他观察竞争对手——一个热情的金发碧眼女人的反应引发了他的灵感，常常在他脑海里酝酿的想法突然变得清晰起来，并浮现在眼前。随之撰写出了关于博弈论的论文——“竞争中的数学”，他大胆地将现代经济之父亚当·斯密的理论作出了不同的解释。

然而，他苦于这项成果在现实生活发挥不了优势，强烈渴望能得到更好的机会施展自己的才能。

于是，他给自己虚构了一项任务，他受到美国国防部的邀请，参加一个绝密的任务，破解敌人的密码。对待这项任务，他如同对待自己的学术研究一样，十分认真与专注地帮助美国国防部破译着密码，并被这项工作深深地迷住了，迷失在这些无法抵御的错觉中，无法分辨挚友查尔斯、查尔斯可爱的小侄女和威廉·帕彻等他虚构出来的人物！

后来，纳什被诊断为妄想型精神分裂症！无论国防部绝密的任务还是那些他虚构的人物，只存在于他自己虚构的世界里，存在于他的意识里、他的幻想里，除了他本人以外，谁也无法看得到！

妄想型精神分裂症

妄想型精神分裂症是精神分裂症中最常见的一种。大约有半数的精神分裂症患者被诊断为妄想型。妄想是一种在病理基础上产生的偏执与歪曲的观念，毫无现实根据，是凭空出现的推理与判断，多伴有幻想。

由前述，我们知道多重人格障碍患者听到的声音来源于内部，来源于自己头脑里，是自己跟自己的对话；而精神分裂症患者则会认为那些来自于自己头脑里的声音是天外之音，是别人发出来的。

多重人格障碍患者能认识到所有这些只是幻觉，往往会自己压制住这种声音；而精神分裂症患者则认为那些声音都是真实的，尽管实际上它们并不存在。因此，精神分裂症患者的思维是与现实脱节的，他们虽然智力正常，但社会功能严重受损，无法正常地融入生活。而多重人格障碍患者并没有与现实脱离，而是以不同的人格生活，他们可能更善于利用现实来实现自己的目的。

说到这里，要和大家强调一点。在现代，人们经历的高压力生活、高压力学习和高压力工作以及世界集体化、合作化、知识爆炸化导致个人的作用越来越低，有不少人都有轻微的人格分裂表现，如突然的大喜、大怒，经常性地感到无聊、郁闷。有些人为了实现自己的目的，表现出两面甚至多面性，并非就一定是多重人格障碍患者。比如，主持人Lee就是善用不同“面”生活的高手。他在台上十分活泼，善于言语，而私下里他却很安静，不喜欢讲话，就像变了一个人。有朋友就会开玩笑地说他是多重人格，这种说法是错误的。Lee只是在不同的情景中表现出不同的性格，无论是在台上还是私下生活里，他都能够清楚地意识到自己的行为，他的核心人格并没有与非核心人格产生斗争！

精神分裂症患者是其思维、情感、行为产生了分裂，由于妄想、幻想等导致其精神活动与外界环境产生了不协调，而且多数是由于精神分裂症患者伴有幻觉。

幻觉分为“听幻觉”“视幻觉”“触幻觉”。其中听幻觉是最普通的幻觉，人们会听到控诉他们不道德的行为或威胁他们的声音，这些声音也可能唆使他们去伤害自己。而精神分裂症患者还可能会回答这些声音，甚至会与这些不存在的声音对话。《美丽心灵》的主人公就和自己幻想出来的人物保持着友好的对话。视幻觉也是精神分裂症常出现的症状，常伴着听幻觉一起出现。电影《妄想》里的梁咏娜，看见自己家的墙发生变形，甚至看到怪兽，这就是视觉出现了幻觉。

由于精神分裂症患者活在自己的幻觉与妄想里，所表现的行为与反应都是根据其幻觉里的事物产生的，这样他们的行为在现实中就会显得异常。电影《救我》中的心理系研究生姜妍为想尽办法争取唯一的出国名额，甚至怀疑同学用不正当的方法夺取这唯一的名额。于是自己也冒出了这想法，但又挣脱不了道德束缚，便将这种想法投射到现实生活中，活在自己构想的情境中：被老师强奸，并被丈夫发现，与丈夫发生争执，误杀了丈夫等。而这一切并非真实，她的丈夫依旧活着，所以她经常感到丈夫的存在，甚至看到了丈夫，以为自己见到了鬼而恐惧，导致其做出更加反常的行为。

此外，许多精神分裂症患者还会患有“行为混乱和紧张症行为”。例如他们会突然毫无理由的破口大骂，学别人的动作或者说话，行走时忽快忽慢、自言自语；还有一些患者衣着不整或者不合时宜，夏天穿棉袄，冬天穿裙子；有时候还会做一些不雅甚至违背社会道德的事情，如脱光衣服、摸路人的屁股等。有的连最基本的日常生活都不能自理。

紧张症

紧张症是一组精神运动和意志的紊乱，包括刻板、自动服从症、僵硬、模仿动作、缄默症、自动和冲动行为等。

精神分裂症的病因是脑神经元功能的特性异常，通俗地讲就是大脑信息传递出现了错误。所以精神分裂症不仅是一种精神行为障碍，也是一种实质性的病变。

而多重人格患者则是自我意识出现了障碍，是自我内部的不协调，它的产生是一种心理的自我保护机制。他们的幻觉形式只是存在于自己的脑海里的声音，并不会形成虚拟的外界环境，不会虚构出除自己以外的人来，只是在自己的意识里出现了多个“我”，无论哪一个“我”，都生活在真实的世界。虽然多重人格患者也会有异常的行为，但这种异常行为的产生与精神分裂者不同，它们是由于每一个“我”所做的事情并不会被其他的“我”所感知而造成的，与外界环境无关。

实际上，包括多重人格患者在内的许多心理疾病，多数是潜意识发生了问题。比如，在儿时记下许多被自身认为绝对不正当的记忆，或者十分排斥回忆起曾经的挫折、遭遇等，有些人就会开启自我保护的开关，把这些让人不开心的回忆藏到看不到的地方去——潜意识！

潜意识指潜藏在我们一般意识底下的一股神秘力量，是相对于“意识”的一种思想，又称“右脑意识”“宇宙意识”。潜意识，是人类原本具备却在正常情况下不能被感知的能力，这种能力我们称为“潜力”，也就是存在但却未被开发与利用的能力。

说到潜意识，就不能不提起心理学之父、奥地利心理学家西格蒙德·弗洛伊德。之所以将弗洛伊德称为“潜意识的第二个父亲”，是因为宇宙创造了潜意识，却把它藏了起来，而弗洛伊德发现了它！这个发现对心理学的发展具有重要的意义与巨大的贡献！

那么弗洛伊德是怎么发现潜意识的呢？那就不得不提起另外一位在心理学史上非常重要的人物了。她是精神分析的第一位病人，她的案例对心理学而言有着里程碑式的意义，她就是安娜！

被催眠的安娜

安娜出身于维也纳一个显赫的犹太家族，21岁时开始接受心理治疗。但是，安娜并非是精神分析学派创始人弗洛伊德的病人，他们甚至从未谋面。真正接受安娜案子的是弗洛伊德早期的导师与合作者——约瑟夫·布洛伊尔，下文中简称为J。

在讲述安娜的故事之前，我们先来好好说说那个高深莫测的潜意识。

弗洛伊德将人的心理分为两个层次，意识和潜意识。弗洛伊德用一个非常形象的比喻巧妙地阐明了它们之间的关系，让心理学的门外汉也能弄个明白！大师将人的心理比喻成大海里锥形的巨大冰山，露出海面的可以看到的那一小部分就是我们的意识，而海面下真正的庞然大物部分就好比潜意识，我们永远不知道它到底有多大！

现在把心灵的冰山放入我们的脑中。潜意识在我们的脑中，一直被禁闭在一个黑暗的空间里，我们看不到它，它却在影响着我们，因为它的能量可以影响我们的意识。它就像一个淘气的孩子，偶尔会出来执行我们意识不到的想法，但是它可没有分别好坏的能力，因此，我们的脑就把它关起来，并且放一个小人儿把守。

潜意识先聊到这里，安娜该出场了！安娜第一次造访J时，开始只抱怨说自己长期咳嗽。经验老道的J一听，就知道安娜没有说实话，不过第一次来咨询的人都不会立刻敞开心扉，J觉得必须采用别的办法，走进安娜的内心，看看她到底出了什么问题。于是，他决定对安娜实施神奇的催眠术。

即使是科技非常发达的今天，催眠术对大家来说依旧充满了神秘的色彩。其实催眠术在心理学的应用并非是为了操控别人。那么运用催眠术到底是为了什么呢？是为了让看守潜意识的小人儿昏昏欲睡，这样潜意识才可以肆无忌惮地闯入意识的领地去闹它一闹，才使得患者自己意识到先前那些潜伏在暗处的让他道不清又弄不明的东西，心理医生才能与它会一会。

J用催眠术成功地使安娜回忆起那些她所不愿想起进而排斥到潜意识里去的记忆，重构了那些导致她前来就诊的事件：远到童年的经历，近到她正在照顾身染重病的父亲，倍感身心疲惫。

催眠结束后，J对安娜讲述了她前来就医的真正缘由，安娜顿时两眼饱含热泪，像觅寻到知音一样，彻底对J敞开心扉，毫无保留地、痛快地将自己的其余症状都说了出来："其实我还觉得我的眼睛和耳朵有点不好使了，颈椎也难受，头疼，右臂和右腿发麻……"从安娜的讲述中，J凭借经验觉得她应该还有其他问题，这些只是表现，真正的病因并非如此。于是把她登记在册，打算以后对其进行密切随访。

J的判断果然没错，就在安娜造访的两周后，她突然出现了短暂失语的状况，紧接着，体内开始出现两种不同的人格来回转换，没有任何预兆。

在安娜的身体中出现两个灵魂，为了叙述方便，我们将新出现的人格称之为安小娜。安娜原有人格即核心人格，胆小抑郁，比较消极。而安小娜则恰恰相反，她行为古怪叛逆，而且脾气暴躁，谁若招惹便发狂发怒。前面我们说过，核心人格通常是消极的、抑郁的，而非核心人格一般都与核心人格相背，敌对、控制，甚至有反社会的特点。

有时候，外界因素，尤其是情感上的刺激，会对人格分裂产生巨大的影响。本已病情好转的安娜，因为父亲的离世，受到严重的打击，病情急转直下。她人格转换的频率越来越快，安小娜的势力越来越强，经常出现，而且停留的时间也越来越久，当安小娜出现时，除了J外，其他人她都不认识了，也只有J喂她吃东西她才肯吃，而且安娜原本会说英语、法语、德语和意大利语，安小娜却只会说英语。再后来，她的情况越来越糟，有时候神志不清，甚至开始有自杀倾向，最后安娜被转移到特殊的地方监护起来。

虽然J一直不懈地努力，想尽各种办法，但对安娜的病情恶化都无济于事。直到安娜突然出现了回避喝水的症状，J见事情不妙，再这样下去，安娜就要有性命危险。心急如焚的J又一次对她进行了催眠。通过催眠J得知安娜是因为看到一条狗在水杯里喝水，顿时觉得非常恶心，于是拒绝喝水。J顺势诱导她表达出了内心真实的感受。当安娜从催眠中醒来时，她的恐水症竟奇迹般的好了。

这一次，J终于找到治愈安娜身上的各种奇怪病状的办法！他领悟到了这种后来成为精神分析技术主要治疗方法的东西，那就是：宣泄！J迅速把这种方法运用于安娜其他症状的治疗，而这些症状也奇迹般的消失了。J的发现为弗洛伊德创建精神分析法与梦解析奠定了重要的基础，弗洛伊德将这种宣泄一切因为“压抑”而产生的心理痛苦的心理治疗方法形成了系统的理论，并成功地运用于实际的治疗当中，取得了巨大的治疗成果！

那么，催眠是怎样在多重人格的治疗中起作用的呢？首先我们要知道，催眠是由各种不同技术引发的一种意识的替代状态。一般情况下在这种状态下的人会完全放松，就像进入睡眠一样，但是他的意识是清醒的，只是操控在催眠师的手中，并且对催眠师的暗示有着极高的反应性，并在知觉、记忆和控制中做出相应的反应，也就是在催眠状态下的人更加勇于面对真实的自己，敢于说出自己的问题。还记得安娜第一次来就诊吗？开始时只是说一下鸡肋般的症状，后来正是在催眠的作用下，安娜打开了心扉！因此，催眠疗法常用于心理疾病治疗。

催眠疗法是用催眠的方法使求治者的意识范围变得极度狭窄，借助暗示性语言，以消极病理心理和躯体障碍的一种心理治疗方法。通过使用催眠方法，将人诱导进入一种特殊的意识状态，将医生的言语或动作整合入患者的思维和情感，从而产生治疗效果。

对于多重人格，也是借助催眠疗法，来挖掘那些引发个案多重人格或反常行为出现的，被个案记忆与意识排挤却依旧耿耿于怀的经历，这样就可以找到诱因。此外，通过在催眠治疗过程中的暗示、引导等方法，让个案可以就那些经历进行深层的自我表达多种意念和情绪反应，宣泄自己内心压抑着的不满或者反感等不好的情绪。同时，让个案自己去了解不好的行为习惯形成的原因，在催眠师的辅助下找到改善的方法，进而个案心甘情愿地去改变自己的行为，并愿意持续将新的习惯转成正向的行为。简单的讲就是，利用催眠帮助个案由内心解脱自己原有的心理束缚！

尽管安娜的许多病状都已被清除，但她多重人格的身份却并未发生改变。幸运的是多重人格的身份并没有妨碍安娜后来成为一个杰出而成功的人。安娜的朋友谈起安娜时是这样说的：她就像是过着“双重的生活”，一方面，她是个柔弱的维也纳19世纪末的文化精英；另一方面，她又是一个强硬的女权主义者和改革家。1954年，前西德政府特地发行了一套纪念邮票来纪念她。

灵魂从哪里来

一个人多个灵魂，虽然听起来很有趣，但是这终究是一种病态，多数人无法战胜它而终身被困惑。那么究竟是什么导致了这种心理障碍的产生呢？

还记得本书第一个出场的人物“A氏四兄弟”吗？看一下小A、中A、大A出现的时机：小A，是在A6岁的时候第一次出现的，因为那时A目睹了他母亲刺伤了他的父亲；中A，A的母亲有时非常喜欢把他打扮成一个女孩，所以有一次同样情形下，中A悄然登场；大A，在A10岁那年，某次，一群青年野蛮地殴打他，就在这个时候，大A出现了，并且宣称他存在的全部原因都是为了保护A。

再来看一下在不同时期出现的他们又有怎样不同的性格：小A，看起来非常儒雅，冷静又理智，能很好地控制自己；中A，就像是只多情的蜜蜂；大A，这个角色可不得了，是个心狠手辣的暴徒。

大家对应着出现时期与表现的性格，是否恍然大悟？原来这当中有着不可忽视的关联！A在目睹了母亲的冲动暴行后，心灵备受冲击，为了逃避这种痛苦，于是干脆自己摇身一变，变成了理智又冷静，能很好控制自己的小A。因为母亲有时非常喜欢把A打扮成一个女孩，A内心充满抵抗不满，渴望自己能像个爷们儿一样。因此花心浪情的中A出场了。A被一群青年野蛮地殴打，备受羞辱，他幻想自己能是超人、蜘蛛侠、蝙蝠侠、钢铁侠、变形金刚……于是暴力凶残的大A现身了。也就是说，每个人分裂出来的人格的特征与性格是受其诱因的影响而形成的。

当然，不是所有的精神创伤都是虐待等遭遇所引起的，比如战争或自然灾害等都有可能给人们带来心理不适而产生精神上的创伤！曾经有心理学者描述，在战火纷飞的地区，一个小女孩目睹了双亲被地雷炸死，在极度悲哀的情况下，她试图一点一点把他们的尸体拼凑在一起……还有一些人，是潜意识里为了逃避目前生活的困境，才会增生出多重人格，比如逃避打官司，逃避生活和工作中承受的严重压力，逃避生离死别等。

还有一种就是与人的时间段有关：在不同的时间段你的那个年龄就死亡，比如说：童年、少年、青年、老年等随时间的流逝，然后就会有新的时间来代替你，年龄段的死亡就会使你忘记过

去，也就是我们常说的失忆，忘记一些东西，其实是我们过度的哀伤造成的。然后就会改变（人们常说一个人恋爱以后怎么改变了），就是另一种人格的表现，这就是经过不同的事物以后我们的改变就有了不同的人格，人一般都有多重人格，只是不同的人有不同的症状。

此外，先天的遗传因素也会多少参与其中。

我们可以看出多重人格的障碍通常是在经历了严重的躯体或精神创伤后引起的。那么创伤后应激障碍也是由严重的躯体或精神创伤造成的吗？我们也可以这样看，有些人很容易受到心理暗示，有些人很不容易受到心理暗示，他们就像在枣核两端。而大多数人对心理暗示的反应是适中的，是心理暗示的“中产阶级”，居于枣核的中间。

很容易受暗示的那部分人更能轻易把自己从严重的创伤中分离出来，人格上一人变多人，就成多重人格了。而对于很不容易受到心理暗示的人来说，他们没那个“本事”，所以只能乖乖地承受应激障碍。不是所有受了大创伤的人就一定要变成多重人格或者应激障碍。除去童年时受到伤害的人可能难以幸免以外，成年后再遇到激烈的事，成败与否就看你自己了。

有研究表明：只有在生物学和心理上对焦虑情感比较脆弱的人，才有患上这些障碍的风险。而有些人，即使承受了最严重的精神创伤，也是不为所动的。

依据早期精神分析的观点，多重人格的形成是受到精神创伤的受害者用了一种叫分裂过程的防御机制。在分裂过程中，个体把关于受创伤经历的记忆从意识中分裂出去，并且这种分裂是不知不觉地发生，还是发生在意识之外。关于创伤事件的记忆被分裂出来形成单独的人格，这些不能记起受虐的事情，并在主人格之下独立地活动。

抛开多重人格的危险性，就个体本身来说，我们依稀地看到多重人格是有其适应性意义的。多重人格的形成是环境刺激的产物，每一个亚人格就是针对某种特殊环境下的特殊防御，至于由哪种人格来支配，则是遵循“哪种人格最适应当时的环境和需要，就启动和出现哪种人格”的原则。这样不难发现，多重人格在本质上就是一种通过频繁地变换人格来适应环境的心理现象，是一种适应环境的心理能力。

可是，在每一个人格背后总藏着强烈的自尊和脆弱，而且每一个亚人格都有一个非常厚重的面具，戴面具的人不堪重负，忙于奔命，忙于换“面具”，哪里还有闲暇真正享受人生呢？这是多重人格的人无尽的徒刑和悲剧。

尽管治疗师在从业过程中接触过许多多重人格障碍资料，但是大部分治疗师还是很少能碰到现实案例的。在某种程度上，多重人格的诊断和治疗具有文化界限，绝大部分的案例是在美国被观察到的。从已发现病例中得知，多重人格障碍存在性别偏见，因为绝大多数多重人格的患者是女性，男女比例为1∶9。

关于催眠用于多重人格的治疗，至今仍存在着争议，因为治疗的同时也可引发多重人格，来访者在治疗过程中很容易受到其他暗示，为了逃避一定痛苦而自己衍生出多个“我”。所以，有不少人质疑那些多出来的“人格”是被心理咨询师“问”出来的。因为尽管心理咨询师本守着保持中立的原则，但是在实际治疗过程中，难免受到个人主观的影响。作为一名心理咨询师，对多重人格障碍的存在深信不疑，当发现自己的病人开始讲一些像电影一般的故事情节，或者发现有点苗头像是“多重人格”的症状，那么在问问题的时候就难免会带有一定的诱导性，或者诊断时发现有些模糊的症状，更愿意把它归于多重人格的这个“头衔”。

催眠的确是个危险的治疗方法，无论是对病人还是对咨询师本身。

《致命ID》影片中除了胖子、心理专家以及那些司法人员，影片里剩下的所有人，包括妓女、中年夫妻俩、青年夫妻俩、小男孩、旅店老板、警察、罪犯，都是胖子一个人的分身，所以他们都有着同一个出生日期。后来，死了的人尸体诡异且不留痕迹地不见了，那就是作为分身来说，它被胖子整合了。所以所有发生在旅馆内的腥风血雨，人物一个一个被干掉，其实都不是真实存在的，而是胖子自己在大脑中整合这些多出来的人格的过程！

现实中的治疗方法是治疗师通过催眠患者来引出每一个分身，进行录像和录音，然后分析这些分身的前世今生、前因后果、来龙去脉，然后再分别约出每一个分身进行谈判，制订治疗的计划，最终说服每一个分身。通过整合成为一个完整的人，你（分身）也是可以从中受益的。

就像影片结束部分那样，心理专家劝导胖子放弃警察的分身，警察便就在随后的打斗中死去了。但是最后唯独落下那个凶残的小男孩没有整合，待这个孩子把妓女这个分身消灭后，重新用邪恶的力量占领了胖子的身体。于是在汽车内，胖子突然启动，勒死了百密一疏的心理专家。

多重人格与表演者

据了解，在1979年以前，多重人格高发病地区北美能够查到的记录也不超过200个案例，可以说多重人格是一个极小众的病患。就算是现在，很多人也未曾见过身边认识的人中冒出一两个多重人格障碍的人来，他们貌似只存在于文学小说或者影视作品当中。

在很多人连听都没有听说过多重人格障碍这种精神障碍疾病的时候，一本叫《女巫》的小说，将它带入了大众的视野。1973年，Flora Rhea Schreiberie将一位被诊断为多重人格的女患者的真实事件改编成小说《女巫》。小说描述了这位患者的诊断过程及对她的16重人格的展现。在当时，如此具有话题又让很多人耳目一新的题材，毫无疑问必然会成为大热的畅销书。《女巫》还两度被搬上大荧幕。

随着《女巫》这个富有传奇性作品的走红，更多人开始知道、关注这种罕见的精神障碍。文学界和影视界也越来越多地将它融入作品当中，尤其是暴力与悬疑等题材的电影采用上演人格分裂的桥段。的确，如果一个身经百战、破案无数的神探，突然遇到一个棘手的案件，嫌疑人可能是个老实的上班族，可能是心地善良的小姑娘，或者是人见人爱的性感女神，让这些人变成杀人犯，最合理也最有看点的莫过于给他们的纯净灵魂里加入一个邪恶的灵魂，这情节够冲击力。代表的角色日本电视剧《Mr. Brain》的第六集中，仲间由纪惠这个像天使般无邪的女生摇身一变成了复仇机器。当然还有前面提到过的《致命ID》里的胖子，最邪恶的灵魂竟然是胖子身体里那个小孩的人格，真是让人出乎意料，这样的剧情怎能不叫观众大呼过瘾。

然而，这些生动真实而又深入心的角色，并非真正的多重人格障碍患者本人演出，都是由演员们用精湛的演技塑造出来的。一个优秀的演员在诠释一个角色时，多会倾情投入，甚至会培养出角色需要的那个人格来而无法自拔，占据了自己内心的一部分，即使演出结束了，仍然会出现剧中角色的性格特点或者举止、语气等，也就是人们常说的入戏太深。这种现象是短暂的，只要稍作调整就可以完全恢复。

然而，在现实中生活，究竟有没有人会装成是多重人格障碍患者？答案是有。

1977年，俄亥俄州发生了一起非常轰动的案件，一个比利密雷根的罪犯因多起强奸而被警方逮捕。然而拼命把比利找回来的警察们从来没有想过这个证据确凿的案子竟然会以无罪释放的结果结案。那时候他们甚至对什么是多重人格都不是很清楚，或者对多重人格的印象只停留在电影里塑造的某个人物而已，认为现实中根本不会存在。狡诈的比利一开始就一脸无辜的样子，一直否认自己做过这些事。后来经过多位精神科医生和心理学家的会诊后，确诊他是一位有着24重人格的多重人格障碍患者，最后无罪释放。丹尼尔凯斯根据这个真人真事用夸张的手法改编成著名的多重人格障碍类小说《24个比利》，书中比利的24个人格都是一个完整个体，可以独立运作，在性格、智商、国籍、性别上各不相同，大致可以归类为7种类型。

恐惧的“丹尼”：十分容易受到惊吓，尤其惧怕男人。这也是跟比利的童年有绝对的关联，比利将他对一切事物的恐惧的感受交由这个人格来承担。

反抗、报复的“里根”和“爱浦芳”：这两个人格是比利受到继父施虐时内心产生的复仇心理与憎恨不满所导致的人格。当比利身处危险的情况时，由里根负责保护、管理所有人格，是一个具暴力倾向的人格；爱浦芳则是处心积虑地计划报复比利的继父。

背叛的“汤姆”：由于受到最亲密的家人虐待，以至于比利对人从此充满了不信任感，产生了具背叛性的人格，并且对人怀有相当的警觉性。

逃避的“戴维”“杰森”“萧恩”：比利为了逃避所有

的责难与伤害所产生的三个人格，分别替比利承受记忆、责骂与身体伤害。戴维是个充满痛苦的人格，无论是哪一个人格只要是受到伤害都是由戴维出面承受的。杰森则是承受所有负面的记忆，可以让其他人格遗忘一切的不愉快。当比利受到责备时，则由萧恩出现承受，因此萧恩是个聋子。

有信仰的“赛缪斯”：是所有人格中唯一有宗教信仰的人格，比利小时受到生父影响，一心信仰犹太教，当受到压力时，自然而然会寄托于宗教，故产生了这唯一信仰神的人格。

自我意识的“史蒂夫”：属于一个极端自我的人格，唯一不接受多重人格诊断结果的人格，认为自己才是真正的人格。在比利分裂成多重人格的同时，他的潜意识中仍然保有强烈的自我，因此产生了这个非常极端的人格。

剩下的人格具有敏感、天真、浪漫、害羞、女性等特质。

一个多重人格障碍患者，其核心人格和非核心人格的很多特征是不相同的，甚至是千差万别，有可能有着不同的爱好、不同的性格、不同的声音，甚至是不同的性别和性取向。那么如果一个多重人格障碍患者转换出来的人杀了人，到底该不该承担法律责任呢，这个人到底是不是“我”杀的呢！这是一个非常有争议性的问题。

目前，多重人格患者犯罪可以不承担法律责任，因为当事人在杀人的时候其实都没意识到自己杀人了，是因为处于精神异常的状态下的行为，自己控制不了自己的行为。不过因为多重人格障碍可不是感冒或者胃溃疡这种常见的问题，所以也很难找到证据来支持，事实究竟是怎样，连心理学家也搞不清楚，因为多重人格的诊断非常困难，心理学家再有本事也无法潜入别人的内心世界。

对于人格障碍的诊断主要有DSM-IV分离性障碍的结构性临床访谈和分离性障碍访谈表两种判定方法。DSM-IV分离性障碍的结构性临床访谈共有277个题目，来评定遗忘、人格解体、现实感丧失、身份认同混乱和身份交替5种分离的症状，而且还需要了解当事人过去的个人经历、有没有遇到什么大事情等。分离性障碍访谈表共有132个是非题目。

分离性障碍又称癔症性精神障碍，是癔症较常见的表现形式，表现形式有身份识别、记忆或遗失破坏或分离等。

可见多重人格的判定有多么复杂。也正是因为如此，有人便开始在生活中假装成是有多重人格障碍。这种假扮的人，精神科医生或临床心理医生能识别出来吗？住在洛杉矶的山区的Kenneth Bianchi，因残暴地强奸并杀害了10个女性后被捕，人称“山坡绞杀者”。然而，当初案件并非一帆风顺，虽然证据确凿无疑，然而这个狡猾的家伙却在接受催眠时蹦出了第二个人格，一个叫史蒂夫的残暴的杀人犯，而且承认是自己杀害了那些女性。难道又出现一个“比利”？其实，他并非真正的多重人格障碍，而是早有准备，一直在潜心研读心理学的书籍。虽然他既不是专业的演员也不是专业的心理学家，然而他精湛的演技骗过了一些精神科医生。然而山外有山人外有人，后来一位更专业的精神科专家Martin Orne通过诊断后断定他并没有第二个人格，撕开了他的假面。

第二篇

妄想症与偏执狂

——受伤的『理智』

你永远也理解不了的“一根筋”

大家肯定都看过《喜羊羊和灰太狼》，里面的灰太狼是著名的一根筋，当然在现实生活中有很多人都很欣赏这种一根筋，尤其是姑娘们，她们觉得灰太狼是老公的最佳人选，但是事实上，这只存在于虚拟的动漫世界中，在真实的生活中，这种一根筋常常会起到适得其反的作用。

到底什么样的人算是一根筋呢？一般来说，这是人们对某些人的性格偏执或固执，死板不开窍，做事一条路跑到黑的形容，有时候这种执着会达成目标，这个时候就是好的，有的时候，这种执着使一个人不听别人的话，只相信自己、认死理，这样常常就会耽误事儿，并且带来人际关系紧张等问题。

在这方面比较出名的人物要属谢尔顿了——众所周知的《生活大爆炸》里的那个有点神经质的天才科学家。

谢尔顿是加州理工学院物理系的科学家，研究方向是弦理论。他拥有一个硕士学位、两个博士学位。他智商高达187，出生于美国得克萨斯州东部，11岁上大学，15岁去德国某学院做客座教授。他的最著名的台词是：“我估计能超过我的人要等我死后200年才会出现，另外在他名字旁边还会有个星号，因为他是个生化改造人。”因为他非常自负，并且拒绝相信这个世界上还有比他聪明的人。

他迷恋漫画和机器人到了狂热的地步。

事实上，因为家庭原因，他的情商方面发育比较不完全。他的心理年龄实际很小，常常需要大人哄，并且因为童年的心理阴影，他非常害怕看到别人吵架。

在生活习惯方面，他其实很奇怪，比如说他特别爱吃陈皮鸡柳，但他又总觉得自己从没有吃到过真正的陈皮鸡柳，并为此而学习中文。他特别喜欢用叠衣板叠衣服，长期爱背着一个土黄色的斜挎包，他还喜欢在一件长袖T恤外面套一件短袖T恤，那些T恤上的图案通常会是科幻电影或者卡通中的形象。

事实上这就是我们平时所说的一根筋，听不进别人的劝，一意孤行，而且像这种人大多有点自恋，有点自命清高，他们认为自己总是对的，他们很多时候是活在自己的世界里，比如上文说的谢尔顿，他总是听不出别人的讽刺，总是觉得别人都是在夸他，但是这种人通常又比较率真，有什么说什么，总让人觉得有种憨憨的可爱，但是有时候又因为很直而显得尖刻，比如说谢尔顿有一段经典台词是这样的：

谢尔顿：“你干吗哭呢？”

佩妮："因为我太傻了。"

谢尔顿："这可不是个好理由，大家都是因为伤心才哭嘛。比如我吧，我总为别人太傻而哭，因为人家愚蠢搞得我很伤心。"

像这种一根筋的人一般来说都是很受争议的，因为有些人会很喜欢他们，觉得他们很率真可爱；有些人觉得他们尖刻并且固执，活在自己的世界中，进而觉得这种一根筋的人一无是处。

这种不理解造成的结果就是，喜欢他的人对他非常非常喜欢，甚至到了崇拜的地步，不喜欢的人对他非常非常的讨厌，甚至觉得他一无是处。这个可以从两个角度来解释，一是因为他们这种一根筋的性格本身就是极端的，所以别人无法对他们作出特别中肯的评价，再加上在人的本性里，人们往往都喜欢把好的往特别好处说，把他们认为不好的往最坏处说，所以对这种人的评价一定是什么样的都有，充满了争议。

无论是在现实生活中还是在虚拟的网络，"一根筋"的人还是不少的，而且他们总是让人无法理解，又爱又恨，有时候觉得可爱，有时候觉得可恨，也是正因为其具有多面性，才让我们觉得真实。尽管，这是我们永远无法理解的"一根筋"。

受伤的"理智"

这节我们要具体来讨论的是"偏执狂"与"妄想症"的病因。其实"妄想症"以前叫作"偏执狂"，但是在现代精神病学中，此词的用法发生了极小的变化。

“妄想症”，又称妄想性障碍，这是一种精神病学诊断，指的是“抱有一个或多个非怪诞性的妄想，同时不存在任何其他精神病症状”。

这种人一般没有精神分裂的病史，但是他们会产生触觉和嗅觉性幻觉。这个就有很多临床表现了。比如说在关系妄想症里，他会把和他没有关系的东西认为是和他有关。他会认为路上的人们是在谈论他嘲笑他，因此拒绝出门。他们还会有被害妄想症，总觉得别人要害他。还有罪恶妄想症，罪恶妄想又称自罪妄想，指的是患者拒食或者要求劳动改造以此赎罪，因为他们毫无根据地认为自己犯了严重错误和罪行，甚至自己是罪大恶极、死有余辜，应该受到惩罚。

“妄想症”的类型非常多，除了以上所说的，还有“被爱妄想症”“暗示妄想症”“嫉妒妄想症”。

有这样一部电影，名字叫《纠缠》，这是一部美国的电影。讲的是一个叫作德瑞克的小职员新官上任，而温柔贤惠的莎朗也成为了他的贤内助，他成为了办公室里男男女女羡慕的对象，因为他有着幸福美满的家庭，因为一切看起来是那么的无可挑剔。但是这美好的一切都因为电梯的一次偶遇而发生了改变。

一个很正常的早上，德瑞克的公司突然来了一位金发碧眼的美女，他们公司是个男人堆，这个美女就显得尤其扎眼，瞬间吸引了很多异性的眼球。

之后该美女用尽各种手段勾引德瑞克，最后甚至用到了自杀这种方法。这一切的一切都导致了矛盾的产生，最后德瑞克的老婆奋起反抗，终于保护好了她的家庭。故事的结尾，那个女的死了。德瑞克一家人终于还是在一起了。

在医学上来说，这个女人患的就是“被爱妄想症”，是“妄想症”的一种。事实证明，这类患者大部分在18～25岁阶段，且在女性中较为常见，但也可在男性身上发生。钟情妄想症的前提是患者首先认定自己被钟情，一口咬定是对方先爱上自己，这就是理智受损的表现。

对于妄想症真实的病因，到目前为止，医学界仍未掌握足够资料。一般来说，可能有两方面原因：就生理因素而言，遗传是一点，这是因为同一家族的人出现多疑、隐秘或嫉妒等性格特点的机率较高。另一点就是器质性病变，头部受伤、酗酒甚至艾滋病都会导致妄想症的出现。有人猜测是颞叶或边缘区受损，或多巴胺能神经过分活

跃之过。

在这方面还有一个佐证，瑞士科学家日前做了一个实验：研究人员用电流刺激患者的大脑左颞骨时，她就会以为有人站在她的身后。而当研究人员在她身体前倾并用手抓住自己膝盖时重复这一刺激，她就会产生一种不快的感觉，好像有个人正在抱住她。这个实验证明，对大脑的某一特定区域进行刺激会让人产生一种不安或恐惧的感觉，就好像被监视一样，而实际上旁边并没有任何人。

据报道，瑞士研究人员是在对一名患有癫痫症的女性做外科手术评估时发现了这一现象。他们因此认为，该发现有助于解释妄想狂是如何导致精神分裂症的。

除了以上生理上的因素会导致理智受损，另一方面就是心理因素。

很多精神分析学者强调同性恋、自恋及投射之说。弗洛伊德也是这么认为的，他觉得，妄想是从同性恋期退化并固定在原始自恋期的结果。对同性的爱遭到禁止，继而投射成多疑及反叛。

但是无论是生理因素，还是心理因素，这些都会影响一个人的理智。在此基础上，“妄想症”似乎有据可循。

我们经常听到这样的故事，说一个母亲死了孩子以后就发疯，经常出现幻觉，经常自言自语。这种故事不止出现在书上，还出现在现实生活中。事实上，这种就属于理智受伤，按照理论来说，是大脑某部分受了刺激或者是心理刺激，导致“理智”受伤。像这种因为受过刺激而产生的“妄想症”又叫作“继发性妄想”。

它指的是在已有的心理障碍基础上发展起来的妄想，这种妄想是以错觉、幻觉或者情感因素，例如感动、恐惧、情感低落、情感高涨等，或某种愿望为基础而产生的。一旦这种心理因素消失，他们的症状就随之消失了。所以不难理解为什么很多上述故事中的主人公后来又好了。因为他们已经突破了自己的心理障碍，失去了这种基础，便不再有这种症状。

与“继发性妄想症”相对应的是“原发性妄想症”。原发性妄想多见于精神分裂症，而且对精神分裂症有诊断意义，因而备受重视。这种病是一种突然产生的、内容与当时处境和思路无法联系的、十分明显而坚定不移的妄想体验。

目前来说，还没有找到对付妄想症的方法，但是相信理智是其中很重要的一点，不管怎样，通过不断的研究和探索，相信妄想症的解决指日可待。

坚信一直有人在伤害自己的“**被害妄想症**”

斯皮尔伯格可以说得上是美国甚至全世界最著名的导演，他拍摄的电影票房总收入直到今天也没有人能够超越，但是即使是这样一位声名显赫的大导演，坊间也有传闻说他患有被害妄想症。

据了解，斯皮尔伯格有专备逃生车，他要求对地震、恐怖袭击等意外灾难都要有应对预案。梦工厂的员工都发有包括防毒面具在内的逃生套装。而且一辆全新的摩托车就在斯皮尔伯格办公室楼下随时待命，以便于他随时逃生。另外，斯皮尔伯格办公室里的所有文件，包括剧本企划书甚至一张便条都有加密，为了使斯皮尔伯格在说话时声音不至于传得太远、谈话保密，他的办公桌上方甚至悬挂有一块半月形树脂玻璃。

这种被害妄想症在所有的妄想症类型中属于最常见的类型。发生妄想症的人，他们往往有着特殊的性格缺陷，如敏感、多疑、主观、自尊心强、自我中心、好幻想等。这常与病人童年时期受过某些刺激、缺乏母爱、缺乏与人建立良好的人际关系等有关。

这类患者总是感觉被人议论、诬陷、遭人暗算、财产被劫、被人强奸等，精神上总是处于一种恐惧的状态。并且他们往往有自杀企图，必须得早点发现并且早点诊断，否则容易酿成大祸。这种病症很多时候都不是因为先天原因，而是由于精神紧张等导致。

有部电影叫作《跟踪孔令学》，这是一部由范伟等主演的悬疑喜剧，讲的是范伟扮演的语文老师孔令学，因为一次在课堂上没收了一个女生的手机，而引发了女生男友阿祥的跟踪。在这之后孔令学就开始疑神疑鬼，整日害怕女生的男友会加害他，最终导致心理出现问题这样一个故事。

其实跟踪孔令学的阿祥对他没有什么歹意，只是想要吓吓他而已，然而孔令学却固执地认为阿祥要加害自己。

该片导演说："很多人都会有类似的症状出现，我们希望通过范伟这种轻松的表演方式引起人们对心理问题的关注。"

他表示，城市的人们生活节奏非常快，和周围人的沟通越来越少，戒心越来越大，所以在遇到事情的时候就会疑神疑鬼，这是典型的城市忧郁症的表现之一。

这里的孔令学就是这样一个患有城市忧郁症、有点轻微的被害妄想的典型代表。很多人都或多或少地患有被害妄想症，只不过是程度不同而已。最突出的表现，大概就是老觉得身边的人都想要害自己，搞得自己神经衰弱，甚至最终发展成精神病。这个现象的背后也是有现实基础的，因为在如今的时代里每个人心里似乎都有坏情绪无法发泄，每个人都或多或少的存在着精神紧张的问题。

我想起来很久以前看过的一则故事，讲的是一个很著名的小丑演员让那个小城里的人们非常开心，他也因为这种喜剧角色声名大噪，大家都觉得他应该是这个小城里最开心的人，可是我们的主人公却发现原来他经常去心理医生那里，诉说他有多不开心多不快乐。这个故事除了告诉我们那些看起来很快乐的人不一定很快乐这个道理以外，还告诉我们这个世界上的很多人其实都相当程度地有着各自的心理问题。

还有一部电影，叫作《刺杀希特勒》。

这部电影就是根据发生在二战时期的一个真实事件改编而成，它讲述了德国军官施陶芬贝格，在公文包中安放炸弹，企图刺杀希特勒而失败的故事。故事在悲壮的同时具有很强的感染力。

在电影里面，他们决定暗杀希特勒的时候，任务显得十分的艰难，因为行踪神秘的希特勒总在最后一刻更改计划。而且在希特勒的身边总有很多保镖，他的行踪一直飘忽不定。也是因为希特勒有被害妄想症，他总觉得自己这辈子肯定会遭遇一次刺杀，所以过去所有的刺杀行动不是中途放弃就是失败。

如果希特勒没有被害妄想症，可能他就不会这么谨慎，这么小心翼翼，也就很容易被刺杀。结果是这一次他们的刺杀行动又失败了。

影片中结果是尽管他们设计好的炸弹如期爆炸，但希特勒本人只是受了点轻伤，侥幸捡了条命。最后纳粹先后将史道芬伯格及其他同谋共计一百多人统统处死。

这个故事说明了，有时候一定的被害妄想症是可以有的，必要的时候可能是件好事，但是这个或许只适用于大人物或者是某个年代。在今天这个年代，作为一个普普通通的小市民，没有必要因为精神紧张就疑神疑鬼，更多时候带来的可能是负面效应。当然没有人希望得这种被害妄想症，我们能做的就是学会减轻自身的压力，学会理智地生活。

“幻肢症”“虚构症”“错构症”

1.幻肢症

在美国南北战争以后，很多士兵因为战争而负伤的大多避免不了被截肢的命运（因为当时还没有抗生素），然后这些士兵们带着幻肢症返乡，后来医学界开始关注起幻肢症这样一种症状。

那么，到底什么叫幻肢症呢？

幻肢症一般来说存在于被截肢或身体残疾的患者，他们否认自己有任何残缺或者认为自己无肢体残缺，他们甚至能够感受到自己身体上该肢体的存在，比如发现自己存在第三只手、第三条腿，这样一种症状被我们称为幻肢症。

出现幻肢症的原因有以下几种：

（1）丘脑顶叶损害。

一般来说，这种患者会出现幻想的第三只胳膊或者第三条腿。

（2）脑器质性精神病。

一般出现于乳腺、鼻子、阴茎被切除后，患者感觉它们仍然存在，他们感觉那些地方是原有的形状或是变了形的、缩小了的形状。这种类型的精神病是不以意志为转移的，过一段时间后此种幻肢存在的感觉可自行消失。

关于幻肢现象，有这么一个发现。下面是一个例子。

××是一个医生，有一天他拿了一个再平常不过的棉花棒，开始轻触一个有幻肢症的病人，这个病人失去过一只手臂。他通过触摸患者身上的不同部位来进行这项研究。

××把棉花棒放在他的上唇上问道：“感觉如何？”

他回答道：“你在触摸我的食指和上唇。”

××：“是吗？你确定吗？”

他回答道：“是的，我能感觉到你触摸的这两个地方，这感觉是如此明显和清楚。”

医生轻触他的下巴，然后问道：“那么你觉得这里是哪里？”

他回答道：“哦，这是我的小指。”医生感觉很惊讶，开始刺激他的脸颊。

医生问道：“你感觉我在触碰你的哪里呢？”

他说：“哦，你在触摸我的脸颊，我能感觉得到。”

医生问道：“仅此而已吗？”

他回答道：“哦，你在触摸我失去的大拇指，这种感觉很奇怪。”

于是该医生就找到了这个人在脸上的幻形图。这项观察表明，脑图是可以被改变的，而且改变得相当快速。它的重大意义在于打破神经医学中被广泛接受的信条——“成人的脑回路是不变的”的理论。

目前幻肢症的产生原因还不清楚，但是科学家们也一直在努力研究。

2.虚构症

虚构症又称作记忆性虚构症，这种是说某些脑器质性疾病患者由于记忆力的减退，而以想象的、无事实根据的一些经历或事迹填补记忆缺失。

患者会以一段虚构的事实来填补他所遗忘的那一片段的经过，他们会在回忆中将过去事实上从未发生的事或体验说成是确有其事。

如果患者有记忆力减退、记忆降低及有编造的情况时，一般我们会认为是记忆虚构症，它有两种表现形式，睡梦性虚构症和幻想性虚构症，前者临床症状一般是内容荒诞、变幻不定、丰富多样化，后者带有幻想的性质在里面。

“虚构症”这个词第一次出现于19世纪80年代末的某医学文献中。当时在俄国，有一个精神科医生名叫赛琪·柯萨可夫，他的手下有很多病人都无法记住近期发生的事情，不止如此，他们还会自己虚构离奇的故事，这种病是记忆缺陷，病人们都有个共同特征，就是酗酒。我们可以再举一些和虚构症有关的事例。

历史上，有人做过这样的测试，测试内容是让被测试者试看一段录像，内容是一对夫妇的日常交流。然后测试人员告诉被测试者女主角是图书管理员，然后叫他们进行回忆。结果回忆的内容是其中的女主角拥有一头棕色头发，听着古典音乐，喝着葡萄酒。另一组被告知的信息是女主角是个餐厅服务员，于是在他们的回忆中，她就拥有一头金发，听着摇滚乐，同时喝着啤酒。

有研究者认为，人们用这种方式来弥补记忆的空白，这种现象在心理学上有个术语，叫作“脑补”。

还有很多新闻报道中也有类似题材。

比如1992年，在阿姆斯特丹，有一栋大楼被一架波音747飞机撞上了。当时，这个重大的灾难被进行了非常详细的报道，但是没有人拍摄到撞击后一小时内的画面。而在10个月后的一次调查中，有一半以上的公众报告自己在电视上看到了撞击的画面，而且他们生动形象地描绘了撞击的全过程。

这是在心理学家汉斯·克劳姆巴格做的一次调查中发现的，后来他的两位同事又做了一次调查，结果也是超过一半以上的人说自己看到了撞击的画面。

无独有偶，1996年，某美国航天飞机从800米高空坠入大海。在事后记者采访的时候，有目击者称他们看见飞机被导弹击中了。一石激起千层浪，尤其是媒体，他们报道了大量的相关新闻，所以一时间大家都认为这是导弹引起的飞机失事。但是出乎所有人意料的事情又来了，最后调查发现，当时其实并没有导弹，飞机失事其实另有原因。那么我们不禁怀疑为什么会有那么多目击者称他们看到了导弹并且言之凿凿呢？如果真的是这样，可以肯定的是要么其中有人刻意撒谎，要么有人就是无意识地撒谎，即他们患有虚构症，他们会用当时没有的情况来弥补那一段时间的记忆。

所以我们不难理解为什么经常有报道称有人看见外星人或者是宇宙飞船之类的天外来客，并且他们还言之凿凿地想要劝服其他人相信他们说的话，强调他们看到的都是真的。同时我们不难理解为什么会有那么多人类未解之谜，说不定其中很多的当事者目击者都是所谓的虚构症患者。

3.错构症

错构症这种病常见于老年性精神病或脑动脉硬化性精神病患者。他们会对记忆进行歪曲和篡改，把真正的事实与幻想混淆在一起。

病人会把那些并没有在那个时候发生的事件错误地作为当时的事情来谈论，并强调它是真的，还给予相应情感反应。但是事实上在他们的过去的经历中是有过那些事情的，只是不是那时候发生的而已。

所以它们的具体区别在哪里呢？虚构症是一种记忆错误，患者在回忆中将过去事实上从未发生过的事和体验说成是确有其事，患者就以这样一种虚构的事实来填补他所遗忘的那一段事实的经过。但是错构症是对过去实际经历过的事物，在其发生的时间、地点、情节上有回忆的错误。所以它们的区别就在于过去到底是有还是没有。

这两种病也有相同点，就是病因和机理。长期酗酒导致营养不良，硫胺缺乏可以引起脑萎缩、脑变性以及脑缺氧。

我们为什么将这三种症状结合在一起讲呢？这是因为这些

妄想症的病因都和身体有关，幻肢症是因为身体缺少了一部分继而幻想它的存在，而虚构症和错构症大多出现于老年人中。以上我们所介绍的脑萎缩脑变性之类都是身体的不健康表现，这三种病和我们之前所介绍的被爱妄想症、被害妄想症不同，被爱妄想症、被害妄想症等的病因大多是心理因素居多，自身身体没有任何问题，这里却是因为身体原因导致心理原因才会表现出症状。

所以说如果要得到彻底的解决，还要从病因入手。随着科技的进步，也许这些由于身体不健康导致的症状可以由身体好转来得到解决。当然，这只是猜测，个中奥妙仍未可知，但是不可否认的是，即使身体好转，如果这种身体上的好转带不来精神上的心理上的改变，那么这种症状依旧是无药可治。

总想与明星谈恋爱的“被爱妄想症”

1981年3月30日，里根前往华盛顿的希尔顿饭店。他是应美国劳联一产联建筑工会的邀请，前去对数千名公会代表发表讲话的。讲演完毕，里根走出饭店，他笑容满面，向马路对面的人群频频挥手，就在这个时候，一位美联社记者想叫住他对他提问，白宫新闻秘书布雷迪走过来，要替总统回答记者的问题。这时，忽然一个金发青年拔出左轮手枪，向里根总统射击了6发爆炸性子弹，枪声响后，白宫特工人员迅速扑向凶手，用自己的身体挡住总统，从而使最后几枪都打偏了，受伤的总统被送去医院抢救。由这个案件引出的凶手欣克利开始变得家喻户晓，这个人以精神病而著名，患有被爱妄想症。

约翰·欣克利在行刺之前就患有这种被爱妄想症，他出生在俄克拉荷马州的阿德莫尔，在得克萨斯州长大。他从高中开始便再无心上学，整天一副吊儿郎当的样子。1976年，他变卖家人送的小汽车，飞往洛杉矶，希望以作曲在好莱坞成名，但此希望显然落空了。在此期间，欣克利的家书谎言连篇，诉说自己如何不幸，千方百计向家中要钱，甚至虚构了一个叫作林恩·柯林斯的女明星，说自己正与她拍拖，又谎称自己和影视公司洽谈音乐合同，急需用钱。他父母听到儿子事业发展如此顺利，欣然上当，不断寄钱满足他的要求。

那为什么约翰·欣克利会刺杀总统呢？事后人们知道，他的动机只是为了赢得女演员朱迪·福斯特的芳心。朱迪·福斯特因为在电影《出租汽车司机》里面扮演一个妓女而名声大振，这部影片描写的是一个孤独的出租汽车司机为了表达对那个妓女的爱情，而去刺杀一位总统候选人的故事。欣克利自此特别崇拜、喜欢福斯特，给她写信、打电话百般纠缠，但福斯特一次也没有见他。可他认为福斯特是对他有感情的，只是不敢表达而已，所以他必须要做一件有历史意义的事情让朱迪·福斯特公布对他的爱，因此就出现了他刺杀总统的一幕。欣克利的这种表现就是患上了被爱妄想症。

心理学上认为被爱妄想症是一种罕见的心理疾病，患者会陷入另一个人（通常有较高的社会地位）和他谈恋爱的妄想之中。这种症状还有一个别名，叫作克雷宏波症候群。

此症状的主要特征在于，患者会有和另一个人秘密地谈恋爱的错觉。患者总是觉得对方在秘密地对自己传达爱意，通过各种可有可无的东西，例如媒体、动作。

真正患有这种心理疾病的人，他们的行为是怪异的，而且总喜欢跟踪别人。很多明星诸如玛丹娜、史蒂芬·史匹柏、芭芭拉·曼瑞儿和琳达·朗丝黛都反复被患有被爱妄想症的人作为跟踪的对象。

那么被爱妄想症的病因又是什么呢？

毫无疑问，缺爱肯定是一点，因为缺爱所以需要被爱，需要活在自己的世界里，活在自己的臆想里，感受着自己营造的世界里那种虚拟的温度。幻想有时候比现实美好，比现实容易，比现实亲近，比现实更让人有安全感，让人觉得温暖，有存在感。所以他便一直幻想，直到分不清真实和虚拟。

著名作家果戈理所著的《狂人日记》中描写了一位患有被爱妄想症的主角。他想象的世界中自己和狗在说话，想象的世界中，自己是个有着大好前途的人，部长是重视自己的，小姐是喜欢自己的，科长之所以说那些刻薄的话完全是嫉妒自己的。

主人公他就这样一直怡然自得地过着自己的日子。事实上这很像是一种自我安慰，但是我们可以看出来，这种人眼里的世界其实是非常狭隘的，他们不敢正视自己，不敢正视周围人的评价，不敢接受挑战，不敢面对真实的生活，因为真实的生活总是有很多意外，而不真实的生活却可以任由自己摆布。

不难发现，这种人大多内向、自闭、缺爱，并且将所有的对爱的渴望寄托在完美对象上。他们为什么会选择明星呢？就是因为在普通人的视角里，明星是完美的，是可以百分百给他们爱及保护的，他们需要安全感，却不能从现实中得到，只好求助于自己的幻想。大脑在分析综合形成潜意识以后，就不自觉地开始这样做，会有跟踪，会有和明星们交流的情况，甚至在马路上差点被车撞的时候都不以为然，觉得明星男友或女友在身边会拉自己一把。在某种意义上来说，这是一种自卑型人格在作祟。

人可以不现实，但是人不能永远不现实。偶尔的不现实可以被理解为天真浪漫，一直的不现实就是逃避和不负责任。人们总会长大，幻想总会破灭，美梦总会醒来。那些阴影，总该让它们烟消云散，去过一种真实的人生。

关于“偏执狂、妄想症症候群”的某些想法

除了我们以上所介绍的嫉妒妄想症、被爱妄想症、被害妄想症、幻肢症、虚构症、错构症、身体畸形恐惧症等，还有躯体妄想症、自大妄想症、混合妄想症、未分类型妄想症等。

1.躯体妄想症

患有躯体妄想症的病人经常求医求治，因为他们坚持认为自己是患病的，他们顽强不息，虽然常常治疗无效。

在此基础上，病人们可能会自创一些治疗方式，其中有些显得非常怪异，有一定的危险性。长此以往，很多病人都会出现愤怒、排斥、绝望等情况，甚至泛起自杀的念头或企图。

2.自大妄想症

患有自大妄想症的病人会有很多自大的妄想，在这种妄想的驱使下，他们会刻意改变生活方式来迎合妄想，变得奢侈、傲慢、狂热起来。他们面对压力时会表现出愤怒的情绪，并会做出一些反社会的行为。

他们的主要妄想是：认为自己与某位大人物有非同一般的关系，或者是自己有通灵的能力，又或者是自己具有至高无上的价值、势力、知识、身份。

3.混合妄想症

混合妄想症没有比较突出的特点，但是却混合了几种妄想类型的综合特点，所以叫混合妄想症。

4.未分类型妄想症

病人会说自己的家人都已不存在，或者自己的脑袋被完全摧毁了等情况。这种综合症可以说是一种比较极端的虚无妄想，在旁人眼里更是显得非常怪诞和荒谬。

这些很多症状综合在一起就是我们所说的“妄想症”，又叫“偏执症”。妄想症有轻有重，轻者可以视为妄想型人格障碍，他们这种人往往会言过其实，爱嫉妒，过高地要求别人，但从来不轻易信任别人的动机和愿望，而且极度地敏感，自闭，思想和行为都偏执。他们自命不凡，不愿意与人交流，爱活在自己的世界里，并且在自己虚构的世界里自己是非常优秀和独一无二的。一般

来说，持有这种性格特征的人很难和朋友、同事以及家人相处和睦，别人常常会觉得他们很奇怪，从而对他们采取敬而远之的态度。

比较严重的妄想症与前者的主要差别在于将思想化为行动，并且非常有执行力。这是一种精神病学诊断，指的是一个人不存在其他任何精神病状，但是抱有一个或多个非怪诞性妄想的这样一种症状。他们没有明显的幻视产生，但是一般来说，他们可能会出现触觉性和嗅觉性幻觉这种情况，不过这种人一般没有精神分裂症病史。

通过之前对各个病症的详细分析，妄想症的病因主要就是心理方面的问题。要说生理问题，也是因为生理问题导致了心理问题的产生，也有人有生理问题但是没有这种症状，所以说最关键的还是心理问题。

其实就是这种人没有自知之明、太自以为是。事实上在今天这样的一个社会，谁会每天想要去害你？这种人就是缺乏安全感，缺乏能够让自己找到归属感的东西。他们不知道该怎么去获得这种东西，所以他们害怕失去，这就有了嫉妒、妄想症各种精神心理疾病。他们会死死抓住身边的任何一个能够证明自己存在感的东西，无论这个东西是什么。

同时他们一般都没有太多的能力，生活不丰富，生活圈子比较窄，思想比较狭隘，以宅人居多。他们的关注点不多，总是那么几个，所以总是爱在那些点上面纠缠，而且患得患失。被爱妄想症这种明显就是太缺乏爱了，有可能是患者小时候受过什么刺激，又或者是在漫长的人生旅途中不幸的从未感受过爱，所以他们才会幻想和大名鼎鼎的明星们谈恋爱，仿佛明星们会帮他们解决生活中的一切困难，因为那些明星是那么的耀眼、那么的优秀、那么的光彩夺目、那么的有力量，那力量仿佛在昭示着他们，他们不是孤单的，他们有着强大的后盾。

这种人的心智一般都不成熟，有时候很可爱，像个小孩子，缺爱的小孩子，只是想要从你身上获得一点温暖；有时候又很可恨，因为他们常常会做出一些让你很反感的事情，比如认为你和别人偷情、翻看你的东西、无中生有、睁眼说瞎话等。他们好像什么都干得出来，但是你又不能说什么，因为他们有病，有妄想症。

但是如果配合医生的治疗还有环境等方面的改善，另外开阔患者的眼界、心胸，对于那些身体有问题的人先治好他们身体的疾病再继续观察，这样子的话，可能症状就会得到好转。

第三篇

我一定是病了

——疑病症

我一定是得了很多"重病"

疑病症又称疑病性神经症，指的是病人总是觉得自己患有严重躯体疾病的持久的强迫观念，他们会反复就医。尽管经反复医学检查结果仍为阴性，但医生的解释和没有相应疾病的证据也不能打消病人的顾虑，这种疾病常常伴有焦虑或抑郁。

病人根据自身感觉或征象作出患有不切实际的病态解释，致使整个身心被由此产生的疑虑、烦恼和恐惧所占据。

很多人总是分不清疑病症和抑郁症的区别，他们总是觉得这两个就是一回事儿。其实，疑病症和抑郁症还是不同的。

抑郁症其实是一种常见的心理障碍，患者会有显著而持久的心境低落，并且心境低落与其处境不相称。比如说他其实处境很好但是他就是不开心，而且一直很不开心，严重者可出现自杀念头和行为。

据世界卫生组织统计，抑郁症已成为世界第四大疾患，预计到2020年，可能成为仅次于冠心病的第二大疾病。

这种病甚至还会产生妄想症，患者容易产生疑病观念，因此发展为疑病或者罪恶妄想。

这一定是重病

某公司文员患有疑病症，总是觉得自己命不久矣，上班的时候自己咳嗽了一声都觉得自己快要死了。他有次腹部疼痛，就跑去医院检查。医生说：“你身体很好，没什么问题，可能是受了什么风寒、少穿了衣服之类的，因为我们都给你做了很多项检查了，发现你各项指标都是正常的，所以你不用吃什么药，可以回家了。”

他心里嘀咕：“你们在糊弄我吧。我好歹也是大学毕业，我连这点判断能力都没有吗？我怎么可能没有病，你们作为医生怎么可以这样不负责任，万一我这个到了后期什么的，到时候就晚啦！”

他想来想去还是觉得医院不靠谱，就回家自己研究，搞各种中药，家里人问他做什么，他说，他怀疑自己患有什么病了。家里人开始也没注意，但是他天天晚上睡不着，总是梦见自己躺在冰凉的手术台上，旁边是拿着刀的主治医生，他们互相看着对方，脸上显露出绝望而冰冷的表情，不说一句话，只是摇摇头，深深地叹了一口气，然后就放下了手术刀，而他躺在那里一动不动。然后他的妻子、父亲、母亲还有孩子全都冲进来，对着他就号啕大哭起来。

他总是做这样的梦，然后他感觉自己特别想站起来，却感觉好像有人掐住他的脖子，他在梦里想要呐喊，却喊不出来，他就吓醒了，大叫一声，每晚如此。

妻子吓坏了，就跑去和他的父母亲一起商量，“这不行，这是病得治，这还让不让睡觉了，怎么得了。”

然后担心的二老还有媳妇就带着他去医院了，他本来是极度不愿意去的，因为他觉得医院在忽悠自己。但是在二老急切的恳求下，他还是答应了。

不过这次检查，他确实是被检查出了一点问题，就是他的肝功能不是很好。他没听到其他，就知道自己肝功能不是很好，然后他想，“果然应验了，我就知道，我就是有病的，你们还不信！”

后来的事情可想而知了，他就继续捣鼓自己的那些中药之类的东西，天天看那种和肝功能有关的杂志、健康杂志之类的，今天换一个花样，明天换一个花样。

最后家人被他的神经兮兮折磨得很惨。

其实，很多人都是这样，本来没有病，疑着疑着就不知不觉有病了，很多病都是心病。

患有疑病症的人总是这么绝对，他们的典型症状就是不相信别人说的话，总是觉得自己说的是对的，总是觉得自己确实是有病的。如果咳嗽了，就觉得自己一定是呼吸道出了什么问题，如果眼睛疼他们觉得自己的眼睛可能就不能要了，他们是如此笃定和坚决，没人能够劝动他们。

据估计，20个看医生的美国人中就有一个是“疑病症”患者。令人沮丧的不确定：一个人可能终身患疑病症，自己却不知道这一点；另一方面，一个人也可以被判定为疑病症，而事实上身体真有病。

专门研究焦虑症的丹佛心理学家盖尔马兹·尼尔森说：“一般人都没心思倾听别人的焦虑，比如‘我害怕我有艾滋病、我害怕我得了癌症、我害怕我有淋巴瘤’。”人们听到后，往往一笑而过。但得了疑病症确实可以瘫痪一个人的身心，这可不是开玩笑。

所以疑病症真的不是那么简单，也不是好敷衍的，因为你不知道什么时候这样的人就真的因为疑心太久真的得了那种病。根源不是病，根源是他们的心，他们的思想生病了，所以他们会真的病了。

疑病症的**经典案例**

曾经有一个这样的笑话是和疑病症有关的。

有个男人总是怀疑自己得了病，浑身感到不舒服，但是每次去医院检查的结果都是一样的，都说他的身体没有任何问题，这个男人对此感到非常苦恼，茶饭不思。他就开始看各种和医学有关的书。

他逐一对照，觉得每一种都和自己一样，然后高兴地对妻子说："我说我得病了吧，你还不信。"妻子问："什么病？"他拿过书给她看，上面赫然印着三个字：妇科病。

这当然是个笑话，说的就是疑病症这样的人，他们有的其实是心病。

王同学在高考前夕体检时刚好感冒发烧，医生在听他的心脏的时候，自言自语说："心尖区有点风吹样杂音……"王同学想到"生理卫生课"上老师曾经说过心脏病是有杂音的，就紧张地问医生是不是心脏病，严重不严重。医生回答他，这是生理性杂音，不要紧的。他觉得医生是在安慰自己，但放心不下，坚信自己患上了心脏病，从此以后四处求医。

他甚至离开所居住的城市，到很多大城市四处求医。那些医生都说他是自己瞎猜疑。他很生气地说：“难道我还希望自己生病不成？我自己的身体我自己清楚！”父母觉得他可能是心理上出了什么问题，就把他带到心理医生那儿，医生说：“你们儿子得的这是疑病症。”

还有一个怀疑自己得心脏病的例子：

小马今年刚毕业参加工作，他偶然在杂志上看到关于心脏病症状的介绍，他对号入座，觉得自己得了心脏病。

从那以后，他不敢看恐怖片、不敢坐飞机、不敢洗澡，生怕这些会刺激到自己，使自己的心脏病发作。也因此，他变得十分自卑，不敢向朋友或同事倾诉，生怕这些被别人传出去给自己带来负面影响。尽管无数次到医院证实都没有任何问题，他还是感到心脏好像被刀戳般难受。他每天晚上都梦见自己心脏病突然发作导致猝死，经常睡不好，白天提不起精神，其工作成绩也因此一落千丈。

怀疑自己得口腔癌：

小林是个12岁的中学生，他的父母最近总是吵架，家里每天都是鸡飞狗跳的，他很痛苦，觉得自己应该做些什么。于是有一天，他就告诉父母自己牙疼得要命，可能得了口腔癌。父母赶紧带着他去了医院，可是检查结果却是什么病都没有。父母没有因为他“生病”而转移注意力，最终因为感情无法修复，他们离婚了。可是从那以后，小林竟真的感到牙疼得厉害，尽管检查结果依然没病，但他确信自己得了口腔癌。

怀疑自己得胃癌：

老李人到中年，看到身边的一位同事患胃癌死去后便怀疑自己的胃也出了问题，她觉得自己胃部蠕动缓慢、食物似乎很难通过胃肠道，经常还有隐痛感、饱胀感。她查阅了许多医学书刊，对照自己的症状，认为自己是患了胃癌，于是吃不下饭、睡不着觉，她到不同的医院进行了6次检查，诊断结果都没有问题。但她还是整日惶惶不可终日，始终觉得自己有病，觉得家人全在瞒着自己，并怀疑医生可能是怜悯她而不告诉她事实。

以上三个例子都非常相似，都是受到了外界刺激，这种刺激可能是看了什么书，可能是身边的人去世了，可能是某种症状和自己很像，可能是其他。因为这些刺激，主人公开始不相信医生，并且忧虑，最后心理防线崩溃才知道原来自己是得了疑病症。

下面还有一个案例就比较复杂了。

有一个乡村年轻教师，他认为自己身体不正常已经有三年多时间了。

有一次他在回家的途中不小心被自行车撞了一下，碰破了头皮，左手腕关节也肿了，然后他就跑去乡卫生院，搽了点红药水、配了点消炎药便回家了。到家后，他便一直觉得头痛、头昏、头颅骨凹了一块，甚至感到身上血液流动得特别快，认为自己的大脑被摔坏了。一周后，他去县医院内科门诊，一位年轻的医生说，他可能是轻微脑震荡，并开了些内服药。

可是，回家服药后病情并没有好转的迹象，从此他就认为自己脑子坏了。接着他又出现腹部不适，便认为自己一定是得了癌症，所以终日惶恐不安。他觉得自己活不了多久了，便向家人交代后事，并且写了遗书。

在此期间他先后去了七、八家市内医院的内科、神经科、脑科看过病，做过B超、脑电图、脑CT以及其他多项化验。经常是看一两次就换个医院，认为医生开的药都没有用，很少按医嘱坚持服药。另外，他还经常买些医学书籍和杂志，对号入座，钻牛角尖，别人向他解释也不管用。后来，他经人介绍去进行心理咨询。

其实这个例子比前面三例的复杂的一点在于上面只是一个原因，而我们这里的这个老师身上几乎具备了患疑病症所需具备的各种原因。

在寻找该年轻教师疑病症的症结时，特别是在搜寻其以往遭受的生活挫折和心理创伤时发现，他小时家境贫穷，从小就很懂事，帮助父母干活、照看弟妹。可是他9岁时他的母亲就离开了他们，这给了他沉重的打击。但他仍然努力学习，成绩在

学校里一直拔尖，课余时间还必须帮助父亲打草砍柴、照看弟妹。后来在他参加中学师资培训班学习临毕业前夕，他父亲因操劳过度猝然去世，他当时悲痛欲绝，两天两夜没有合眼、吃饭。就在被自行车撞倒之前，他的学校涨工资，他被刷下来，接着就出现了撞车事件。

可以看出来，他小时候的经历包括到今天都是一直比较坎坷的，特别是母亲的早逝和父亲的猝死所带来的痛苦和艰辛，使得他内心产生了不安全感、无助感和孤独感，缺少温暖、关怀和爱。

从个性测试结果看，他比较忧虑敏感，生性多疑，说明他遇事容易想太多。并且，他具有较高的文化程度，这就使他有能力自查许多医学书籍或者杂志等来验证核实医生的诊断和治疗。这点又恰恰把他诱入误区，使他一知半解，他会把为丰富医生学识与交流学术经验而写的典型个案照搬照抄，机械地对号入座，从而产生了不良的自我暗示。

那他为什么对头部和腹部病症夸大呢？从某种程度上来说，这样就可以使他有充分并且正当的理由来继续扮演病人的角色，心安理得地享受病人的待遇和权利，比如病休在家养病、爱人的关心照顾、单位领导和同志们的看望和同情，暂时逃避了作为一个健康人所应承担的各种义务。

其实这是一种缺爱的表现，这个和小时候的经历不无关系。

所以说，此患者综合了引发疑病症的几乎所有条件。小时候的心灵创伤、性格原因、生活中的刺激等，他都具备了。并且，在某种程度上他是为了逃避责任还有现实，这个应该是属于他的内心深处的潜意识范畴的想法。

完美主义和**固执心理**

经过很多临床观察，医生发现患上疑病症的人大多都是那种很固执的做事追求完美的人，他们的性格都有小心翼翼的成分，同时大多数人小时候都有过不同的经历使他们追求事事完美。比如说，某人小时候总是考试第一名，他后来就凡事都想要争第一名，也是因为这样，他就更容易以自我为中心，不太在乎别人的感受。因为从小大家都因为他成绩好而捧他，在家里他是小王子，在学校老师宠着他、同学崇拜他，因为这样，他对自己的东西格外关注，很少去关心别人，总是对自己的疼痛显得尤其敏感。其实这个不难解释的，我们常常会发现在一个班最不在乎自己成绩的反而是那些成绩很差的人，这是因为他们有着一种破罐子破摔的心理，但是那些成绩好的人却总是对成绩耿耿于怀，哪怕有一次没有考好，他们都会显得异常焦虑，很难受，情绪很紧张等。这个就是因为环境，他们所处的环境一开始是对他们有利的，大家都捧着他们，这使他们就会养成一种不自觉的以自我为中心的习惯和性格，他们会过度关注自己的感受，比如考试没有考好这件事情，他们会担心很多，但是对于其他本来成绩不好的同学，他们会觉得习以为常，并不觉得那有什么不妥。

从某种程度上来说，追求完美不一定是坏事，但是任何事情过度都是不好的，所谓物极必反，如果一味地追求完美，到最后可能就陷入了某种思想上的囹圄、一种思维障碍。

这种过度追求完美的人，他们除了习惯以自我为中心以外，其实很多时候他们是没有自己独立思考的能力的。他们的价值观等参照的标准都是大众标准，别人觉得好，或者怎样，他们就会得到一种因为心理认同感而得到的快乐和满足，所以他们不可遏制地需要靠一些东西去证明自己，迎合大众的观点。他们总希望把自己优秀的一面展示出来，做不到就会感觉自卑自责。

这种对自己的苛责还算是好的，更过分的是很多时候这种人还会对自己身边的人有很多要求，苛求他人在他们的标准和判断里是完美的、无可挑剔的。这个算是比较极端而且自私的想法了，此等追求完美可谓达到了极致，不仅仅伤害了自己，同时也伤害了自己身边的人。

为什么过度追求完美会导致他们患上疑病症呢？是这样

的，这种人在各个方面都想要做到尽善尽美，那么当他们的注意力集中到了身体健康这一块的时候，他们就会表现得很极端，刻意追求身体健康上的完美。比如说医生认为他们只是身体上有小的瑕疵，只是偶感风寒之类，他们就小事化大，产生各种焦虑不安，总是觉得自己的问题是很严重的，即使通过多次检查，他们也不愿意相信医生的结果，因为完美，才是他们所追求的真正意义上的健康。

但是完美的健康和健康其实是两码事，不可能有人完完全全是健康的，是人都会有小病小灾，他们这种追求本身就是不合理的，最后会导致自己心理各方面的崩溃也就不足为奇了。

还有专家认为，这种病除了和完美主义有关，还和一个人的固执心理有关。

固执指的是人们在认知过程中无法将客观与主观、现实与假设很好地区分开来。

如果他们将自己这种已有的经验再驾驭到现实之上，并过分固化，更会执迷不悟。在日常工作中表现为缺乏民主作风，只相信自己，不相信别人。

这种人常常敏感多疑，自我评价过高，容易冲，缺乏幽默感。他们并不愚钝，但是却容易陷入某一个绝对没有好处的事情中不能自拔，不管身边的人怎么劝说，他们仍然坚持自己的观点，很难悔悟。

这是一种偏执型人格障碍，和妄想症有关。

美国有一个学者叫莱昂·费斯汀格，他在解释人的固执心理时认为这是由认知失调导致的。他说，人都会遇到信念与现实发生冲突的情况，这种情况就会导致认知平衡失调，所以这个时候，人们就会感觉难受，从而想办法来恢复心理平衡。

而疑病症患者易受暗示并且会联想，他们爱把各种疾病信息往自己身上套，内心也因此变得恐惧起来，在他们眼里，各种五花八门、离奇的病症都有可能出现。这个说到底就是他们的固执心理在作怪。

比如有的患者患病以后，就恐惧可能还有其他的疾病。患上两种疾病恐惧症的，其实在疾病的功能上有一定的相关性，它们可以并存，也可以相互转换。此外，疑病症病人常有高度的死亡恐惧，死亡恐惧的程度比真正有躯体疾病的病人更为明显。

专家认为，克服自身的固执心理是对付这个症状的最基本的一条。此外还要学会转移自身的注意力，克服完美主义，比如多做一些锻炼，多阅读，多出去走走，多看看外面的世界、别人的生活，多看看新闻杂志等。可以尝试不同的生活方式，可以学着去扩大自己的生活半径。一个人要丰富自己，而后他会明白价值判断是多元的，大众审美不一定就是好的，别人的评价其实不影响自己生活的主调。事实上，这个社会很缺少这样的人，因为特立独行的基础是你的思想已经是很丰富和坚固的，你不会轻易受到动摇，这里指的是好的那种思想，并不是上文我们提到的固执心理。固执心理是因为看到的太少，特立独行是因为看到的太多，这个是本质上的区别。

疑病症之所以会存在，其实就是这些完美主义、固执心理的东西在作怪。

患上疑病症，**应该怎么办**

在所有的同龄人中，张小姐算得上是很幸运的一个了：生的貌美，身材又好，她还毕业于某名牌大学，后又被著名企业看上，并且在公司一步一步升迁，最后还当上了副经理，并且在公司当总经理助手的时候刚好和他日久生情，俩人最近筹划着结婚的事情呢，可以说，她的人生，简直就是完美无比。

可事实上，她并没有大家想象中过的那么好。她常常需要为了一个企划案熬夜到很晚，经常要考虑一些公司里面各种关系的事儿，家庭那边也是，她的父母准备从老家搬过来，这可又是个浩大的工程，至少怎么安置两位老人是要提前安排好的。她还担心公司里面美女太多，她的未婚夫会跟别人跑掉。比如有一次，小张和他在办公室嘀嘀咕咕半天也不知道说些什么，两个人看起来还有说有笑。就当她不存在似的，这算是怎么回事儿呢。

想找个人说说，只是翻遍了通讯录都找不到，她就百无聊赖地开始刷微博之类，然后开始晒最近的照片，底下有时候会莫名其妙有一些其实不太熟的办公室同事的回复：哇哦！姐你好幸福哦！我要是像你一样就好了，不知道什么时候才可以摆脱单身的状态呢？她想想觉得好笑，别人都觉得她过得特别好，以至于她都觉得自己好像真的过得特别好。是啊，在那些人眼里，她穿着漂亮的衣服，提着名牌包包，每天可以做不一样的头发，情人节的时候不用一个人，还可以干很多貌似很有意义的事情。只是她为什么不觉得开心呢？

她晚上总是熬夜熬到很晚，然后常常就睡不着了，最近她老觉得自己的胸口很闷，然后就想是不是自己病了，就跑去医生那里看，医生说没什么事儿。她还不放心，就把自己的身

体通通都检查了一遍，结果发现好像确实没有什么有问题的地方。

但是即使是这样，她还是觉得自己是哪里出问题了，具体哪里她又说不清，因为没有任何检查结果。但是还是要上班，她的工作效率极低，时常感到不安、担忧和紧张，情绪很差，对什么都没兴趣，就连自己平时最喜欢的唱歌跳舞都很少去了。

其实这就是我们所说的疑病症，又称疑病性神经症。患这种病的人表现症状常为心慌、心跳加速、头痛、失眠、多梦、疲乏无力等，并且这种症状有时间性，用脑后症状加重，休息后症状会减轻。

这种病症，是一种反应方式，一种综合征。具体主要表现为，对心脏、胃、肠道、脑、脊髓等方面的担忧，他们会很焦虑地去观察身体的自律功能。通过这些非自然的观察注意和焦虑的态度，这些心理活动会不自觉地影响他们的身体健康，就是那些使植物神经分布的器官系统会受到功能性损害。

这里有一个反作用，就是因为这种心理活动会导致生理上的器官系统的功能性损害，同时这种损害会导致这个人对于疾病的担忧。

这种病人对于器官及其功能的焦虑程度有时可接近恐怖症，一味地纠缠，固执地认为自己有病，这一点又类似强迫症。

我们可以从很多案例中看出来，患这种病的人一般都过分地关注自己的身体健康，一般都具有渴求完美人格特征，从他们对医院的态度上可以看出来他们身上都具有谨慎的特质，也是因为这些特质导致他们会怀疑自己得病并且深信不疑。

事实上，我们都知道病因是什么，那么解决办法就应该从这里下手。这个疑病症也是如此。说白了，就是想太多。这种情况下，建议患者多看看书，或者出去旅游一下，可能眼界广了就不会想太多。

当然，这不是重点，其实还是需要心理医生的辅导，不得不承认，很多心理医生的帮忙还是很有用的。

对于这种患者，医生应以支持心理治疗为主，要耐心细致地听取患者的诉述，让他们出示各种检查结果，持同情关心的态度，不要挑动患者的症状，要顺着他们，第一步就是与患者建立良好的关系。这样才有继续沟通的可能。

可以通过转移环境，改变生活方式，转移患者的注意力或者引导患者做另外一些他们感兴趣或觉得有趣的事情，来改善他们的症状。

同时可以找他们的亲戚朋友来帮忙，在患者信赖医生的基础上，引导他们认识疾病的本质，告诉他们这是一种心理障碍，需要用心理的办法去治疗。如果患者接受暗示性的程度很高，可以做一种暗示疗法，可获得戏剧性的效果。

事实上，一定的药物也是可以起到很好的作用的，比如说抗焦虑和抗抑郁药，它们可以消除患者焦虑等负面情绪。这个都是要慢慢来摸索的。

上面是医生要做的，那么患者应该怎么做呢？

可以通过自我暗示法加以调节。比如：“过去自己感觉到这儿痛那儿痛，都是自己太敏感的缘故。其实任何一个正常人都会有这样的现象，这不是病，是一种正常人的‘不正常’现象，会很快过去的。我的身体其实还行，这已被所有检查过的和化验过的结果所证实，医生也都说自己没有任何疾病的，现在自己应该坚信这点了。我今后不去想它了，不舒适的感觉就会消失了。现在我已经感觉到舒适多了，也不再为此而烦恼了，现在我对自己的健康充满信心。”类似这种。

自我暗示语要根据自己疑病的情况编写，要毫不犹豫、直接了当，使自己接受“不必怀疑”的观念。

如果每天自我暗示一次，效果更佳。

主要就是要正确认识自己的病情。它不是身体上有病，而是心理上有病。要在“无器质性疾病”的前提下努力放下思想包袱和心理负担，要从个人“疾病”的小圈圈中跳出来，轻装前进。

要树立正确的人生观，不要整天围着自己转，视野要宽广些，度量要大些，平时要多为周围人考虑。可以转移注意力，培养一些别的方面的兴趣爱好，比如唱歌、画画，当你的关注点不再放在自己的身体上的时候，可能事情也就过去了，我们常常焦虑就是因为我们不肯转移注意力。

最后一点，就是要好好和医生合作，不要不相信医生，要正确看待医生间的诊断不一致的情况，要如实客观地陈述病情，不要夸大和作出不切实际的解释，积极主动地配合医生的诊断，不要把自己的感觉强加于医生。

关于**艾滋病**恐惧症

在疑病症里有一种很普遍，就是很多人都怀疑自己得了艾滋病。

艾滋病恐惧症是一种对艾滋病的强烈恐惧，并伴随焦虑、抑郁、强迫、疑病等多种心理症状和行为异常的心理障碍，简称恐艾症。

艾滋病恐惧症包括怀疑自己得艾滋病，或者非常害怕感染艾滋病并有洁癖等强迫症表现。也就是说，我们今天所说的艾滋病恐惧症其实是和疑病症有交集，同时也和强迫症有交集，是一种比较综合的症状表现。

一般来说，这类患者往往过度执拗、要求过度精确，过分坚持。他们常常错误地把心理恐惧所引起的一些自主神经症状认定为艾滋病的症状，每次看医生后，在阴性检查结果和医生细致解释后，心理负担可得到暂时的解脱，但没过多久，新的疑虑会再次产生，使其不得不再次到医院要求检查。

随着艾滋病感染人数的增加，患有这个病的人也会增加。

在2011年，广东爆发了一次群体性自述阴性艾滋病事件，后卫生部介入调查，结果发现不过是一群人患有恐艾症而已。

其实不难理解为什么人们谈“艾”色变，因为在21世纪后，人类社会进入了疾病多发阶段，而艾滋病更是成为了世界范围内的难题。很多电视、杂志都在渲染、夸大艾滋病的可怕。虽然媒体并没有刻意想要造成公众恐慌的心理，但是从新闻学的角度来说，选择性报道本身就表达了报道者自身的倾向，还有很多媒体会报道艾滋病人是怎么死的，他们会把艾滋病人的死状描写的很可怕，这样公众就会觉得恐慌，一群人在那里夸大艾滋病的影响，这样就会导致人人自危。

人们对于艾滋病的恐惧表现除了谈“艾”色变以外，还表现在对于艾滋病的无知上。这种无知主要是对艾滋病的传播渠道还有艾滋病的机理的不了解。比如他们不知道其实艾滋病的传播是通过母婴、通过血液、通过性交等来进行的。也就是说如果一个艾滋病人和一个正常人发生性行为，那个正常人就可能会得艾滋病；如果母亲患有艾滋病，那么她的孩子就可能会患有艾滋病；如果一个人去献血，医生的清洁工作做的不好，之前捐血的人中有艾滋病患者，而另一个人用的是那个人用过的没有清洁完全的针头，这样的话也可能会感染艾滋病。

但是，和艾滋病患者拥抱并不会得艾滋病，和艾滋病患者交流也不会。所以很多时候，大多数人因为不知道艾滋病的传播渠道，他们就会选择回避艾滋病人，甚至厌恶他们，见到他们就显示出一种鄙夷的神情。其实，这是不对的，这也是为什么我们经常说要给艾滋病患者多一点关爱的原因。因为这个社会上很多人对于艾滋病的认识是有误区的，对于艾滋病是害怕恐惧的，巴不得和它不要沾一点边儿。而艾滋病人除了要承受病痛的折磨，还要遭受很多人的轻视的目光，生存确实举步维艰。

也许大家并不清楚艾滋病的机理。事实上，这种病靠的是攻击一个人的防御系统，导致很多其他的病原体就很容易进入人的身体，这样的话，艾滋病患者最后就会死于各种感染病，各种呼吸道疾病或者其他，所以也不怪人们谈“艾”色变。曾经有这么一位恐惧症者，身体稍微有点不舒服，有时甚至感冒头痛，他就毫无根据地认为自己可能已经感染了艾滋病。

他反复检查，到处看病，但是不管什么机构得出的结论都无法让他放心，但是他下定决心一定要查个明白。因为他看到有报道说个别人会出现HIV抗体假阴性。3年间，他在不同的医院反复检测20次，每次都说：“我再检查这最后一次。”可阴性结果出来后没过多久，又换到另一家医院要求检测。

不但他自己被艾滋病恐惧症搞得身心疲惫，就连他的家人也被他的疑病症状搅得无法正常生活，每次他一去医院，他的母亲必定要给医生打电话，嘱咐医生千万要告诉他“100%”不是艾滋病。恐艾症患者要么是对这些原理一点都不懂，要么就是太懂导致想的太多。有一个男青年在发廊与一位小姐发生了性行为。因为他知道艾滋病是可以通过性交来传播的，所以在这次经历之后，他反复检查自己皮肤和黏膜上每一处可疑的破损，生怕那位小姐有艾滋病，会使他感染。

后来他又专门开始研究关于艾滋病的相关知识，知道如果得艾滋病会有一些初期的症状。于是，他每天都把自己全身的衣服脱光，看遍和摸遍自己全身，身上的每一个包块也被他误认为是艾滋病肿大的淋巴结，皮肤上的每一处红点，都被他怀疑成艾滋病早期的皮疹。

虽然最后排除了感染艾滋病的可能，但他已变得处处谨小慎微，时时害怕被艾滋病感染。他每天反复洗手，夏天出门也要戴上口罩和手套，和别人接触后更是必须洗澡，甚至全身消毒……这种强迫症状造成他长期失眠、注意力不集中、对工作和生活失去兴趣和信心，严重影响了他的生活与学习。像以上说的这两个案例都是典型的恐艾症。

他们会害怕与“可疑者”甚至任何人接触，怕伤口，怕血液，严重时整日不敢外出，不敢见人，害怕到“危险”场合或公共场所。有的比较严重的，听到别人说“艾滋病”这个词时，也会心慌气短，惊恐万分。

他们会反复来医院咨询，和朋友聚会，他们会担心朋友中可能会有艾滋病毒感染者，又自觉有口腔溃疡，怕通过唾液而感染上艾滋病毒，理发时面部有痤疮，都有可能是被感染了，他们会怀疑理发师的刀割过艾滋病患者的头发。或者去公共卫生间时，看到门把手刚刚被一位看似“艾滋病”的人摸过，觉得自己就很危险。哪怕有些人明明知道那些途径不会导致自己得艾滋病，但是他们仍然不放心，疑神疑鬼，害怕自己得艾滋病。在他们眼中，艾滋病真的是太可怕了。

但是一般来说，常人不会这么神经质。

那么，恐艾症患者一般都是因为什么才这么过度在乎艾滋病呢？

一般来说，大多数患者都有过高度危险的婚前或婚外性行为，而性行为的对象又常是暗娼、酒店三陪女或是发廊女，这样就让他们觉得不安全。一方面，由于这种行为是社会道德规范所不容许的，因而在内心深处他们经常受到道德的谴责和社会的压力。另一方面，这些危险性行为确实会使艾滋病感染的机会大大增加。所以在双重压力下，他们就会患上这种症状。

此外，还有就是身边经历过这种事，身边有这样的人。在他们的潜意识里，就形成了那种观念，所以一旦受到现实的刺激，就会发作。

其实，这种症状是可以得到缓解的。一方面患者需要转移注意力，还要相信科学的检测，要多了解这方面的知识；另外，在个人的生活卫生习惯上要多多注意。

第四篇

失控的身体

——强迫症

那些我们熟悉的**强迫症患者**

强迫症属于神经症的一种，其发生有一定的生物学基础，与遗传有关。另外与心理因素、社会因素、个性特征也有一定的联系。强迫症的基本症状是强迫观念、强迫意向、强迫情绪和强迫动作。

很多强迫症患者既有强迫观念，也有强迫行为。

强迫观念是以刻板形式反复进入病人意识领域的思想、表象或意向。这些思想、表象或意向对病人来说是没有任何现实意义的，属于不必要的或多余的。病人意识到这些都是他自己的思想，很想摆脱，但又无能为力，因而感到十分苦恼。

强迫动作是反复出现的刻板行为或仪式动作，是病人屈从于强迫观念力求减轻内心焦虑的结果。

强迫情绪是指出现某些难以控制的必要的担心，如担心自己丧失自制会违法，会做出不道德行为或精神失常等。

强迫意向是感到内心有某种强烈的内在驱使力或立即行动的冲动感，但从不表现为行为，却使患者深感紧张、担心和痛苦。

电影《火柴人》里面的主角罗伊，他就是一个患有强迫症的典型例子。

他每次开门关门的时候，动作总是要连续三遍，并且不能容忍地毯上有一丝的灰尘，脚上的皮鞋总是铮铮发亮，洗手后必须反复擦拭。一系列的强迫性行为已成为他的例行公事，明显表现出他的焦虑和痛苦。

影片主人公罗伊长期以行骗为生，他高明的骗术屡屡得逞。与其搭档合作无间，常常骗得上当的买主花10倍以上的金钱购买他们的廉价物品。

并且，罗伊在骗人时脸不红心不跳，说出的谎言斩钉截铁，能够巧舌如簧，沉着应付。而罗伊却从不认为这是欺骗，而把自己的行为称作是一种本领，认为自己既没偷也没抢，是别人自愿把钱拿来给他的。他常常用这些牵强附会的所谓理由来掩饰自己心中的罪恶感。

因为始终在谎言中戴着假面具生活，罗伊常常会使自己处在神经质的紧张状态，失去或降低了正确感知真实世界的能力，无法建立起正常的人际关系。

他会常常担心自己赤身裸体地暴露于众人面前等。这种“并不好受”的心情只能迫使患者经常窝在黑暗的家里，只能加剧他的强迫与恐惧。当然，如同所有的神经症患者一样，罗伊的发病也是有其一定的病态心理基础的。之所以使原来本性善良的罗伊成为“火柴人”，其根源是他第一次感情的失败，是那无法真正忘却的感情挫败的伤痕在其潜意识里折磨着他。

于是，心理医生克莱向罗伊开出了“灵丹妙药”。他在治疗的关键时刻向罗伊指出：“你根本不需要服药……你的神经症问题是小，良心问题可就大了！”

是啊，只有找准良心的位置，解除压抑，放松意识，各种症状即可解除。

后来，罗伊在经过心理治疗，特别是自我的内心搏斗后，终于找到良心，感受到“看世界的眼光与过去大不相同了”。

癫狂梦醒，改邪归正，不仅担任了快乐的推销员工作，还和中意的女人共筑起自己的爱巢，在真诚和善良的影响下开始了新的人生。

虽然影片的结局是他被设计了，但是其实这不是我们要讲的重点，重点是强迫症，也就是说，其实强迫症的症状是可以得到很好的改善的。

2010年，达伦·阿伦诺夫斯基执导了一部美国电影，名叫《黑天鹅》，广受好评。

故事里的主人公其实在相当程度上也是一个强迫症患者。Nina是一名纽约的芭蕾演员，和她具有支配欲的母亲住在一起。

她的母亲也曾是芭蕾舞者，对她施以令人窒息的控制。在新一季的《天鹅湖》公演前，艺术总监决定换下首席舞者Beth。他有两个候选人：Nina和Lily。这出剧要求一个能够表现白天鹅的天真无邪与黑天鹅的狡诈放荡的女演员。

Nina适合白天鹅，而Lily简直是黑天鹅的化身。在选拔中，她的白天鹅表演得无可挑剔，但是黑天鹅不及Lily。她感到身心俱疲，回家还发现了背部的红斑与脚伤。

于是，她一个人找到总监，希望可以争取一下。总监趁机亲吻她，却被她强硬拒绝。结果奇怪的是总监居然选了她。队友怀疑她靠色相上位。在酒会上，Beth甚至当众发泄。

这种压力外加伤病，一直影响着她的发挥。总监启发她要释放激情，表现出黑天鹅的诱惑。在强大的心理暗示中，她似乎也滑向了黑天鹅的角色。

我特意去看了一下豆瓣关于这个电影的影评，无意间翻到这样一篇文章。

这篇文章中指出Nina其实是性压抑，上面说到“由于怀上私生女Nina而不得不终止舞蹈生涯的Nina的母亲，无法原谅由于性冲动所带来的后果而成为了一个禁欲主义的象征，Nina于是便从此活在了暗无天日的性压抑的生活之中。自我和超我严格地控制着她，一切有关‘性’的蛛丝马迹都不能出现在她的生活中，于是我们能看到一个二十多岁的女孩房间中依旧保持着少女时期的模样，永远只穿粉红色和白色的外衣这些外在的表征，当男人直接地向她表达种种性暗示，Nina惊异、意外、羞怯、躲避、言辞闪烁、不知所措……俨然一副‘性压抑’的典型形象”。

这篇文章中随后又提到弗洛伊德，“弗洛伊德所指出的‘转换症’，是指当事人内心产生的一些本能冲动因不为现实情境所接受，而被个体压抑到无意识领

域，但它们并没有消失，并在寻找各种机会以某种方式表现出来。从而身体表现出来的各种问题行为就是这种被压抑力量的变相表达。如果说尼金斯基的转换症是将命运中的苦痛向外转化，变成艺术激情，而Nina是将来自外界的心理创伤向内转化，变成了精神自残。投射了母亲愿望的超我严酷地鞭笞着本我，为了不违抗母亲，她只好在镜像中自我惩罚。背上抓伤的伤口、断裂的指甲片、幻觉中的黑色羽毛要刺破皮肤冲出身体……这些都是精神伤口。”

个人觉得这样的评论是不无道理的，而黑天鹅中女主角的寄托于艺术的精神分裂、强迫症等，其实都是情有可原，都可以从其经历找到原因。

黑天鹅让我们想到了尼金斯基，这个佳吉列夫舞团中影响世界舞坛最杰出的一位芭蕾演员。1909年，当时只有19岁的他参加佳吉列夫组织的“俄罗斯演出季”，在福金新编的舞剧《狂欢节》《达夫尼斯和赫洛亚》中担任主角，凭借出色的舞姿在一夜之间征服了巴黎城，成为贵族沙龙和街谈巷议的中心话题。

但是在他30岁的时候，他因患精神分裂症，被监禁于疗养院，弗洛伊德和荣格等著名的精神病专家曾对他进行过治疗。但是他因此永远告别了芭蕾舞台。

从精神分析学的角度来看，尼金斯基有着一个极为破碎动荡的童年，父亲因情妇怀孕离开家庭，母亲为了三个孩子而放弃舞蹈生涯，他的哥哥住进精神病院，自己因天赋异禀受同学欺负等，这些都使他在舞台上如此疯狂表达自己的宣泄形式，习惯把所有灵魂中的痛苦与焦灼化为了外在动作。

这些，都是我们所熟知的强迫症患者。我们在佩服他们高超舞技或者过人才智的同时，也深深地为他们感到惋惜。

很多强迫症患者既有强迫观念也有强迫行为。

目前对于强迫症的治疗分为心理治疗和药物治疗以及精神外科治疗。心理治疗主要是支持性心理治疗和行为疗法。精神外科治疗应用较少，一般是在药物治疗和心理治疗失败后采取手术。

千奇百怪的强迫症

其实我们每个人或多或少都会有点强迫症，尤其在生活压力大、对自己要求高、追求完美的人身上，这种症状显得更加明显。

曾经有一个网络上的链接，据说强迫症的人是不能打开的。我点了一下，发现原来是这样，如果你的鼠标动一下，那些方块就会变成更小的方块，而在你没有用鼠标移动的区域，就不会改变方块的大小，这样的话，患有强迫症的人就会很受不了，他们必须要使所有的方块都看起来一样，这样他们就会在上面纠结很久。

强迫症是一种讨厌的东西，它不是一种病，但比疾病更可怕，因为疾病毕竟可以痊愈，而罹患强迫症的人就只能自己默默地吞吃苦果，别人永远也无法理解他为什么会做这种奇怪的动作还宣称自己无法控制。

在网上打开一个人的新浪博客，看到他所描述的关于强迫症的很有意思的表现。

“我的强迫症很风雅，这是一种叫作‘电影角色强迫记忆症’的东西。简单来说，就是如果我看到电影里一个角色很眼熟的话，就会拼命强迫自己回想这个人我是在哪部影片里曾经见过。想不出来的话，我几天内都会痛苦不堪，在床上滚来滚去，总觉得有什么事未完成。

“如果这个角色是主角或者主要配角的话，还尚有线索可找，如果是一个戏份不过几秒钟的跑龙套的人的话，那根本查无可查，唯一能做的，只能在痛苦中期待自己灵光一现回想起来。这种事别人根本帮不了，自己看过什么电影，只有自己清楚。

“比如最近爆发的一次强迫症是在看《变形金刚》的时候。首先电影院放了《哈利·波特5》的预告片，里面出现了那个接替邓布利多校长职位的女反派，很抱歉我忘了她的名字，她看起来非常熟悉，但当时无论如何都想不到是谁，结果导致我几乎没法看接下来的正片。回家以后，我把这预告片下

载下来，反复研读，也没有结果。就是似曾相识、触手可及，可伸手过去却什么都抓不到的痛苦感。一直到第三天我洗澡的时候，脑子里才突然电光火石般闪过一个念头：这女人以前在《Citizen X》（译为‘守法公民’或‘异教徒告解室’）里演主角的老婆，一个出场不过3分钟的龙套！

“再往前追溯，我曾经看过一部B级恐怖片《Eight Legs Freak》，里面有一个中年女性角色，她是个好人，为人和善，她有个孩子在大学里打四分卫，但是她死了。我忽然觉得这人似曾相识，于是强迫症爆发，动用了各种搜索手段拼命调查，最后终于查出来她在《异形2》里惊鸿一瞥，整部戏里只有一个镜头，只说了一句话‘杀了我’然后就死了。”

事实上在我们身边也有很多这样的例子。

我有一个特别的习惯性动作——爱咬指甲，有时候甚至会把自己的指甲咬破，但是就是习惯性地不咬难受。

有时候，强迫症就类似于我们平常爱说的纠结。比如说吧，前几天，我一直在想《金粉世家》里面某个场景到底是怎

么回事，像这种问题一般来说只有自己记得，可关键是我都不记得了，可我就是忘不掉这个问题，总是想要知道，最后还是在和别人聊天的时候知道了大致情况。

不止这样，我还特别爱撕东西，一个人的时候就不自觉地老爱撕身边的纸什么的，非得把它们撕得一片一片的才感觉安心，有时候或者是无聊，或者是注意力在别的地方，就爱撕东西。

我还认识一个人，她的强迫症很有文化，可以被称作“完美阅读强迫症”。就是她只要拿到一张报纸，就必须要全部看完，一个新闻都不能落，否则就会觉得心神不宁。或者是看一篇杂志，看到一半放下就会耿耿于怀，觉得很痛苦。必须得再找到那个杂志把它看完，或者是重新买一本一模一样的。

她最怕的就是在公共汽车上偶尔看到即将下车的乘客手里拿着报纸，惊鸿一瞥往往只扫到半个标题，她就会想，那么另外半个标题是什么呢？人家已经下车了，她很难受，往往会在下一站跑下车，找一个报摊搞清楚那半个标题，然后才会如释重负。

有一种强迫症名称叫作信息强迫症，这种强迫症一般出现在上班族身上。

他们不但爱浏览、收集信息，还喜欢发布、交流信息，觉得没有了信息生活就变得乏味。一般还将收集的信息有意识地记下来，作为日后消遣的谈资，而且最害怕的就是电脑网络出现故障、手机欠费停机。一旦如此就会焦虑不安、心情浮躁，总担心因为漏掉重要的信息而给工作和生活带来负面影响。

信息强迫症主要有哪些症状呢？

主要症状：不断刷新网页、邮箱。

去洗手间、开会或者哪怕泡茶离开一小会儿，回来的第一件事就是检查手机、查看MSN或者邮箱。

上班第一件事就是开电脑、检查电话录音。

无论何时都会开手机。

每周7天总要买固定的报纸，每半个月买不同的杂志。

每半个月固定逛书店，并且每次购买的书目都较杂。

遇到以下这些问题，将会惊慌失措：手机忘带、网络故障、电脑死机、名片夹丢失等。

专家认为，人们获取信息是为了更好地改善自己的生活，让自己生活得更愉快。但是，现在很多人却在信息面前迷失了自己，让自己的内心起了冲突。而上班族的这种强迫症虽然是对于目前一些年轻人为职场竞争和追求时尚生活而采取的行为，但久而久之也会形成无法自控的焦虑不安，严重影响到正常的生活，有此倾向者必须及时调节。

为什么上班族会容易得这种信息强迫症呢？除了有娱乐的因素以外，还和工作不无关系。在激烈的竞争环境下，一个最新的信息可能就是一个升职加薪的机会，信息在职场中的利用价值越高，对上班族形成的压迫性也就越大。另外，现代人生活追求档次和品位，如何休闲、怎样生活才叫时尚，应该看什么书、做什么运动、吃什么美食等，这些都是一个个信息资源堆出来的集合体。

收集更多信息可以使他们在人际交往或者工作中获得更多的优越感和主动权，而且大家在交流信息的同时也是不断刺探着对方的现状，随之就会出现强迫自己收集更多信息并且将这些信息付诸实践来超越对方。

综合以上各种原因，这些上班的人士就变得不掌握信息就焦虑，患上了信息强迫症。

在豆瓣里面有这样一个小组，叫作“焦虑症”小组，在这个小组里面，有人害怕家里有虫子，怕到失眠；有人仅仅因为不知如何给工作任务排序才是最优方案，竟能心情焦灼地在电脑前枯坐一下午；还有人焦虑、肌肉紧张，睡觉都绷着肩膀、咬着牙，导致醒来时肩膀疼、下巴酸。

这里还有一个具体的关于信息强迫症的例子。

在一家美资企业担任行政工作的高小姐说自己是“邮件焦虑症”患者。

她的工作邮箱每天都要收到几十封邮件，每当看到刷屏的“未读邮件”，除了涌起瞬间把它们消灭掉的冲动，高小姐还有更深的忧虑，她不但检查收件箱，连订阅邮件、垃圾邮件、广告邮件都会时不时查收一番。“就怕丢邮件，万一重要邮件被邮箱自动归类到垃圾邮件或广告邮件就惨啦！”

而她之所以会有这种忧虑，主要是因为以前在求职过程中因为没有注意查收一封邮件而导致自己失去了一个很好的机会。自那以后，她就患上了邮件焦虑症。这也算是信息强迫症的一种。

专家告诉我们，一定要学会转移注意力，平时加强体育锻炼，阅读一些自己喜爱的书籍或者和好朋友聊聊天散散心都可以。如果真的患上强迫症，其实都是会对生活造成很大的影响的，而且内心的快乐感和幸福指数也会降低。我们应该学会做自己的主人。

儿童强迫症

儿童强迫症是一种以强迫行为和强迫观念为主要表现的一种儿童期情绪障碍，简称OCD。儿童强迫症发病平均年龄在9～12岁，10%起病于7岁以前。

男孩发病比女孩平均早两年。早期发病的病例更多见于男孩、有家族史和伴有抽动障碍的患儿。低龄患儿男女之比为3.2∶1，青春期后性别差异缩小。2/3的患儿被诊断后2～14年仍持续有这种障碍。

在行为上，儿童强迫症患者会有以下表现：

（1）强迫性仪式动作。

他们会做一系列的动作，并且将这些动作与“好”“坏”或“某些特殊意义的事物”联系在一起，在系列动作做完之前被打断则要重新来做，直到认为满意了才停止。

（2）强迫检查。严重时会影响到学习效率、饮食、睡眠、社会交往等多个方面。

比如他们会反复检查门窗是否上插销、自行车是否锁上、是否带好要学的书、口袋中钱是否还在等。强迫症状的出现往往伴有焦虑、烦躁等情绪反应。

（3）强迫计数。他们会反复数路边的树、楼房上的窗口、路过的车辆和行人。

（4）强迫洗涤。他们会反复洗手、洗衣服、洗脸、洗袜子、刷牙等。

在强迫观念上，主要有以下几种：

（1）强迫回忆。他们会因为怕人打扰自己的回忆而情绪烦燥。

他们会反复回忆自己听过的音乐、说过的话、看过的场面、经历过的事件等，在回忆时如果被外界因素打断，就必须从头开始回忆。

（2）强迫性穷思竭虑。他们会沉溺于比如“为什么把人称人，而不把狗称人”这样的问题中。思维会反复纠缠在一些缺乏实际意义的问题上，不能摆脱。

（3）强迫怀疑。他们会怀疑被传染上了某种疾病、说了粗话、因为自己说坏话而被人误会、已经做过的事情没有做好等问题。

（4）强迫对立观念。他们会反复思考两种对立的观念，如“美”与“丑”、“好”与“坏”。

这里有一个真实的故事。

小强，今年初三，在他上小学六年级时，总是被一个高年级的同学欺负，那个同学每次见到他的时候都会用手拍打他的头部，他当时感到气愤，但一直未表达，压抑在心中，内心不愉快。

他在学校学习努力，但是每次回家后都心情不好，老爱和父母发脾气，老是觉得自己的身体不干净，反复洗手反复洗头，这样才能让自己的内心觉得舒服些。

他的学习成绩优异，后来年级名次变成了第一名。但是他平时不怎么和同学交往，只顾着埋头学习。近半年来，他越发爱清洗身体，每天洗2~3小时，父母都觉得很奇怪。

他的内心感到不安痛苦。最近两周来未去上学，洗澡次数有减少，现在压力仍然很大。

后来医生采取了以心理辅导为主，药物辅导为辅的治疗方案，最后终于治好了小强的强迫症。

这里还有一个这样的例子：

在小玲三岁半的时候，她的父母因为感情不和而离婚，从那以后，她就一直和妈妈住在一起。在她四岁的时候，她被送进幼儿园，刚到幼儿园的时候，她经历了一场几近灾难的混乱，她不想让妈妈离开，害怕从学校回到家的时候妈妈不在家，妈妈必须一遍一遍地做一种向她允诺她一定会在家的仪式。比如双手合十放在心口，把同一个保证不断重复。

于是小玲被带到一家心理诊所进行心理治疗，心理治疗进行了一年，她才完全康复。

现在她已经10岁了，很乖很听话，非常招人喜欢，大家都很喜欢她。可是在一个星期以前，她突然非常害怕自己会变成聋子，害怕会得小儿麻痹症和白喉。因为怕死，她连呼吸都不敢了。而且走在大街上的时候她会忍不住去数走过的楼梯或路过的其他物体。平常她还会表现得非常粗鲁，要求妈妈不断地向她保证妈妈是爱她的。如果妈妈责备她，她就嘲笑妈妈。

她还一遍又一遍地问妈妈她会不会得病、会不会死去，并且要求妈妈理解和同情她的遭遇。在最近的5天里，她又开始害怕食物里有毒，每一种食品都要妈妈尝过了，她才有可能吃。她开始流口水，因为她担心口水里有细菌，不敢把它们咽下去。总之，她时刻害怕会发生什么灾难。她身上还存在着其他一些精神强迫症状。

甚至有一天她还用刀子指着妈妈，叫她承认她很爱她。更过分的是，还有一次妈妈和爸爸在一起的时候，她居然用一个球狠狠地砸向他们。也是因此，她的爸爸妈妈总是很小心地避免在她面前有任何亲密的动作。

但是特别奇怪的是，在学校，她的表现异常的好，甚至超出了她的年龄，她很受小朋友的喜爱，他们都喜欢和她一起玩耍。

医生分析，这是因为小玲遭受了父母离异这件事情，在潜意识里她会害怕失去妈妈，所以有强迫症，总是想要妈妈证明她爱自己，不想离开自己。

并且她的妈妈给她的压力也很大，导致她总是想要表现很好，让她身边的人不要离开她。本质原因是缺爱，需要人疼还有理解。她做出那么多出人意料的举动无非是想要周围的人投注更多关注力在她身上。

她觉得父母离婚可能是因为对她无所谓、不在乎她，所以她想要证明自己的存在，于是就做了很多很多故意气他们的事儿。

精神分析理论认为儿童强迫症状源于性心理发展固着在肛门期。强迫症状就是此期内心冲突的外在表现。

这一时期正是儿童进行大小便训练的时期，家长要求儿童顺从，而这与儿童坚持不受约束的观点形成了矛盾和冲突，以至于儿童会产生敌意情绪。这就会使性心理的发展固着或部分固着在这一阶段。

一般来说，儿童强迫症都和家庭有关系。

大多数强迫症儿童都生活在父母过分十全十美的家庭中，或者是家庭遭遇了什么变故，总之不是太正常那种家庭。父母一般具有追求完美、不善改变、循规蹈矩、按步就班等性格特征。

在心理治疗方面，家庭治疗是治疗强迫症的重要方法。尤其是对于那些存在有家庭不和、父母婚姻有问题、家庭成员存在特殊问题、家庭成员之间角色混乱的患儿，更适合做家庭治疗。这种方法就是对家庭中的父母进行咨询指导，告诉他们什么才是正确的教育方法，告诉他们应该怎么教育孩子，应该给孩子提供一个什么样的家庭环境等。

在心理治疗方面，除了家庭治疗以外，还有一些比较机械的训练，比如反应阻止、焦虑处理训练等，也就是对于一些严重重复的、类似于抽动症状的仪式动作可以采用习惯反转训练，这样长期坚持就可以见到疗效。

无论如何，儿童的心理问题是非常值得我们注意的，因为一个人小时候的经历会影响他的后来乃至一生，因此我们要对孩子的表现格外关注，发现其有了强迫症表现时，要及早进行治疗。

强迫性意向

什么叫作强迫性意向呢？主要表现为在某种场合下，某些人会出现一种明知与当时情况相违背的念头，这些人明明不情愿却不能控制。如母亲抱着孩子走到河边时，突然产生将小孩扔到河里的想法，虽未发生，但却造成十分紧张、恐惧的心理。

又或者，病人明知无污染，在与人握手或碰到他们的衣服时，非立即洗手不可，这是洗手癖的心理驱动力。

强迫性意向，又称强迫性冲动，带有伤害性强迫性冲动亦属本类症状，患者常会出现想打自己亲人、跳楼、跳过飞驶的汽车等，或者做出十分不合理的行为，例如当众脱下自己裤子。虽然患者从不会真正去实现，而是有一定强迫性冲动意向。

我们来看一个案例，这个案例的主人公患上的症状是余光强迫症。

李若兰，女，27岁，父母均为著名学府教授，也都很疼爱她，但同时又对她要求很严格。因为家庭教育缘故，她自小也对自己要求很严格，因此她在小学学习成绩就出类拔萃，是父母的骄傲。

后来上初中，她的学习压力开始变大，父母又常在她的身边唠叨，叫她一定要考取重点高中，她变得开始有点不喜欢学习。

每每学习的时候，她都要求自己集中注意力，但却发现越要求自己集中注意力，越集中不了注意力。从初一下学期开始，她发现自己的学习效率变得越来越差。初三的时候问题更加严重了，甚至还出现余光强迫，在看书学习的时候，她眼睛的余光总是被周围的物体吸引，比如一本书或者一支笔，每次她想把目光拉回来，却难以做到，学习效率相当的低。

她非常渴望能够战胜余光，学习效率能够恢复到过去的情形，但是实现不了，她的内心很煎熬，也因为学习受到影响而

更加的焦虑、不安、失落。中考结束后，一下子放松下来，不用再天天学习，她的余光强迫有所缓解。

结果在她读高二的时候，又不小心喜欢上一个男生，无意之间老觉得那个男生的余光在看自己，然后紧张，害怕他看自己，从而把自己的视线局限在一个有限的空间。

但有时候她又忍不住想去看他是否在看自己，所以常常不敢直接看他，只敢用余光去看，后来严重到只要旁边坐位有人，她都会产生余光强迫，总觉得有人盯着自己看，上课不能集中精神，也不能与人正常地交流。为了不让自己的余光看到别人，和别人说话的时候她都低着头，否则内心就会特别恐惧，说话没有条理，吞吞吐吐。

后来她甚至还有其他的强迫症了，比如口水强迫。

什么叫作口水强迫症呢？

口水强迫症患者会控制不住地对唾液吞咽过程进行各种想象，并害怕被别人听到吞咽唾液的声音。

他们认为在别人面前吞咽唾液是一种非常不好的行为，非常害怕因此而影响到别人对自己的评价，进而又开始想象问题得不到解决而可能出现的局面，在重要场合或者重要人物面前紧张，害怕自己会不停地吞咽唾液而引起别人的注意，于是意识被动地集中在口腔并促使唾液大量分泌。

而且他们主观上会认为自己的行为已经严重影响别人对自己的评价，甚至开始刻意地逃避某些场合和某些人，害怕影响到自己的社交和发展前途，也因此加重了病情的发生，由此进入了一个恶性循环。

还有呼吸强迫。

患有呼吸强迫症的人会对自己的呼吸很敏感，时常有意识地去控制自己的呼吸，又很担心在不注意的时候呼吸会忽然停止。

由于特别害怕自己的某些不经意的举动会给他人造成不好的影响，或者在他人心中留下不好的影响，这种人在人际交往中谨小慎微、恐惧不安，害怕人际交往，回避人际交往。

比如坐公交车，他们的余光就老注意并排坐的人，不敢看陌生人。虽然余光看到别人也是在盯着前方看，没有看他们自己，但是他们就是会觉得很压抑，把自己束缚在有限的视线范围内，怕别人觉得自己在看他们。

这会让他们觉得很拘束，就知道看前面，老想放松，随意转头，但是却不敢。

像这种病的诱发因素很多。

在我们的案例中，主人公主要是学习和生活压力大，一直要求自己要考上最好的高中，学习要名列前茅。害怕自己恋爱，对自己的要求变得苛刻而不合理，认为余光的存在是不合理的，是自己学习没能完全集中注意力的表现，因此努力消除余光，而余光又是客观必然存在的，越努力消除越消除不了，因为内心的对抗，消耗了大量的精力，进而更加影响学习效率，反过来认为是余光的存在导致，而陷入一种恶性循环。

当然我们的主人公之所以这么追求完美，也和家庭教育有关系。

父母一方面过分宠爱她，另一方面又对她严格要求。这导致她对自己高要求，爱追求完美。

由于对自己的要求过于苛刻，虽然她在他人眼中已经很优秀，但因为总是达不到自己的内在要求，主人公就不断地否定自己，认为自己做的还不够好。

在她的生活中，她对自我缺乏认可，也很少能感受得到自己存在的价值和意义，她对自己的认可度远远低于自己在现实生活中的表现，这就导致她陷入了某种极端——某种渴求完美的极端。

出现这种情况和她自身的性格也是很有关系的。她是一个内心自卑、胆小敏感、严重缺乏安全感的人。自信的人和自卑的人对于成功的理解是不同的。自卑的人会倾向于把失败归结于自己，成功是他人的帮助或者是运气，而自信的人则相反。我们文中的主人公更是如此，这点在学习上表现得尤为明显。甚至连她在青春期萌发的正常的对于异性的好感，她都会想太多，导致最后余光强迫症越来越厉害。

医生认为，一方面父母要及时开导她，不要给孩子灌输过多的压力以及错误的思想；另一方面，主人公本身需要克服自己把学习当作一切的这样一种思想，她应该学会丰富自己的生活，应该学会更好地适应社会以及自我调整。

强迫症小结

其实在我们前面的介绍中，大家应该都知道强迫症是一个什么状况了。强迫症有3种表现，即强迫意向、强迫行为、强迫恐惧等，在前面的几节中我们详细介绍了强迫意向，然后按照种类来分的话，又分为儿童强迫症、记忆强迫症、唠叨强迫症、失眠强迫症等，前面也有一一介绍。

一首老歌在脑子里面挥之不去是强迫症，出门的时候总是觉得没有带手机是强迫症，强迫症已经渗透到我们生活的方方面面。

一般来说，患有强迫症的人男性要比女性多，根据临床实践，估计国内的强迫症患者大约有500～1000万，患病率约为5‰～10‰，80%的强迫症患者在25岁以前发病。

那么，为什么会产生强迫症呢？

一方面是精神因素，在上海某调查资料中显示有35%的患者病前有精神因素。凡能造成长期思想紧张、焦虑不安的社会心理因素或者带来沉重精神打击的意外事故均是强迫症的诱发因素。

当躯体健康不佳或长期心身疲劳时，均可促进具有强迫性格者出现强迫症。

还有性格的原因，一般来说三分之一的强迫症患者病前具有一定程度的强迫人格，其同胞、父母及子女也多有强迫性人格特点。性格上的特征有拘谨、犹豫、节俭、谨慎细心、过分注意细节、好思索、要求十全十美，但又过于刻板和缺乏灵活性等。

还有就是遗传因素，患者近亲中的同病患率高于一般居民。双生子调查结果也支持强迫症与遗传有关。

在研究强迫症原因方面，心理动力学派认为强迫症状来源于被压抑的攻击性冲动或“性欲望”。巴甫洛夫学派认为在强烈情感体验影响下，大脑皮质兴奋或抑制过程过度紧张或相互冲突形成孤立的病理惰性兴奋灶，是强迫观念的病理生理基础。

下面就是强迫症会带来的后果。

强迫症一方面其实是有好的后果的，比如说一个人有强迫症的时候明显工作效率要比其他人高，在外人看来是个工作狂。在这方面有个例子，有“洁癖”的佐藤桑和他近乎强迫症式的工作方式，他会经常清理电脑文案，他把工作台和个人生活都整理得井井有条，甚至可以说到了“洁癖”的地步，但正是这种“洁癖”，使得他可以排除那些纷繁的细节，而直击生活和工作最关键的部位。

所以，其实很多时候患有强迫症的人都很优秀。生活中有些事、有些决定，我们要去做的时候通常总是会犹豫不决，一件事，说好明天要做，就拖到后天，再下个礼拜，要不就要旁人一直唠叨你说，要去做了，你才会去做。而患有强迫症的人则不会这么麻烦，他们会逼自己去做这些事情，只要他想到了，他就不会去想很多其他因素，而是很有效率地在很短的时间内完成任务。因为其果断，在工作上常常是非常有执行力的，速度甚至令人咋舌。

但是强迫症更多时候带来的是不好的地方，因为一个人工作需要更多的不是执行力，有些工作需要沟通，即使工作不需要沟通，生活上和家人、同事、朋友都需要沟通，正是因此，如果有强迫症就会很怪异。在和别人交流的时候喜欢据理力争，在学习的时候非得要搞定一切，这样把自己当成机器人，会弄得自己压力很大，因为压力很大而造成生活、健康、关系等各个方面的不协调，最后出现各种问题。

这还算是轻的，重点是强迫症的症状严重到一定程度的时候，患者会产生自杀倾向。2008年4月29日，涌金集团董事长魏

东就因为长期受到强迫症的困扰，最后选择在家中自杀身亡。当时很多人表示很震惊。

据调查显示：有很多久治不愈的强迫症患者都会产生自杀倾向，而且有很多案例也证实了强迫症足以导致自杀。在日常的心理咨询中，也常常会有很多强迫症患者表达因为自己的疾病久治不愈，倒不如死了好的厌世言论。

所以也是因为这点，如果一个人怀疑自己得了强迫症的时候一定要及时去找医生治疗，不要不当一回事，因为事实证明，这个真的是很可怕的一件事情，后果很严重。

对于强迫症，首先是心理治疗，这方面有很多大师给理论。比如我们之前详细介绍过的森田正马的理论，即森田疗法，这个疗法告诉我们不要把什么都当一回事，顺随自然，不要太在乎自己心灵的感受，不要过分强化自己心灵的感受，不要总是想太多，要学会放空自己。还有就是要多看书，多涉及一些别的方面的东西，再比如旅游等，扩大生活圈子，学会分享和交流，要多多对自己进行心理暗示，告诉自己那些东西并没有什么，那其实很正常。不要刻意去控制自己某些思想，要引导，暗示自己放松。一些负面的事物不要太在意，可以通过其他事情来转移分散注意力，从而引导、宣泄强迫症所产生的焦虑、烦躁情绪。但是，不过此种方法只适合病情较轻的患者，而且治疗不彻底，容易复发。

还有就是药物治疗了。服用一些抗焦虑药可以减轻焦虑，有助于心理治疗与行为治疗的进行，但是对于强迫症的精神病理现象却没有多么大的治疗效果。另外，长期服用药物，不但会对药物产生依赖，而且还会对肝脏产生副作用。

当然还有其他疗法，比如说电抽搐治疗。但是这种疗法只适用于那些强迫观念非常强烈并伴有浓厚消极情绪的患者，这类人通常表现都是症状顽固，久治无效，并且极端痛苦。一般来说还会对人的身体产生不好的影响，所以也不太建议用这种疗法。

在这方面，有一种叫作神经免疫分型的疗法。这种疗法是将传统中医中药、针灸按摩和低频电波磁疗相结合，通过内外调理，辨证施治，调理身心。

其实就是应用针灸、气功、推拿、拔罐等传统的中医疗法配合现代物理医学低频电波磁疗，恢复人体微循环系统，提高人体内神经机能，加强免疫力。专业心理医生采用自我松弛训练法、催眠疗法，从心理层面解决患者强迫症、失眠抑郁的问题。

这种疗法会激活人体内的疲惫神经。通过对γ-氨基丁酸（GABA）、5-羟色胺（5-HT）、去甲肾上腺素、多巴胺、β-内啡肽等大脑神经递质浓度的双向调节，使之恢复动态平衡，抑制大脑皮层细胞的兴奋，恢复神经递质分泌，通过补充人体有益能量，调节整体生理机能，调节植物神经和内分泌神经功能。

这种办法因为疗效快、无副作用、治愈不复发，已经使得数千名患者解除了关于强迫症的困扰。

所以说，还是有很多办法去治疗强迫症的，而且只要强迫症患者想要使强迫症得到根治，就一定可以的。剩下的只是决心和毅力的问题。

第五篇

没来由的各种怕

——特定对象恐惧症

恐惧的**渊源**

恐惧是因为周围有不可预料、不可确定的因素而导致的无所适从的心理或生理的一种强烈反应，是只有高级生物才有的一种特有现象。

早在一百多年前，著名生物进化论学家达尔文就曾发现，哺乳动物恐惧时的表情与人类几乎一模一样。他将这种表现描述为：“眉梢上扬、瞳孔扩大、眼光发直、嘴张大、无意识地惊声尖叫或呼吸暂停、憋气、脸色苍白、表情呆若木鸡。”

人在感到恐惧后的反应一般是：肾上腺素开始释放，机体进入应急状态，心跳此时加快、血压上升、呼吸加重；肌肉供血量增大；瞳孔扩大、眼睛张大，以接收更多光线；大脑释放多巴胺类物质，精神高度集中。人类以及一些动物感到恐惧时常会发出尖叫声，这一方面是对自己心理的宣泄，一

方面也是对周围同类的警戒。

根据反应的不同，恐惧的程度也会不同，程度强烈的恐惧会伴有肌肉的紧张发硬、不由自主震颤、毛发竖立、全身皮肤起鸡皮疙瘩、毛孔张开、冷汗直流，甚至有的人内脏器官功能也开始亢进、思维变慢或停滞，这种情况就是我们所俗称的“吓傻了”。体弱的人还可能出现短暂晕厥，其心理机制是对恐怖情景的一种快速逃避反应，什么都不知道了。有的人事后还会出现选择性失忆，对恐惧体验的一种无意识压抑，只有在催眠状态下才能唤起回忆。有趣的是，在动物界也存在这种假死状况，旨在回避危险与恐惧，看来恐惧不仅仅是只有人才特有的生命现象。

恐惧，是一种人类及生物心理普遍所具有的活动状态。在中国的文化中早已认为人有七情六欲，恐惧早已是人们所正视的一种意识与感觉要素。甚至人们对经历恐惧之后的快乐有更为深入的认识。在经历过恐惧之后，人们会有一种解脱的快感，全身的肌肉、骨骼乃至精神、情绪会松弛、放松，呼吸也会变得缓和而均匀，内心洋溢着一种绵绵不断的舒适、平和与惬意，对自我处境的安全感、幸福感、满足感接踵而来。甚至有学者认为，这种惊吓过后的舒服、失落后的重获是人类共有的最深层的内心感觉模式和最原始的文化与精神的模型。

根据恐惧产生原因的不同可以将恐惧进行不同分类，如社交恐惧症、场合恐惧症、特定恐惧症。特定恐惧症是指一个人对某一特定的物体、对象、动物有一种不合乎常理的恐惧。这种恐惧常常源于童年时期的遭遇，比如恐惧某种小动物。这种现象在儿童当中更为普遍，但这种恐惧大多随着年龄增长会逐渐消失。不祥物恐惧，比如对棺材、坟堆、血污等感到恐惧，这种情况在成年人中不为鲜见，不同的只是没有其他恐惧症患者那种典型的回避行为及强烈的情绪和自主神经反应。特定恐惧症的症状恒定，多只针对于某一特殊对象，如昆虫、老鼠或刀剪等。但在部分病人中，在消除了对某一物体的恐惧之后，他又会出现一个新的恐惧对象。

恐惧并不完全都是坏事。心理学家认为每个人潜意识中都或多或少地存在对未知事物的恐惧，比如对衰老和死亡的恐惧、对危险的恐惧、对失控或错乱的恐惧、对暴露自我的恐惧、对失去或改变的恐惧等。这种恐惧的感觉，会形成一种很强大的心理动机，从而对可能会遭遇的情形做出必要的准备和应对。

有些人不仅不会害怕恐惧，还会主动寻求恐惧体验的刺激，看恐怖片就是一种最典型的经历。有人曾经讲到：我很爱看恐怖片，但每次看完后都要害怕好几天，可还是控制不住地想看。其实看恐怖片可以帮助我们体验到内心潜藏着的恐惧意识，并尽可能地释放它，由此获得内心的补偿与平衡。生活在安全感中的人，恐惧感和恐惧的表达被压抑，需要找一些恐怖的情景来感觉它和释放它。就如生活富足的人喜好看悲剧片，在为男女主角流一把同情泪的时候，也在让自己畅心舒怀，顺畅通气；生活贫困的人们喜欢喜剧片大团圆，以此来满足他们对成功与幸运的联想。

没来由的“害怕”

在生活中，总有一些人对一些特定的事物会产生一种莫名其妙的恐惧，而他们的这些恐惧常常会让我们觉得不可思议，因为在别人眼中是最普通的事物，在他们的眼中却会成为恐惧的代称。一个女孩见到蜘蛛后可能会惊声尖叫，而蜘蛛却会成为男孩观察和玩耍的对象；有些人听到特别的声音就会变得发狂；有的人会对一种疾病产生恐惧，过多担忧，甚至做出一些不必要的行为；有的人则会对尖锐的事物产生恐惧，他们不能接触这些事物，甚至都不愿看到这些事物。但是这些看似千奇百怪的事物，却都有它们背后产生的原因，也就是说这些恐惧的产生并不是没有来由的，在对它们进行更为全面而深入地了解之后，我们也许就可以有更大的信心去克服这些没有来由的“害怕”。

小花正在家中收拾衣服，突然一只蟑螂小强耀武扬威地奔到了她的面前，看到一个长相如此丑陋的家伙，大叫一声之后，小花立刻唤来自己的男友小峰，看到男友走过来之后，小花立刻作瘫软状倒在了男友的怀里，说道：“人家可吓得不行了……”

小强见状之后得意地走了，而小花的男友则在其身后进行各种高难度动作的追赶与捕杀。

又过了一天，小花又在家里收拾东西，这只蟑螂又碰巧路过，想到上次的经历，它又想给小花一点惊喜，但不同的是，今天男友小峰不在。

看到小强再次出现在自己面前，小花二话没说，上去一个扫堂腿就把小强踢了一个空中360度旋转，动作干净利落：“叫你又出来烦我！”脸上再也没有上一次的恐惧之色。

小强滚落地上之后开始纳闷起来，坐在那里琢磨：“哎呀，这姑娘原来是一多重人格啊！”可惜在它的心里一点都不明白原来小花的恐惧是可以有选择的。

这是一个笑话，不过反映的却是生活中的事情。有很多人害怕蟑螂，尤其是女孩子，怕蟑螂怕到听说“蟑螂”这两个字都会毛骨悚然，可是你要问她为什么怕，她又说不上来。看过这个笑话之后，也许就会明白，原来笑话的恐惧原因不在于蟑螂小强，而是因为她需要依赖身边的男友，小强仅仅是一个导火索而已。认识了对小强的恐惧之后，也许就会明白这些害怕背后产生的原因。

日本有一部非常经典的恐怖漫画，名为《漩涡》。在这个故事中，爸爸突然开始疯狂迷恋漩涡状图案，最后到了无可救药的地步：他甚至把家里所有的东西都换成带漩涡图案的，床单、壁纸、家具的颜色等，普通人进入这种漩涡的世界，望过去是一阵眩晕，但是这位父亲却会一动不动地盯着这些漩涡看，并且一盯就是一天。慢慢地，他的身体也发生了一些奇妙的变化，比如他的两只眼睛可以顺时针或者逆时针方向旋转，他走路的时候总是习惯转圈前进。这位陷入漩涡不能自拔的爸爸，最终干脆为自己订制了一个大木盆，把自己整个身体卷成漩涡的形状塞在里面，就这样死去了。

故事发展到这里并没有结束，家人发现了父亲的尸体后，非常悲伤，特别是母亲，作为内心脆弱的女性，妈妈显然承受不了这个打击，随后开始产生对一切漩涡状东西的恐惧，比如在饭汤里搅拌起的漩涡、蜗牛背上的壳，还有指纹，这些都会让母亲产生极度恐惧。她干脆用剪刀把自己手指肚上的皮肤一块一块剪掉，最终这位母亲也被家人送进了医院。

但是在医院里，这位母亲还是没有逃脱漩涡的刺激，她说点滴瓶中液体下降会产生漩涡，她还看到女护士头上盘成漩涡状的发髻等。母亲在出院前的最后一次会诊时，无意中发现医务室墙上耳部解剖图中耳蜗的形状就是一个漩涡！于是，在几天后一个绝望的夜晚，被恐惧折磨得痛苦不堪的母亲，用一把长剪刀从自己的耳朵中穿了进去……

在这个故事中，我们在一开始就明白这位母亲对漩涡产生恐惧的原因，因为父亲的死让她不能忘怀，所以每次看到漩涡都会牵扯起她最伤痛的回忆，最终促成了她这些极端的行为。其实很多人的恐惧都是有原因的，源于自己的一段经历或是记忆，如果一个人能够走出这种记忆，那他就能克服自己的恐惧；如果一个人总是不能忘记自己的历史，那么他最终的命运有可能就会像故事中的这位母亲一样。

其实早在许多年前，有心理学家就开始对恐惧的原因进行特定的研究，他们通过特定实验，希望寻找出让人产生恐惧的原因，并寻找可以解脱这种恐惧的方法。在这些探索当中，最为著名的一例无疑就是华生所进行的实验。

1917年的时候，华生获得一笔100美元的资助，他由此开始进行一项关于焦虑引发的实验，目的是研究婴儿的反射和本能。

在这个实验中，他把一个9个月大的婴儿暴露在各种刺激中，观察婴儿的反应。婴儿刚开始很勇猛，老鼠、兔子都不害怕，可是当华生用一个锤子敲打钢条发出噪音时，孩子的情绪却显得很不安起来。

此后，他们又等待了两个月，婴儿长到11个月大时，又被抱了过来。这时，只要婴儿和小白鼠玩耍，华生就会在其身后制造噪音。噪音和小白鼠同时出现多次后，婴儿即使不听到噪音，看到小白鼠时也会感到害怕。

看到这里，大家也许就会明白，为什么看到一些事物的时候，我们都会感到恐惧，也许在每一个“小白鼠”的背后，都隐藏着一个让我们感受紧张的“噪音”记忆。这是华生最为主要的医学贡献，而这个实验却可以为我们认识自己的恐惧提供一条线索。

恐惧是我们普遍所经历的一种情绪，生活中我们渐渐也能习以为常，回避这些事物是我们最常使用的方法。比如一个恐高症患者可以避免进入高层建筑，一个害怕听到打雷声音的人，则会把自己的头蒙在被子里。但是有一些恐惧情形却会非常严重，最后甚至到了不得不去求助医生的地步，对于这种情形，也有专门的诊断与治疗措施。

根据美国DSM-IV-TR标准，对特定对象恐惧症的诊断标准是：

（1）由于特定事物或情境出现或想象出现过度的或不合理的、显著而持续的恐惧。

（2）暴露于恐惧性刺激环境中立刻会引起焦虑反应，表现出一种仅限于此情境或由此情境所诱发的恐慌发作形式。

（3）患者认识到这种恐惧是不合理，但却无能为力，希望能摆脱这种状况，但却无法逃脱自己的这种认知模式。

（4）这种因恐怖所产生的痛苦烦恼，会显著影响个人日常生活、工作学习、社交活动与人际关系，恐惧带给患者的烦恼痛苦不堪，严重影响自己的工作与学习。

（5）这种与特定事物或情境相关的焦虑、恐慌发作或对恐惧的回避，不可归于其他精神障碍，并没有明确的病因，只是一种认识障碍与情绪反应。

特定对象恐惧症，又称为单一恐惧症，是指对某一特定环境或特定物体的恐惧，如怕接近某种场合或动物等。单一恐惧症多由某些不良刺激引起，一般比较容易治愈，但有部分患者在消除了对某一物体的恐惧后，又出现新的恐惧对象。单一恐惧症具有如下特点：

（1）对某些客体或处境有强烈恐惧，恐惧的程度与实际危险不相称。

（2）有反复或持续的回避行为。

（3）发作时有焦虑和植物神经症状。

（4）知道恐惧过分或不必要，但无法控制。

对于特定对象恐惧症产生的原因也有相对科学的标准。很久以来，学界一致认为绝大多数恐惧症是由于过去一件非同寻常的创伤性事件所造成的。例如，一个人如果有过去被狗咬过的经历，那么他就会产生对狗的恐惧。但这只是导致恐惧症产生的一个原因，此外专家还罗列出了其他三种可能产生的原因：对在某种特定情况下的虚假警戒的反应经历；看到别人极度恐慌的经历的一种情感共鸣；被别人告知的恐惧经历。另外，要产生恐惧症，我们还要有产生焦虑情绪的易感性，为这些共同性事件可能再次发生而感到焦虑。此外还有学者从文化的角度对恐惧产生的原因进行了解读，社会和文化因素对于一个人最终是否发展成为特定对象恐惧症来说也具有非常重要的决定因素。在一项研究中，一个更男性化的女孩子比一个女性化的女孩恐惧心理产生要少得多，这就体现出了社会的性别角色作用。

尽管恐惧症的发生过程非常复杂，并且让人产生恐惧的事物也是多种多样，但是它的治疗的主要方式却非常单一。就是让患者有节奏地去慢慢接触让自己感到恐惧的事物，通过增加经历的次数，让自己逐渐熟悉这种事物，从而消除对这种事物的恐惧。几乎所有人都同意应该接受持续的、有层次的暴露训练，但是对很多患者来说，逐步将自己暴露在所恐惧的事物环境中的暴露治疗方法，必须是在治疗者的严密监控下进行。因为想一个人单独进行暴露治疗的患者，治疗过程往往进展得太快太强，最后不得不逃之夭夭，结果反而更增加了恐惧症的严重性。

声音恐惧症

声音恐惧症，顾名思义，就是会对某种特定声音产生心理恐惧，每当听到这种特定的声音，就会产生不安的情绪，甚至会因此产生极端的行为。对于这些声音，并没有明确的唯一性。生活中最为常见的恐怕就是人们听到雷声感到恐惧，甚至有人会为此吓破了胆，有的人会对金属刮擦玻璃的声音产生反应，有些人则会对鞋子踩雪地的声音非常反感。总之当有这样的声音传入到自己耳朵中的时候，就会有不安的情绪笼罩在他们的心头。

关于声音恐惧症产生的缘由，有些人分析是因为自己听觉太过敏锐，每当听到细微的声音的时候都会引起自己强烈的变化，当突然听到一个很大的声音的时候，就会超过自己的情绪承受，因此产生恐惧的心理。也有人认为一种特定的声音是和一个人特殊的经历联系在一起的，这种声音伴随他一段特殊的经历，每当听到这种声音，就会在潜意识中唤起当初的记忆，最终让曾经的恐惧情绪完全笼罩住今天的自己。对于前一种情形，解决的办法就是让自己更多经历这些声音，让自己对声音变得不再敏锐；对于第二种情形，解决的办法就是让当事人认识两种声音的差别，认识到这种声音的产生并不与曾经的遭遇一致，当他越来越熟悉这种声音的时候，也就渐渐能摆脱这种

对声音的恐惧。对于这种情况的经历和处理，则有很多相关文字的记载。

一对夫妇在洞房花烛夜的时候，一个闹洞房的恶作剧使新娘从此落下惊恐的病根。“无论哪里，只要一响，就见她扑通一下就躺那儿，完全不知人事了。”从医学的角度看，新娘对这种大一点的响声感到异常恐惧，并伴有昏倒症状，可以诊断为“声音恐惧症”，简称为“恐音症”。相似的情形在古代的文献中早有记载，并且清晰地记载了治疗这种疾病的方法。在古籍《儒门事亲》中曾记述了这样一个病案：

“卫德新妻，旅中宿于楼下，夜遇盗劫人烧舍，惊堕于床下。自此后每闻有响，则惊倒不知人事。家人皆蹑足而行，莫敢冒触有声，经岁余不痊。诸医作心病治之，人参珍珠及定志丸，皆无效。戴人见而断之曰：‘惊为阳，从外入；恐为阴，从内出。惊者，为自不知故也；恐者，自知也。足少阳胆经属肝木，胆者，敢也，惊怕则胆伤矣’。乃命二女执其两手，按高椅上，面前置一小几。戴人曰：‘娘子当视此物。’以木猛击之，妇大惊。戴人曰：‘我以木击几，何以惊乎？’伺少定击之，惊则缓。又斯须，连击三、五。又换以杖击门，遣人划背后之窗。徐徐惊定而笑曰：‘是何治法？’戴人曰：‘《内经》云：惊者平之。平者常也，平常见之必无惊。’是夜使人击其门窗，自夕达曙。夫惊者，神上越也。从下击几，使之下视，所以收神也。一、二日，闻雷亦不惊也。”

故事中所描述的内容与刚开始的那位新婚妻子有着异曲同工之处，同样是故事的女主人公，同样是因为一段经历，同样是最终不能摆脱的恐惧情绪。看来，这些女人最害怕的不是听到这些声音，而是害怕这些声音所唤起的曾经经历。这种“习以平之”的治疗方法其实与西方心理学中“系统脱敏疗法”有着不谋而合的相似。系统脱敏法利用的是交互抑制原理和消退原理来达到治疗目的，也就是说我们可以通过引出机体的一种反应而抑制另一种反应的出现，例如通过肌肉放松状态去抵抗由恐惧引起的心率和呼吸增加。

系统脱敏疗法，又称交互抑制法，是由美国学者沃尔帕创立和发展的。该方法主要是诱导求治者缓慢地暴露出导致神经症焦虑、恐惧的情境，并通过心理放松状态来对抗这种焦虑，从而达到消除焦虑或恐惧的目的。如果一个刺激所引起的焦虑或恐怖状态在求治者所能忍受的范围之内，经过多次反复的呈现，他便不再会对该刺激感到焦虑和恐怖，治疗目标也就达到了。这就是系统脱敏疗法的治疗原理。

前面的故事中，医生让两个人拉着患者的手，又让当事人“下视收神，以安神志”，然后用木棒敲击面前的小木凳，当患者惊恐不安时，医生就告诉她：“我是用木棒敲小木凳，你怕什么呢？”当事人的情绪慢慢地安静下来后，又再敲木凳，这样让声音的刺激与继后的放松状态多次结合。治疗时一般从能引起个体较低程度的恐惧的刺激物开始，一旦某一刺激不会再引起患者恐惧的反应时，治疗者便可向患者呈现另一个比前一刺激略强一点的刺激。连续呈现，患者便不再会对该刺激感到恐惧了。在本病案中首先从木棒轻微地敲击小木凳开始，连续敲打了三五次，患者可以接受了，接着让人用木棒击门，最后叫人在夜里不断地敲打门窗，直到患者对此不再产生反应，可以安然入睡。明白这种道理之后，对于刚开始那位新婚妻子，我们也可以采取相似的方法去治疗她对声音的恐惧。让她更多去经历这种声音，并让她明白这种声音和当初的经历无关，寻找出两者之间的区别之后，这样才能渐渐从这种声音的恐惧中逃脱出来。

其实在我们的生活中，都曾有过相似的经历，在每个人小的时候，都会对打雷产生害怕，但是当我们长大后对这种声音渐渐就会不再具有这种恐惧的感觉。对待声音恐惧症的治疗遵循的也是同样的原理，让自己更多去经历这种声音，并认知到声音产生的原理与差异，这样才能消除对它的恐惧，直到最终自己完全能够对它熟视无睹。

恐高症

恐高症又称畏高症。据调查，现代都市人中有91%的人出现过恐高症状。其中大约有10%的人属于临床性恐高，这些人每时每刻都想方设法避免恐高症的发生，他们不敢乘电梯，不敢站在阳台上，甚至连4楼的高度也受不了，这就更不用说让他们去坐飞机了。

在深圳飞往南昌的航班上曾经发生过一起因旅客恐高而拖延飞机航班的事件。这次航班上上来3名青年男子，坐在了后排座位上，其中一名男子神情看上去非常紧张，面色苍白，两手不停颤抖。乘务员发现这一情况后，急忙过来问候。这时他旁边的青年解释说他有恐高症，害怕坐飞机。该乘务员了解情况后，让他坐在靠走廊位置，并告诉他不要看窗外，放松心情，系好安全带即可。劝说之后，该男子终于平静下来。

所有旅客都上飞机之后，飞机舱门关闭，滑上跑道准备起飞，就在这时该男子突然情绪失控，嘴里惊慌地嚷着："不行了，不行了，我头痛，我害怕，我要下飞机……"空警到来后赶忙制止，此时他的同伴也来拉他坐回原位。但他已无法自制，强烈要求立刻下飞机。乘务长得知情况后也赶来劝该男子保持冷静，并鼓励他战胜自己的恐惧。但该旅客情绪已经崩溃，带着哭腔说他实在不敢坐飞机，一定要下飞机。乘务长告诉对方，一旦中途下飞机，按照民航规定，为排除其遗留危险物品在航班上的可能，全部旅客都要重新下飞机再次接受检查，整个航班将延误近一个小时。该男子听后非常自责，说他也不想因此影响了大家乘机，但他实在对飞上天感到恐惧。乘务长把情况报告给机长后，机长经过慎重考虑，同意该男子下机，他的同伴也一起陪他下了飞机。

随后，飞机上剩下的百余名旅客重新下飞机过安检，同时飞机货舱中的100多件货物与行李也都被卸下重新进行安全检查，航班被迫延误45分钟。乘务长事后表示，本来这起事件是可以避免的，这名男子的状况不适合乘机，但两名同伴热心过度，非得要拉他“练胆”，结果“练胆”不成，反而诱发了他恐高症的加重，以致最终情绪失控。希望其他旅客吸取教训，类似的情况不再重演。

这位乘客就属于典型的恐高症患者，害怕自己处在高空的感觉，虽然他同意与自己的朋友进行这样的“练胆”，但最终就在飞机起飞的一刹那，他的情绪完全崩溃，最终依然没能跨越恐高这道门槛。这位乘客的朋友的初衷与方法是正确的，希望自己的朋友能克服这种心理障碍，采取的方式也是正确的。正如我们上面所说到的“脱敏疗法”或“暴露疗法”，把他放在最极限的高度，让他能摆脱这种对高度的恐惧。不过他们的不足之处就是在于行动采取的速度，他们“瞬间”就让朋友完全暴露在了最危险的状态之中，完全忽略了朋友内心的承受能力，也遗忘了应该让他有一个过渡阶段，最终克服恐高症的初衷没有达成，还给周围的乘客带来更多不便。

对于恐高症产生的原因，专家已有全面而深入的分析。他们指出，恐高症患者在高空产生的眩晕首先与视觉信息缺乏有关。当一个人身处高处，往下看时往往会一片模糊，景象大幅度缩小，变得遥不可及，跟平日的视像大相径庭，这时他的视觉信息就会大大减少，就会失去平衡。再加上人站在高处的时候，眼睛无法在水平位置找到实物作为水平运动参照，因此人体平衡系统会崩溃，继而出现类似晕车、晕浪那样的眩晕。还有科学家指出，“视觉流场”也是恐高症产生的一个重要因素。当人们站在一条笔直公路上，公路是看不到头的，但这时人不大会害怕，因为人与这个视觉流场成直角。但当人站在大厦边缘时，尽管也是一望无际，但人跟视觉流场并非成直角，感觉自己被地心吸力吸进去了，所以会产生恐惧的感受。

还有学者的研究表明，现代人的恐高症状与当今社会发展形态有密切关系。现代生活方式的转变，使人们定向障碍越来越严重，眩晕因此也变得更普遍。大型购物中心、超级市场和摩天大楼随处可见。因为眼前事物应接不暇的变化，最终使人们的不舒适感逐渐增强，而恐高的基本症状就是眩晕、恶心、食欲不振。城市中高楼越来越多，无论白昼都强烈反光的建筑物玻璃幕墙，在现代化都市氛围越来越浓的背后，随之而来的是恐高症患者越来越多。

恐高症是恐惧症之中的单纯恐惧症。如果对人工作和生活影响不大，一般也不需要治疗。如果一定要治疗的话，有4种方法可以选择。

1.系统脱敏疗法

让患者自己学会系统脱敏法进行自我治疗。目的在于消除恐惧刺激物和恐惧反应的条件联系，并对抗回避反应。主要使用的方法就是默想，默想引起恐惧的事物或情境，以此代替引起恐惧的实际事物或情境的呈现或展示。具体过程为：首先将引起恐惧的事物或情境根据强烈程度分级。然后，坐在舒适的沙发上，微闭双眼，想象其中的最弱刺激，同时放松全身，直到恐惧感接近消失。最后，由低到高逐级想象引起较强、更恐怖的较严重、更严重刺激，同时配合肌肉放松，以逐渐增强对恐惧刺激的耐受性，直至恐惧反应完全消失为止。

2.暴露疗法

暴露疗法又称满灌疗法。它是鼓励求治者直接接触引致恐惧焦虑的情景、坚持到紧张感觉消失的一种快速行为治疗。行为治疗专家马克斯对这种满灌疗法进行了更进一步的解释："冲击越突然，时间越长，患者情绪反应越强烈，这才能被称之为满灌。迅速向患者呈现让他害怕的刺激，并坚持到他对此刺激习以为常，是不同形式的满灌技术的共同特征。"治疗一开始要想方设法让求治者进入最使他恐惧的情境中，一般可采用想象，或者心理医生在旁边反复描述场景细节，或者使用录像、幻灯片放映以加深印象为手段。在反复的恐惧刺激下，求治者出现心跳加快、呼吸困难、四肢发冷等神经反应，但此时却明确告诉求治者最担心的灾难并没有发生，此时反应也就相应消退。或者把求治者直接带入真实情境，经过实际体验，使其觉得没有导致什么不得了的后果，恐惧症状自然也就慢慢消除。“习能镇惊”是满灌疗法治疗的要诀。有报道称，即使病程超过20年的恐惧症，经过3～15次满灌治疗，也有治愈的希望。

3.催眠疗法

催眠疗法，是指用催眠的方法使求治者的意识范围变得极度狭窄，借助暗示性语言，以消除病理心理和躯体障碍的一种心理治疗方法。通过催眠方法，将人诱导进入一种特殊的意识状态，将医生的言语或动作整合入患者的思维和情感，从而产生治疗效果。催眠可以很好地推动人潜在的能力，现在一些心理治疗的方法是使用催眠来治疗人的一些心理疾病，如强迫症、忧郁症、坏习惯、情绪问题等。

曾有催眠师通过催眠消除恐高症的成功案例，使用的方法是让患者进入催眠状态，让他感受到身处高空的感觉，同时进行积极的心理暗示，最终让患者成功克服自己对高空的恐惧。

4.多运动，保持健康的体魄，令平衡系统高效率工作

成长期的儿童可以通过走独木桥、翻筋斗、跳跃、转圈等训练身体定向能力。成人也不应放弃这类活动，通过避免定向障碍，达到克服恐高症的目的。我们终日坐着不动，眼睛只盯着电脑，人体的平衡功能就会逐渐衰退。但如果触发眩晕的刺激性活动不断重复，大脑就会开始调整适应，定向障碍便会渐渐改善。如果一个人发现自己有轻微后天恐高症状，不妨多挑战一下自己，通过攀高俯视等行为，让自己的状况有所改善。此外，最简便的解决办法是闭上一只眼睛，让身体依靠肌肉保持平衡，但不要闭上双眼，因为眼前一片漆黑，内心会更胆怯、更恐惧。

总而言之，恐高是很多人都曾经历的一种情形。它是一种人体本能和自我保护的反应，完全没有必要因为恐高而产生自卑的意识。如果因为恐高而严重影响自己生活与工作的话，那么可以进行适当的物理练习或者治疗来摆脱这种内心的恐惧。

疾病恐惧症

疾病恐惧症是神经质症中患病率较高的一种。疾病恐惧患者，总认为自己患有某种疾病，反复地就医检查，最终却没有任何结果，但患者却顽固地认为自己患了某种疾病，坚决要求接受治疗。还有的患者已知道自己现在没有病，却坚信将来一定会得这种病，因此使得日常生活负担极重。一般自认为所患的疾病有结核、精神病、麻风、癌、性病、胃肠病、急性传染病、高血压、心脏病等。

一般对于疾病恐惧症患者实施的是支持性心理疗法：向患者提供必要知识、鼓励，以提高患者的自信心，给患者以指导，提供如何对待疾病以及处理好各种关系和改善社会生活环境的方法。治疗必须在病人详细倾诉后，在对躯体进行详细检查与一定的实验室检查之后进行。一方面可使治疗者自己心中有数，另一方面也可以示慎重，可以赢得病人更多的信任。再次，在对病人进行解释时，必须要有科学性，有事实根据，从而使病人理解和信服，才能产生最好的治疗效果。总之，疾病恐惧症大多是由心理因素引起的，因此在治疗的时候，医生一般会以心理治疗为主，对患者进行心理辅导，帮助患者正确认识疾病，摆脱恐惧的纠缠。

1.癌症恐惧症

癌症恐惧恐怕是最常见的一种疾病恐惧，又称恐癌症，就是对癌症产生了恐惧心理和行为。对癌症产生恐惧的人，有的是在患癌症之后，有的则是自己周围的家人或朋友得癌症之后。

王军今年21岁，是一名大学三年级的学生。父亲是名乡村医生，母亲是家庭妇女。早期生活无忧无虑，家境相对富裕，自我要求甚高。性格内向，个性敏感多疑，自我保护和心理防御意识较强。王军对“细菌”的概念非常敏感，并且总是把细菌与“癌症”联系起来认识。平时别人一提癌症，或在书上看到有关癌症内容，心里就不自在，想要赶紧逃离。在生活中特别害怕“脏”，总是怀疑物体上会有细菌，平时洗脸要花很长时间，每次洗手要求自己洗20次以上，总是感觉有细菌在上面，内心非常难受。

经过医师会诊后，认为王军得了疾病恐惧症。

当事人明知“癌”不会传染，也不会对自己构成威胁，但仍然产生恐惧情绪和回避反应。认识清楚问题之后，有针对性

地采取了精神分析疗法中的“践悟技术”，引导当事人从潜意识层面深刻分析自我及自我所面临的问题，使当事人领悟到自己对癌的恐惧反应是自我强迫的结果，进而促使当事人勇敢地面对和积极解决自我面临的问题。其后又进行了“系统脱敏”和“思维阻断”训练。为患者提供了一个详细的行为训练计划，其中包括：4 周的暴露训练；4 周的反应阻止训练；家庭作业和自我管理内容要求。让患者接受一个“手脏”，把一块带有“细菌”的纱布放进患者手里，要求暴露一小时，在患者体验焦虑期间不允许洗手，并要求患者每10分钟报告一次焦虑感受，直到患者不再有明显焦虑，才允许患者洗手。当事人在接受1小时的暴露治疗过程中，配合使用思维阻断技术，阻断当事人的关系联想，减缓焦虑感受，延长暴露时间。通过认知分析还发现，当事人的非理性观念主要有 3 种表现形式：（1）他认为一切“脏”的东西都有可能存在“癌病菌”；（2）绝对控制，我必须控制自己每次洗手要在20次以上，一旦失去控制就意味着灾难；（3）自主思维，凡是与癌有关的东西，都会令自己感到不舒服、恐慌。对此，有针对性地帮助当事人消除原有非理性观念，建立合理的、理性观念，帮助他树立了以下观念：（1）意识不能决定物质，必须勇敢面对现实；（2）自己可以坦然承担“灾难”结果；（3）行动改变感受，与其关注症状倒不如为所欲为，主动采取积极行动。

接受治疗一个月后，当事人的焦虑、恐惧情绪明显有所减缓。从第二个月开始，治疗改为每周一次，咨询内容以人格辅导和家庭作业、自我管理为主。3个月后，当事人癌恐惧的回避行为和强迫行为基本消失。一个学期后追踪调查，当事人已完全恢复，情况稳定。

2.性病恐惧症

在疾病恐惧中，性病恐惧也是一种较为常见的情形。

有位学生，听说高中入学考试要检查身体，同时也要检查生殖器，便极其害怕自己患上性病，甚至对使用公共厕所这种事情也感到非常害怕。即使在自己家里上厕所时，也要事先极其认真地把手洗干净。在这个学生的上学途中会经过一家性病医院，每次路过那里他便害怕得要命，最后宁愿绕道走很远的路，也不愿意从这家医院门口经过。

另外还有位梅毒病恐惧患者，自己读了各种医学书之后，便坚信自己患有梅毒病，反复几次做了血液检查，都没有发现自己有任何问题。患者还是不放心，听说脑脊液检查是最准确的，又忍住疼痛做了检查，结果仍是正常。尽管如此，这位患者仍对自己患有梅毒病坚信不疑。

性病恐惧症病人常常有一定的临床表现，如注意力不集中、记忆力衰退、情绪烦躁、失眠，感觉泌尿、生殖器不适。还往往把身上一些其他原因导致的各种皮疹，如毛囊炎、淋巴结肿大归结为性病表现，但经过化验或泌尿系统B超检查，均未发现生殖系统有任何感染或病变。性病恐惧症多见于两种人，一种是曾发生过不正当两性关系，或曾感染过性传播疾病但已治愈。他们害怕留下后遗症，不适当地夸大治疗后的不适；一种是并无不洁性交史，有的甚至从未有过性行为，但由于他们受一些传闻或江湖游医的影响，便盲目地将自己身体的一些症状与性病症状相联系，从而无端地猜疑自己已患了性病而惊恐不已。

性病恐惧症的治疗除对有生殖系统炎症的患者进行处理外，还应对患者进行有关性病知识的普及，耐心地解释、教育和心理疏导，使他们消除顾虑。通常采用的治疗方法有行为治疗法、辅助治疗法，另外，在某些情况下，药物的暗示疗法也不失为行之有效的治疗方法。医生和患者之间只要默契配合，驱除性病恐惧症就不是太难的事。

3.艾滋病恐惧症

在疾病恐惧中，艾滋病恐惧症也是一种较为常见，并且对社会影响广泛的一种心理疾病。

艾滋病恐惧症简称“恐艾症”，是一种对艾滋病的强烈恐惧，并伴随焦虑、抑郁、强迫、疑病等多种心理症状和行为异常的心理障碍。患者常常怀疑自己感染了艾滋病病毒，或者非常害怕感染艾滋病。

王大力是公司职员，有次和客户一起洗桑拿，用了那里的毛巾。第二天就开始怀疑自己用的毛巾会不会被有艾滋病的人用过，自己会不会因此感染艾滋。接下来的两个星期都是在惊慌和忧虑中度过，终于忍不住到医院检测，结果是阴性。但他不能相信，在接下来的3个月时间里在不同医院检查了2次，结果都是阴性。他自己在网上查了很多关于艾滋病的资料，越看越感觉自己情况严重。在过去的两年里一共进行了12次HIV检测。自己的情况丝毫没有好转，反而更加多疑和焦虑，最终只能接受心理治疗。2011年，网络上有消息传出，内地近年爆发的一种被患者自称为“阴性艾滋病”的神秘病毒，可通过唾液和血液传播，感染途径与艾滋病相似。报道一出，网络引起轩然大波。据港媒报道，感染“阴滋病”后，会出现淋巴肿胀、皮下出血、舌苔生绒毛等症状，更可怕的是无法根治，而且连传染病专家对该病毒也毫无头绪，但病毒却不断扩散，现至少有6个省市发现该病毒，患者多达数千人。

此事最终引起卫生部高度关注，并已在广东、湖南、浙江等6省市进行流行病学调查，6省市检测数据也已全部上报，卫生部已经就此事统一发布调查结果并辟谣认为属于恐艾症状。

“艾滋病恐惧症”是一种与艾滋病有关的神经症，伴随艾滋病发病人数的增多，有越来越多的人加入到了这种恐艾的队伍当中。他们常常错误地把心理恐惧所引起的一些自主神经症状认定为艾滋病的症状，每次看医生后，在阴性检查结果和医生细致解释后，心理负担可得到暂时的解脱。但没过多久，新的疑虑会再次产生，使其不得不再次到医院要求检查。

对于恐艾症的治疗主要以心理治疗为主，首先是调整患者认知，让患者对艾滋病有一个正确的认知，缓解患者的心理压力，减轻忧虑和担心。第二可以用放松训练来缓解患者的恐惧焦虑情绪，让患者能从恐惧焦虑的情绪状态中解放出来。第三是转移注意力，不要让患者将注意力集中到自己身体上，因为越关注身体，那么身体上的一些轻微不适就会被无限放大，从而导致患者越来越焦虑，进入到一个恶性循环之中！

疾病是我们都应该注意和预防的内容，是一个人安全意识的体现，但是当这种担忧变成一种负担时，就会为原本健康的生活带来更多的压抑。疾病的预防是必要的措施，但是过多地在意疾病就是一种不必要的行为。

动物恐惧症

动物恐惧症，顾名思义，就是对一种特定的动物产生过分的、不合理的恐惧，并伴有回避其所惧怕的对象或情境为主要特征的神经症性障碍。他们所恐惧的动物主要有：蛇、蜘蛛、兔子、猫、狗等，动物恐惧症多起病于少儿时期，部分人进入成年后情况会有自然缓解。

关于动物恐惧症产生的原因，各派心理学家都倾注了大量精力来进行分析，想要探究恐惧症产生的病因，但至今尚未得出令人满意的答案。一些人认为恐惧症主要是悬而未决的儿童期的恋母情结，这听起来让人难以接受，但这正是精神分析学家给出的一种解释。

相比之下行为主义学派的解释更易为人所理解。他们认为，对某种动物的恐惧可来自儿童期曾有过的体验，如小孩目睹父亲遇到蛇时的惊慌表现、母亲的谆谆告诫等。另外也可通过条件反射机制获得，类似著名的实验有行为主义心理学家Watson曾用条件反射法使一位原来不怕兔子的儿童后来见了兔子就恐惧（后又用脱敏疗法使儿童恢复正常）。

在分析当中，环境也是一个不可忽视的因素。人们普遍认为女孩子应娇小玲珑、惹人怜爱，而缺乏对女孩子坚强、勇敢等素质的培养和强化，在这样的环境里长大，她们性格的柔弱最终会让她们更容易产生恐惧的心理。

对于有动物恐惧症的人，一般采取的方法是尽量避免与宠物接触，如果有人想要克服这种恐惧，一般采用以下三种具体方法：

（1）认识疗法。

帮助患者建立信心，指出其恐惧的原因在于缺乏认知反应。要想克服动物恐惧症，首先就必须要先知己。帮助其挖掘“怕”的根源，认识“怕”的内容，这样才能让患者正确评价自身在环境中的位置。

（2）脱敏疗法。

正如前所述，建立自己感到恐惧的等级，然后让自己逐级接触，直至最终完全消除这种恐惧。系统脱敏法较为缓和，容易为患者接受。缺点是治疗时间长，效果产生慢。

（3）暴露疗法。

暴露疗法是一种骤进型的行为治疗方法。在一定心理辅导的基础上，将患者骤然置于恐惧事物前或场所中，令其无法逃避。经过刺激后，患者并没有受到实质性恐惧对象的伤害，从而建立对恐惧对象的认识，消除恐惧心理。

1.小狗恐惧症

马文体重约250斤，一身肌肉，全身上下布满了各种纹身，看起来十分彪悍。可谁都没有想到，马文外表强悍，但内心却十分害怕狗，为此他40年没有去过公园、海滩等人们爱遛狗的公共场所。在美国“动物星球”频道播出的《我的动物恐惧症》节目中，拥有一身强健肌肉的美国壮汉马文被一只幼年斗牛犬吓得魂不附体。

“我7岁那年曾经目睹一个邻居被一只疯狂的斗牛犬咬得遍体鳞伤。他浑身上下因此缝了1000多针。这经历让我对狗充满了恐惧。我不能触摸狗，甚至不能看见狗，一看见狗，就会吓得浑身发抖，连路都走不了。”马文讲述出了自己害怕狗的原因。

不过，马文最终决定要勇敢面对自己的这种恐惧症。在

《我的动物恐惧症》节目里，马文在临床心理医师罗宾·扎西欧的帮助下接受了5天的密集性“暴露疗法”治疗。5天的治疗结束后，节目组为马文设置了一个真实场景，让他检验一下自己是否已克服了恐惧。马文随节目组来到伊利诺伊州的一个公园里，一位训犬师牵着一条幼年斗牛犬装作若无其事地从他身边走过。

不料，马文一看见这只小斗牛犬就吓得夺路而逃。几经劝说，他终于回到了录制现场。他吓得满脸泪水，但还是鼓起勇气抚摸了这只小狗。马文显然对自己的表现还算满意：“我希望自己能勇敢地接受这个治疗，是因为我觉得自己不能再逃避下去了，我应该面对现实。”

罗宾医生也提醒人们，如果有某种恐惧或某个事件一直萦绕在你的心头，并且严重地影响了你的正常生活，这就说明它已经变成了一种心理疾病，需要及时找心理医生进行治疗。

马文是一个典型的动物恐惧症患者，只是他对小动物产生的恐惧与他魁梧的身形产生了更为巨大的反差，这更深刻地让人们认识到动物恐惧症的强大影响。正如马文所描述的那样，因为自己童年的一次遭遇，最后使这种斗牛犬成为自己最害怕的动物。在经过了5天的密集型暴露治疗之后，马文虽然不能

完全克服自己的恐惧，但是却做出了最大的一步尝试。

2.蜘蛛恐惧症

在动物恐惧症中，蜘蛛也往往会成为故事的主角，这种情形在女性当中会更为常见。

蜘蛛恐惧症的患者恐惧于见到蜘蛛、接触蜘蛛或看见相关的图片、影像，甚至恐惧于处在他认为有可能存在蜘蛛的环境。当他的恐惧被激发之后，有些人的症状会持续数天之久，在这期间他们会不断怀疑身边的环境存在蜘蛛，不过大部分的患者在一段时间没见到蜘蛛后，恐惧感便会随时间渐渐消失。据说美国曾发行过一枚蜘蛛图案的特种邮票，结果邮政部门被许多蜘蛛恐惧症患者告上法庭，因为这枚邮票引起了许多蜘蛛恐惧症患者发病。

丽萨的母亲因为女儿的学业成绩低落，带她接受辅导。当时16岁的丽萨虽然天资聪颖，但是学业成绩却糟透了！

蜘蛛恐惧症是丽萨唯一可能被举出来的病症。她讨厌蜘蛛，只要看见蜘蛛就会手足无措。如果房内出现蜘蛛，不论外形多么的不起眼或安全，除非别人把蜘蛛弄死、挪开，否则她绝不肯待在房里。别人问丽萨为什么她比任何人都怕蜘蛛，她竟然归结为：别人的感觉迟钝，如果他们也能体会出蜘蛛的恐怖，那么惧怕的程度必定不下于她。

丽萨的母亲和丽萨有一个共同的习惯，那就是非常乐意将所有的事情，巨细靡遗，一一告知对方。每一次，丽萨总是滔滔不绝地和母亲谈起与男朋友交往的事情。她的私生活非常混乱，但她的母亲从不为此责备她，因为她在年轻时也是这种作风。丽萨其实内心并不愿意滥交，她渴望与固定男孩子培养感情，但总事与愿违。她可以一头栽进爱的旋涡，不出所料的是，不到几天或是几个星期，两人的关系就变质了！接着丽萨就搬回家与父母同住。

经过一个漫长的治疗周期之后，丽萨向医生描述她的母亲依恋她，不肯让她起身离开回家写诗这件事时，竟然脱口说出：“她简直就像一只蜘蛛！”

听到这句话，她的治疗医生大声说道：“我等你说这句话已经很久了！”

“等我说什么？”

“等你说出你的母亲像一只蜘蛛。”

两人的交谈因此不欢而散，丽萨并未在下一次的会谈中露面。当她再次前来时，她的医生暗示丽萨，她之所以缺席是因为不高兴把母亲与蜘蛛相提并论。接下来丽萨又缺席两次。但是等她再次回来应诊的时候，已经释怀，可以坦然面对了！她说：“好吧！我是得了蜘蛛恐惧症，蜘蛛恐惧症是怎么一回事？能起什么作用？”

医生随后解释，恐惧症是转移作用所致。起因在于对某件事物产生恐惧感或是起反感，而转移到其他事物上。丽萨和其他子女一样，相信母亲是爱她，是值得信赖的长者。然而，丽萨已经本能地把母亲视为邪恶的恐惧与反感导引至蜘蛛身上，从而达到了情感的转移。如此一来，蜘蛛才是邪恶的化身，她的母亲就不是了！

丽萨逐渐看清真相。她的见识愈广，眼界就愈宽。她开始留意母亲持续不断想要掌控她灵魂的一切言行举止。她开始拒绝她的母亲，在她的母亲面前表现出了独立的意识，当她性格走向完整的时候，她也开始收获自己稳定的爱情，而此时的一个额外收获却是她发现自己已经没有那么反感蜘蛛了。

丽萨的故事也许难以理解，不仅是她治疗的过程太长，还有她所隐藏的心理问题也不是常人所能理解：她对蜘蛛是恐惧的，但这种恐惧的来源并不是一种单纯的意识，而是她与母亲之间的关系；她爱着自己的母亲，但是又不能接受母亲对自己的控制，最终让自己的这种情绪转嫁到了对蜘蛛的恐惧上。当最终所有问题都明白的时候，她对蜘蛛的恐惧也就自然而然消除了。

动物是人类的好朋友，可是有的人一接触动物就会有害怕的感觉，这其实并不是动物有什么过错，只是我们自己在内心深处有一个埋藏的小秘密，当我们把这个秘密公布于众，并且能够正视和熟悉这些事物之后，我们也就能友好地和这些动物相处了。

第六篇

我怎么就那么完美——自恋症

我是我的“偶像”

Jason的中文很流利，但这不意味着他已经是东方人了，比如他不能接受中国的餐饮方式。在一般人看来，似乎是因为洁癖，其实不然：他很在乎属于自己的刀叉，甚至在餐桌之上，他也有专属于自己、他人不得侵犯的领地。

、同样近乎于洁癖，他也非常在乎自己的口腔清洁。其实在他看来，自恋是对别人的尊重。因此，他会耐心地搭配当日服饰、定期保养皮肤，对待自己的身体就像对待一辆爱车。

对别人不经意的碰触，Jason有着本能的反感甚至是厌恶，因此他很少乘坐地铁等公共交通工具，而是雇了一个带车司机。他说：“关上车门，有与世界脱离的感觉，温度、湿度、气息都是属于自己的，跟别人无关。”

当一人的自闭和自恋挂钩，他的行为会表现得更为激烈，甚至病态。拒绝社会交往、自恋亦因此成为一种本能。因为唯有在自己编织的世界里，自尊才能得到最大程度的满足。

通常自恋的人绝不会模仿别人或封别人为偶像，就算模仿别人转化为自己的有价值的东西，成为一种创新；自恋主义者往往忽视自己的缺点和别人的优点，看不到自身的不足与别人的长处，他有自己的个性，拿别人的不足来比自己的优点，越来越陷入封闭状态。

谁也不学，我行我素；以自己为崇拜对象；“走自己的路，让别人说去吧”这些都是典型的“自恋”，在心理学上形容自我陶醉的行为或习惯。如果没到极端的情况，自恋被视为健康心理的重要元素。在心理学和精神分析学上，过度的自恋可以变成病态，或者会有严重人格分裂、不正常的表现，例如自恋人格分裂。

“自恋”这个字眼通常带有贬义，代表夸张、自满、自负、自我或自私。当用在一个社会团体的时候，它通常代表精英主义，或者对他人疾苦的冷漠或不闻不问。

“我现在越来越像一个艺人了。”小海对着镜子好像在和虚空说话。

小海的自恋比较粗糙，完全颠覆了通常意义上自恋者珍视自我形象的常规。他不太在乎别人的眼神，赌神式的大背头、老式的呢子大衣、高领T恤、硕大的旅行背包，这些古怪的装备居然在他身上神奇的统一了。

有时候小海会在半夜起来看自己的照片或者以前的影像记录，这个习惯在家人看来很不能理解。与此对应的是，他仍然坚持自己的习惯，不屈服。很多矛盾汇聚在小海的身上，自恋这个词汇被他粉碎然后重新组合，似乎世界的中心就是自己，他自恋并且不断自我认可。

男性自恋的一个特征就是自我认可程度极端高涨。这与女性自恋不同，同样是外貌，女性因为自己天生丽质而自恋，男性则是因为自恋而倍感自己风神俊秀。

小海不只是“自我迷恋”，他还有其他重要特征，大多表现为过度自我重视、夸大、对别人缺乏同情心，对别人的评价过分敏感等。总是认为自己是特别的，生在世上就享有一种特权。

除此之外，小海对别人的议论是颇为关心的，一旦听到赞

美之词，就沾沾自喜，反之，则会暴跳如雷。他对别人的才智十分妒嫉，有一种“我不好，也不让你好”的心理。在和别人相处时，他很少能设身处地地理解别人的情感和需要。

对那些自恋的人进行深入研究，会发现在其内心深处常有深藏的自卑和自责心理。他们虽然表现出自命清高、超“凡”脱“俗”，但对别人的只言片语都极为在乎，而且，一旦被人击中“痛点”就会怒不可遏、暴跳如雷。他们往往只是用自尊、自重来构筑一堵自我防御的围墙，而这堵墙实际上并不牢固，一旦有外力作用，就会摇晃甚至坍塌。

因此，自恋程度越深时总会出现各种情绪困扰，如抑郁、烦恼等，并可有失眠、头痛、汗多等生理症状。对这些人应当让他们学会理智调节法。自恋人格在出现过度紧张等不良情绪时，往往会伴随出现思维狭窄现象，而思维狭窄现象出现后，又会加速不良情绪的盲目增长。

人的不良情绪强度愈大，其思维就愈有可能被卷入情绪的旋涡，从而发生不合逻辑、失去理智的种种反应。例如，一个人在气愤时看什么都不顺眼，因而会把气出在无辜的家人和器皿上。

关于自恋型人格障碍的成因，经典精神分析理论的解释是这样的：患者无法把自己本能的心理力量投注到外界的某一客体上，该力量滞留在内部，便形成了自恋。

现代理论认为，自恋型人格特点是“以自我为客体”。通俗地说，就是“你我不分、他我不分”。造成这种现象的原因是，患者在早年的经历中体验过人际关系上的创伤，如与父母长期分离、父母关系不和或者父母对其态度过于粗暴或过于溺爱等。有这样一些经历，使得患者觉得自己爱自己才是安全的、理所应当的。

科胡特认为，每一个个体在其婴儿期都是有自高自大、夸大倾向的，例如婴儿稍稍得不到满足就会大哭等，在婴儿的心理世界中，他是全能的上帝。

当这一上帝由于被父母或养育者所满足时，则获得快乐；如果不满足，则因为自己的全能感遭受挫折无法实现而暴怒。这一不被满足的情况其实是在婴儿养育中经常发生的。

自恋的人最主要特征是以自我为中心，而人生中最以自我为中心的阶段是婴儿时期。由此可见，自恋型人格障碍的行为实际上退化到了婴儿期。朱迪斯·维尔斯特在他的《必要的丧失》一书中说道："一个迷恋于摇篮的人不愿丧失童年，也就不能适应成人的世界。"

以上所显示自恋人格特征和暂时发生的自恋不同，例如某个人因为获得某种程度的成功而变得自大一段时间，我们则不能简单地视为自恋性人格障碍，尽管这两者似乎有类似。但自恋型人格障碍应该是从童年起到目前一贯的表现，而非暂时、短期的行为。

我是人群中的"**焦点**"

小叶刚过而立之年，事业有成。严格说，小叶不是那种靓丽出众的女性，但她举止端庄大方，谈吐高雅亲切，尤其是衣着和化妆，搭配得体，色彩合谐，款式新颖而不张扬，每一细微之处都无可挑剔。

她已经结婚近三年，丈夫是留英归国的博士，英俊帅气、仪表堂堂，谈吐幽默而又严谨，称得上很优秀。认识他们的人们无不热羡这一对出色的男女。然而，他们却发生了感情危机，小叶的丈夫提出了协议离婚。

小叶说："我不同意离婚，因为我是爱你的。"丈夫却说："已经是正式夫妻了，你和我做爱还是毫无激情，怎么说明还有爱情？如果你只尊崇柏拉图式的爱情，那么我对你说声对不起，因为你选错了人，我在夫妻生活上的要求俗不可耐，我需要和谐的性关系。"

在此后的几个月里，小叶努力调动自己和丈夫私生活的情绪。可是，她做不到，当她把自己打扮得很妩媚、很性感、很美丽时，她总觉得对丈夫有如饥似渴的亢奋要求。可是，一旦激情迸发，哪怕室内没有光线，但小叶也躲不开幻觉中出现的一面镜子。

她立刻会看到镜子里的自己，头发蓬松、衣衫不整，而面部的化妆品被抹成了大花脸，自己的表情淫荡极了、丑极了……她的热情立刻被倾泄而下的冷水浇灭，她想让自己深爱的丈夫得到满足，但她只能够维持一种故意和做作……终于，丈夫难以宽容了。

丈夫推开她说："你这样演戏是不是很痛苦？有一句话我实在不忍心说出口，我越来越感到不是在和妻子做爱，而感到像一个妓女在应付无聊的嫖客……为了我们都不痛苦，趁我们还没有孩子，分手吧。"小叶听了，心里刀割一般痛，她哭了。

其实可以看出，小叶自己摆脱不掉的是那面幻觉中的镜子里面丑陋的自己，她用一种自我欣赏的心理机制克服自己的自卑，并由此激励、鼓舞自己。

但是那个镜子里完美的自己是她自恋的自我认同，因此，当发现镜子里出现了一个自己不能认同的自己时，她的内心潜在的自卑心理就会使她惶恐不安，而她的这种心理冲突恰恰又是在和丈夫做爱的时候发生的，因而使她的性心理发生畸变。

自恋的人时时刻刻都很在意自己的外表，当遇到挑战时，自恋者均可能出现虐待自己或他人的行为，甚至暴力性的行为。小叶认为镜子中的自己不是想象中的完美，觉得丈夫不会对她有恰当的“尊重”或“欣赏”，这就挑战了小叶的“信念”，这些都威胁到小叶的自尊。

这面镜子像魔鬼，越想摆脱越是在不该出现的时候出现，小叶的情况没有精神病那么可怕，但心理疾患的确已经很严重了，小叶是典型的自恋型人格的心理障碍。

自恋型人格障碍患者常有普遍性的人际关系问题，他们的抑郁情绪、人际关系困难或不切实际的目标可能影响工作。但另一方面，他们对功利的追逐也可能使他们获得较高的工作成就。

然而，一种由极端自赏形成的自恋心理，一种以自恋为潜在的自卑心理寻找平衡的心理机制，若不能很好地克服，就极其容易发展成为心理病态。

平衡自卑心理的自恋，往往会对自恋的自我认同因素极端敏感，生怕出现连自己都难以容忍的形象或者行为缺陷。一旦发现，觉得对自己都难以欣赏，甚至难以接受，留恋的意念立刻破灭，自卑的心理反而更严重，甚至悲观绝望。小叶的心理障碍显然属于后者。

原来小叶是来自农村的女孩，小时候家境窘迫。她12岁时被住在锦州市里、婚后数年没有生育的姨妈领养，进了锦州的小学读书。到了姨妈家，换上姨父出差到大连特意为她买来的漂亮衣服以后，她长这么大第一次从姨妈家大衣柜的衣镜里看到完整的自己，一个都市装扮的漂亮女孩。

姨妈和姨父宠爱她，但她终归是连县城都没进过几次的乡下女孩，难免被同学嘲弄。每当受了委屈，尤其是姨妈知道她受了委屈，总会把她刻意打扮一番，拉她到那面大穿衣镜前安慰她："让他们瞧瞧，他们哪点比得过咱。"

外表内向而性格好强的小叶几乎就是靠这样照镜子发愤图强，仅仅用两年时间就以优异的成绩考入重点中学。从少女时期起，她就以比别的孩子更敏感的心理注意自己的衣着、

举止、谈吐、形象。她在学习上刻苦努力，处处不甘落后。而她对自己的形象也苛求到丝毫不能马虎的地步，这使她总得到一片赞扬之声。

女性追求美的打扮、美的气质无可非议，但如果在性爱生活时无法接受自己头发蓬松、衣衫不整、铅华褪去的面容，那是一种心理障碍。生命的质量不是靠物质单方面去填充，尤其是活跃在生命隐秘层的性生活的质量，更难以靠物质去“保值”，而要靠许多可能连自己也不能明白的精神、心理因素去保障其内在质量。

在自恋上男人和女人的表现方式是很不同的。

公司部门经理小赵，工作能力很不错，但总是标榜与众不同，喜欢高谈阔论，有意无意夸赞自己。在朋友方面，吹嘘女士们是如何欣赏他、追求他，嘻嘻哈哈，劲头十足，但在家里人面前稍不顺心，就大吵大闹，弄得关系十分紧张。

有一天，当无意听到同事对他的评价时，他顿时觉得自己并非魅力超群，立刻萎靡不振、非常难过。然而伤心归伤心，后来就他依然我行我素。

小赵的“毛病”也是较为典型的自恋情结。情感戏剧化，有时还喜欢性挑逗等，对自我价值感的夸大和缺乏对他人的客观性评价，这类人无根据地夸大自己的成就和才干，认为自己应当被视作“特殊人才”。

小赵说：“有时候自己又特别像《黑客帝国》里面的史密斯探员一样，冷酷地把自己分解成无数个自己，然后可以像普通人一样和他们下棋、聊天或者卡拉OK等。”

“我的自恋其实很被动。”小赵总是这样评价自己，商场如战场，下属和自己有着必要的距离。他没有朋友，也不相信朋友，在自己的世界里，他很容易被自己的成绩和生活所麻醉。据心理专家分析，小赵的自恋的形成主要源于后天的环境。但正是这一点与女性自恋不同，女性会因为打击而自卑，男性在超强的自我意识驱使下会由自我肯定转为自恋。

小赵在与人交流时又显得爱批评别人、固执己见、态度强硬，因为他认为优秀的人应该有优秀的判断。可见，自恋者的认知以绝对化的、非黑即白的推论、显而易见的偏见及武断的推理、概括为特征。不管别人是什么意见，很容易就推翻别人的判断或观点。

缺乏自信、自卑、自尊，常常是自恋的最初原因，因得不到欣赏而自我欣赏。心理上选择自恋的人原因有很多，有来自个人因素：如性别、容貌、情绪；也可能来自幼年，受老师、同学、朋友、制度评估等影响；更有是来自文化因素、价值观、审美观的影响。如果父母的教养态度与管教方式不当，以及学校可能在有意无意间成为帮凶，都是主因。

自恋也会自伤，从表面上看，自恋型人格障碍患者处处为自己物质的和心理的利益考虑，而实际上，他的一切利益都因为自恋而受到了损害。

第一，自恋是一种对赞美成瘾的症状，为了获得赞美，自恋者会不惜一切代价。比如有人冒生命危险而求得“天下谁人不识君”的知名度，这就走向了自恋的反面——自毁、自虐。

第二，自恋是一种非理性的力量，自恋者本人无法控制它，所以就永远不可能获得内心的宁静，永远都会被无形的鞭子抽打，只知道朝前奔走，而没有一个可感可知的现实目标。

第三，自恋者也会下意识地明白，总是从别人那里获得赞美是不可能的，所以他会不自觉地限定自己的活动范围，以回避外界任何可能伤及自恋的因素。

第四，在与他人的交往中，自恋者会因为他的自私表现而丧失他最看重的东西——来自别人的赞美，这对他来说是毁灭性的打击，并且可以使其进入追求赞美——失败——更强烈地追求——更大的失败的恶性循环之中。自恋者易患抑郁症，原因就在这里。

我受不了**你的缺点**

小姚在自己家的公司上班，他生性豪爽，非常自信，颐指气使，难以接受批评。也难怪，在自己家族公司里他算是最年轻的一位理事了，又一表人才，但优越的条件并没有为他带来更多的幸福，相反他与女友的感情近期就又亮起了红灯。

他的感情路一直不是很顺，自己也不知道什么原因。小姚上周交往了一个女朋友，那个女生算得上美丽得不可方物，和小姚在一起算得上男才女貌，共同爱好也算契合。女生美丽，性格内向，两个人的感情一直挺好的，小姚身边的人都称赞他的女友漂亮温柔。但自从两个人看了一次通宵电影之后，矛盾就开始来了，因为看了一晚上电影，小姚觉得女生有口臭，他觉得实在受不了，似乎女生在他眼中的美好形象一下子就毁了，两个人的矛盾迅速激化。小姚什么都要按照自己的意愿来做，别人一点缺点也无法忍受，小姚突然觉得自己很没有眼光。

可见小姚有自恋倾向，有一种天生的优越感，只一心想从别人那里得到更多，却从未想过付出，然而，实际上却没有什么可令他自恋的资本。他的自恋有两个主要的原因，先天的性格中带来了一些优越感，但主要的是后天的环境。从小就被拿来做比较，从小“被比较”带来的后果是一心想着“超过”别人；但他的天性又不喜欢竞争，所以在被迫的情况下也就“被竞争”了。加上他的运气比较好，所以即使是“被比较”也往往略胜一筹，因而自恋感也就慢慢形成了，但是在“被竞争，被比较”的时候也有比别人差的情况，在初中时期持续最多，所以在一定程度上又克制了他的优越感。“被比较”也还只是一个表象，最根本的原因是“爱”，从小看似被溺爱，但实际上是缺乏爱，因此长大后便渴望得到更多的爱，甚至于从自恋中感受到自己对自己的爱，但实际上是不会爱的表现。

自恋是人性中广泛存在的现象，每个人都多少有一点。但符合以上自恋型人格诊断标准的则只有极少数。每一个人都有缺点，但自恋的人的自我意识过于强烈，主观意识控制着大部分情绪，而忽视自己真正问题的存在，自身的一切问题在自恋的人看来都是免疫的。

第一，自恋的人认为自己是完美的。获得赞美已经是他们的习惯了，自身的大脑已经调频到自己是完美的状态，就算身边有很多非议的声音都不能让自恋的人得到改变。爱自己、赞美自己已经成为本能了。

第二，自恋的人认为问题在于别人。习惯性地从别人那里找缺点，通常有什么问题都会推到他人的身上，认为这样是理所应当的；自己没有一个可努力的现实目标，就算自己游手好闲也会理直气壮地说“我就是这样，我做我自己”，而他们只是不懂得在这个社会每个人都应该有为之生存的技能，才能踏实地称之为活着。

第三，自恋者受不了别人的缺点。在与他人的交往中，他脑子里所想所思全都用来赞美自己，别人的一些缺点从他眼睛里看来就被无限地放大，认为自己没有眼光，并且使其进入到了失望的境地，失败的感觉就油然而生。

自恋的人往往容易以自我为中心，他不会为他人考虑，只想着从别人那里得到。自恋的人内心有一种优越感，觉得别人不

如自己。

自恋是思想失调的一种表现，会带来很多问题。第一，大多数“人格失调症”患者都具有自恋倾向，在遇到问题时不愿承担责任，而把责任归于外界；第二，自恋的人往往虚荣心比较强，他会自觉或不自觉地与他人进行比较，并以此来强化自己“完美”的形象；第三，自恋会变得盲目，看不清自己，把自己的能力进行自我夸大，容易自我膨胀；第四，自恋的人往往表现欲较强，他会想方设法地通过各种形式来表现自己，并渴望得到外界的认同；第五，自恋的人容忍不了别人对他的批评，因此，不容易发现自身的不足，人际关系也必定带来影响等。

不同的人产生自恋的原因不一样，但是最根本的原因必定触及“爱”，自恋的人不会爱他人，也不会爱自己，自卑也一样，之所以自恋，有可能是受到溺爱（大多数情况），也有可能是没有受到疼爱。然而，自恋和自卑实际上是相互交织的，极度自恋的人必定也极度自卑。除了后天的原因，先天的条件也会带来自恋或自卑。

自恋有时会以不可理喻甚至让人难受的方式表现出来。比如自恋者时常过分关心自己的健康，总是怀疑自己患了某种任何仪器都查不出来的病。即使在自己都认为这种怀疑是荒谬的情形下，也无法摆脱疑虑，成天惶惶不可终日。

关于自恋型人格障碍的成因，有很多的说法。一般认为是自恋的人本身的心理需要无法得到外界的某一客体关注，便形成了自恋。现代客体关系理论认为，自恋型人格障碍者的特点是“以自我为客体”，把别人当成自己的一部分，认为别人服从自己是应当的。

造成这种现象的原因有很多，如小时候与父母长期分离、家庭关系非正常，这都是造成问题的关键，自小的经历让他们认为身边的人都没有安全感，需要得到更多的爱，觉得自己爱自己才不会被抛弃。

一位古希腊哲学家说，对自己的了解是最重要的知识。而了解自己是怎样自恋的——当然只是一般性自恋——则是了解自己的最好的途径之一。在大多数情形下，自恋是一个不易被自己查觉的一系列情感和行为模式。

自恋的终极表现是自闭，因此，要治愈这一心理问题，首先要意识到这一问题并重视；其次，分析这个问题，寻找问题产生的原因，找到根源，面对并接受；通过不断地学习和练习，学会真正地给予，学会“以他人为中心”；当问题再次出现时，对自己进行心理暗示，并分析问题出现的原因，不断追问，反复寻找；学会自我反省、自我总结。治愈自恋，最重要的是要学会自爱。自爱是对自我成长的一种关心、尊重、责任、了解，不断地自我完善，从而更好地爱他人。

在一片沼泽地里，河马是所有动物中最美丽的一种，因为它有柔软而光滑的皮毛、纤长而细致的睫毛。最让河马骄傲的就是那条尾巴，谁都没有见过那么美丽的尾巴！尾巴的毛发是那样的浓密和细致，河马最爱把它高高地耸起来在空中摇晃。

那个时候，美丽的河马整天都坐在河水边，摆弄着它那美丽的尾巴，注视着水中自己的倒影。“我真的好漂亮啊！”

每当河马看着水中的倒影时，就会发出这样的感叹。它时不时地扭动着自己的身子，变换出各种姿势，欣赏自己的倒影。“啊！谁还会有我这么光滑的皮毛、这么出色的耳朵、这么美丽的尾巴呢，我就是这个沼泽地中最美丽的动物！”

可是，不久之后，沼泽地里发生了一场可怕的火灾。当沼泽地中浓烟不断涌出，可怕的火苗四处乱窜的时候，所有的动物都往河边逃去，只有那只自恋的河马还在欣赏水中的倒影。

它注视着水中的身影，根本没有注意到那可怕的火焰已经离它越来越近了。

它弯下身子，对着倒影说道：“要是大家都能看见我这细致、浓密的睫毛，那该多好啊！”

就在这时，一个火星窜上了它那在空中不停摇摆的尾巴。

河马大叫起来：“救命啊！”它来回在地上跳着，想要扑灭身上的火焰，但是火苗燃烧得更厉害了。“救命啊！”它尖叫着，“快来救救我啊，我光滑的皮毛要被烧掉了，我细致的睫毛被烧没了，我美丽的尾巴啊。”

火烧得越来越大了。

它立即跳进了河水里，沉到河底，并尽可能地屏住呼吸。最后，它出来的时候，整个沼泽地都是一片焦黑。

河马筋疲力尽地坐在地上，自言自语地说："这真是太可怕了。"它又呻吟着："啊，我的皮毛上现在肯定都是泥巴，我的样子一定是糟透了。"说着，它弯腰看水面上的自己。天哪！这是谁啊？那个光秃秃、满身褶皱的动物是谁啊？

可怜的河马不知道自己那美丽的外表已经被大火烧焦了。最悲惨的是，那条美丽的尾巴也不见了！

河马赶紧跳进了河里，再也不想见其他动物了。直到今天，它也只有在晚上、没有人看见它的时候才出来透透气！

爱美之心人皆有之，但是过度自恋，也许就会落得像河马那样的下场。我们要记住：美貌已逝，美德长存。没有一种外在的漂亮能敌得过时间或者灾难的摧残，但是心灵的芳香会穿越时空，永不弥散。

小何在一家外企任部门经理，也算得上事业有成，是一个30岁还没嫁人的大龄姑娘。她性格开朗，但身边的朋友却不算多，主要是小何在跟他人相处的时候有点唯我独尊的架势，脾气又差，使她难以接受批评。也难怪，在公司里她算是最年轻的一位管理干部，她是名牌大学的高材生，前几年还取得了北大的硕士学位。她算是一位女强人，事业的成功并没有为她带来更多的幸福，她与比她小两岁的同居男友的感情近期却亮起了红灯。

男友是小何在一次朋友聚会中认识的，两人是一见钟情，再加上男友比小何小两岁，事情小何做主的比较多。两个人最开始相处得很融洽，小何男友大学毕业后在一家企业担任技术干部，工作清闲，但收入较低，性格内向、较为被动。互补的性格让两个人的感情刚开始很不错，男友还经常在别人面前称赞自己的女友聪明能干，但自从两个人一年前开始同居之后，矛盾就随之而来了。虽然在叫骂声中，结婚的日子仍被定了下来，但是在买房子、装修房子的时候两个人的意见很不一致，两个人的不同观点也冒出来了。小何什么都要按照自己的意愿来做，男友的意见是一点点也听不进去，小何还怪男友没眼光、没主见，被动、窝囊。她男友开始选择忍气吞声，后来实在忍受不了，男友也开始数落小何霸道、盛气凌人，双方各不相让。小何脾气暴躁，有一次还动手打人，掴了男友一记耳光，两个人的感情迅即破裂，原定好的婚期取消了，喜帖都发出去了，小何不知如何是好。

从以上案例我们可以看出，女方的性格较为强悍，过分自信，有种高高在上的女王的架势，想要的不是男友而是男仆的感觉，又难以接受批评，是个典型的自恋人格。是性格使然，还可能会是一种职业病，在单位是她说了算，在家里也照样是一家之长，男友也得一切听她的，这是一种失衡型的关系。阴盛阳衰型的关系，处于劣势的男方往往要承受来自自身的心理压力和来自外界的社会压力。

男方往往习惯于现实社会里面的男强女弱的传统婚姻模式，一旦位置颠倒，男方会觉得自己不是个男子汉，在别人面前抬不起头来，社会上的世俗眼光也会将一切成果归功于处于强势的女方，使得男方更是无地自容，心理严重失衡。

另外女方强悍的态度更是催化剂，处于强势的女方往往不能注意到别人的情绪，在家庭里对另外一方造成压迫。有压迫就有反抗，所以更多的男人采用非常不理性的态度主动去破坏婚姻，甚至提出离婚。

人格障碍与神经基调的遗传有关，同时也与后天的成长背景有关。人格障碍对婚姻的危害是很大的，所谓相爱容易相处难，很多是这方面的问题。可见这种问题也是很普遍的，应该及早干预，重新塑造和谐的家庭关系。

他们为什么会成为**自恋的人**

小军其貌不扬，只能算得上白皙，却自比潘安，整天弄得油头粉面的在办公室里招摇。如果女同事多看他两眼，他就觉得对他有意思；多跟他说两句话，他就觉得人家在跟他套瓷。

一次两个女同事起了一点误会，两人闹得有些不开心，刚好小军在场。没想到，第二天此君就四处传播两个女同事为了他争风吃醋闹翻了的谣言。搞得两个女同事当场说“自我感觉也太好了一点吧”。从此以后，看到小军有多远离多远。

自从网络有了微博，小军就不断将一些自己的照片和文字贴上去，这可以理解，人嘛，谁没有那么一点点自恋倾向，只不过平时在生活里可能不好意思表现出来，大部分人也就在网上自恋一点，回归生活时却是另一种谦和的状态。小军却不是如此，他常常找各种机会让朋友在网络上给出评价，这样给身边的朋友带来了不少困扰。

同样，在网络上一度很火的芙蓉姐姐，传说中每天都有5000以上的人同时在线等待有关她的文字和图片。到底芙蓉姐姐有什么特殊魅力？两个字——自恋。

“我那妖媚性感的外形和冰清玉洁的气质让我无论走到哪里都会被众人的目光揪出来，我总是焦点。我那张耐看的脸，配上那副火爆得让男人流鼻血的身体，就注定了我前半生的悲剧。”这都是芙蓉姐姐经典的语录。

芙蓉姐姐在文字里总是表达出她被众多追求者所困扰的苦恼，“一张妖媚十足的脸和一副性感万分的身材”就是芙蓉姐姐的自画像。

在网络上如芙蓉姐姐的人不在少数，凤姐雷人征婚，对象要求升格为“欧美海归”，还扬言“鲁迅的文章可读性和丰富性都比我差一些，300年之后，我的文章还会被人传阅，而鲁迅的不会”，云云。为何凤姐说话总是雷人？其实，他们这是超强的自恋表现，何谓超强自恋？患者人格特征明显偏离正常，使他们在个人生活风格和人际关系上形成了一套异常的行为模式，造成他们对社会环境适应不良，感到很痛苦。

自恋的人需要一种自我赞美，包括幻想和行为上漫延的无所不能的模式，缺乏与他人产生共同情绪的能力。自恋开始于成年的早期，并一直持续。如凤姐认为自己的智商前300年后300年无人能及，对自身有无所不能的感觉。夸大成就和天赋，在没有相应的成就下，期待被看作最优秀的。凤姐自称懂诗画、会弹琴，精通古汉语，9岁起博览群书，20岁达到顶峰，最新的说法是鲁迅的文章也不如她。

自恋的人容易被无限制的成功、权力、才气、美丽或理想爱情的幻想所迷惑。如凤姐在网络上宣扬北大、清华有300名硕士追她，美国哈佛、普林斯顿等名校高材生也在联系她，28岁前就能够找到符合她条件的白马王子。

自恋的人往往更相信自己是特别的和唯一的，并相信自己只能被同样特别的或高地位的人所理解。自恋的人常常嫉妒他人或相信其他人嫉妒自己，表现出高傲、自大的行为态度。

面对大众的质疑，凤姐不屑一顾，表现出一种非常高傲自大的态度，似乎人们根本就无法理解她这样智慧超群的人。她生活在自我赞美中，要求别人认可她的高智商，认可她的博览群书，实际上这远远偏离了事实。

凤姐以采取让大众鄙视和嘲笑自己的方式达到出名的目的。其实通过一些节目访谈就可以看出，她是一个内心极度自卑的女孩，正是她内心与行为的巨大反差引起了观众的兴趣。

凤姐与芙蓉姐姐是一样，属于自恋的典型。她们能走红网络，说明社会大众心理也出现了问题：许多人因为生活压力大、精神空虚和信仰缺失而心态浮躁，要通过网络发泄不满与愤怒，而自恋狂们提供了绝好的“靶子”。人们看她们的表演满足了自己的好奇心、偷窥欲和攻击本能。

自恋分成两种，一种是外向型的，一种是内秀型的。比如说芙蓉姐姐和凤姐，毫无疑问属于外向型的，勇于在公众面前大胆展露不完美的自我。相比之下，身边更多的自恋者属于内秀型。如其貌不扬的小军，他们顶多也就小范围地自我欣赏，比较委婉地自我赞美。

自恋的人固守着无瑕疵或强大的外表形象的重要性，有如水仙爱慕自己的倒影而在水边生根一样。一旦无瑕的形象不存在，不如别人的核心信念就会被激活。自恋个体常常表现为自尊受损，在自尊受到威胁时，常常反应强烈。

A小姐刚进公司的时候，她作为新人，可能还有所顾忌，只是偶尔会拿出随身携带的小镜子照照，后来间隔时间逐渐由一小时提升到半小时，并伴有自我感叹，甚至开会时她也会忍不住自我欣赏一番，然后露出满意的微笑。

身边的同事已到了每次看到她照镜子都感觉浑身不舒服的地步。这种生理上的不舒服也就算了，A小姐也善于精神折磨，跟别人说话，总是变着法子贬低别人、抬高自己。从未听到她表扬过别人，哪怕离她十万八千里的女明星们，她也要用嘴把她们贬到自己脚下。

大家都觉得A小姐不太好相处，眼看着她的自恋情结日益表露。好在今年办公室又来了一个自恋的同事，他与A小姐在一起可谓沟通顺畅。他们活在自己的世界里，总能找到共同想要贬低的对象，并能把对方批评的话很自然地过滤掉。

A小姐非常积极地致力于强化自我夸大的信念，其实是自恋者在回避自我真实形象。其努力的目标是为了获得赞赏，表现自己的优越性，在痛苦或不被尊重时免受伤害。

面对缺陷或批评，自恋型人易变得不愉快、戒备心增强。自恋的人可能会嘲讽别人的“弱点”，或者不能忍受自己存在“弱点”。他拒绝讨论存在的问题，因为他认为这些问题会破坏形象且让别人看到自己的“弱点”。

有时候对待自恋者，跟他们相处的最好方法，就是自动过滤掉那些不该听的话、那些带刺的话语，全当没听见。

某校教新课程的女教授人长得漂亮，课又讲得好。教授姓崔，她的衣着举止总是那么优雅，她讲课的时候引经据典，语言生动而又思路清晰，同学们很快就被她吸引了。

可惜好景不长，当华丽外表的作用逐渐减弱时，同学们开始发现崔教授的某些做法令人不快。教授上课时喜欢举例子，尤其喜欢举跟自己有关的例子，而且往往都是在夸自己如何出色，如何受欢迎。

有一次谈到美国文化时，崔教授说起自己在美国的经历，侃侃而谈，越说越投入，竟整整占了一半课时。这引起了部分学生的不满，最后他们开始敲桌子，崔教授才很不情愿地结束了这次“自我演讲”。

崔教授的这种自我中心和自我夸耀无处不在，凡是与她有关的事情都是好的、优秀的，她的家人、朋友都很优秀，她就读过的学校、工作过的地方都很不错，即使在学术研究上，她也有着明显的偏向，赞美与自己相同学术观点的专家、理论，贬低与自己观点相反的人物和理论。

有些学生不买账了，他们向教授质疑，对她提出不同的理论观点并与她在课堂上争论起来。崔教授很生气，她不喜欢别人挑战她的权威地位，认为这几个学生是故意跟她捣乱。久而久之，崔教授的课堂就“门可罗雀”了，她成了一个不受欢迎的教授。

自恋是人格中的一种核心部分，一般人的自恋并不是不正常，只有自恋过分才不正常。崔教授这种自恋过分，对自己有一种荣誉感，不合理地期望特殊的优厚待遇或希望别人自动顺从她的期望，容易遭到身边人的反感。

崔教授只是希望别人崇拜她，而这样的关系可能基于恩惠——报恩关系，常常不够亲密，时间长了就显得紧张。崔教授住在自己建构的世界中，拒绝他人的经历，有时态度过于高傲，由于自恋者的自我专注以及不断感到应得到更多的关注和欣赏，最终与他人的关系会不可避免地产生裂缝。

崔教授的自恋又叫自以为是的自我陶醉人格，强烈的自我表现欲和从他人那里获得注意与羡慕的愿望。一贯自我评价过高，自以为才华出众、能力超群，常常不现实地夸大自己的成就，倾向于极端的自我专注。

自恋者好做海阔天空的幻想，内容多是自我陶醉性的，如幻想自己成就辉煌，荣誉和享受接踵而来。权欲倾向明显，期待他人给自己以特殊的偏爱和关注，很少意识到要关心他人的行为和语言。

他们最大的痛苦，不是和别人建立不了关系——因为在他们内心没有别人的位置，而是当现实不能满足他们的自恋和控制欲的时候，他们难以面对“自我否定”，这是对他们来说最大的痛苦和打击。有一种感觉就是：一旦自己被否定，就意味着自我世界的崩溃，随之而来的恐惧和焦虑让他们手足无措甚至绝望。

在幼年的时候，他们都没有得到很好的呵护，这个时期，和重要他人之间的关系就直接影响到个体对不同性别、不同类型的人的感受，更重要的是对自我的认识。在重要关系中感受自己“是否可爱、是否被接纳、是否安全”，如果这些都是肯定的，那么个体的关系发展将有很大的可能是健康的，如果这些都是否定的，那么个体的关系发展有很大可能将是不健康的。

在实际中，自恋的人稍不如意，就又体会到自我无价值感。他们幻想自己很有成就，自己拥有权力、聪明和美貌，遇到比他们更成功的人就产生强烈嫉妒心。他们的自尊很脆弱，会过分关心别人的评价，要求别人持续的注意和赞美；对批评内心则感到愤怒和羞辱，但外表以冷淡和无动于衷的反应来掩饰。

自恋型人格障碍患者常有普遍性的人际关系。他们的抑郁情绪、人际困难或不切实际的目标可能影响工作，但另一方面，他们对功利的追逐也可能使他们获得较高的工作成就。

第七篇

对物体产生的特殊情结

——恋物癖

千奇百怪的恋物癖

有多少种物体，就会有多少种特殊情结。恋物者们的癖好无奇不有，那些比较常见的物品只不过是冰山一角，恋物癖者形形色色，“物”不惊人死不休。

英国《每日邮报》曾报道，一名英国女子爱上自由女神像，并想与自由女神像结婚。虽然世界各地不少人都很喜爱被誉为美国灵魂象征的自由女神像，然而人们多是推崇其自由的寓意，或是为其所体现的艺术魅力所倾倒，但是这位英国女子却表示，自己彻头彻尾地爱上了自由女神像。

27岁的阿曼达·惠特克是名售货员，来自英国利兹市，有很深的恋物情结，曾在十几岁时也如此深爱过一套架子鼓，日夜为伴，不离不弃。

阿曼达表示对自由女神像是一见钟情，她在网上看到朋友的一张以自由女神像为背景的照片后便爱上了这尊塑像。她给自由女神像起了个爱称叫“莉比”，从那时起，她先后4次前去看望她的莉比，在那里爱抚这尊塑像并亲吻她的头发。为了能和铜像爱人朝夕相伴，阿曼达家中收藏了上百尊微缩版的自由女神像，为了向自由女神像表达爱意，她在家中自己组装起了一尊6英尺（约1.83米）高的自由女神像复制品模型。

阿曼达毫无掩饰地说：“她是我的异地恋人，她那让人沉醉的气质令我不由为之倾倒。”她本想和莉比结婚，但“因为有太多人爱她了”，所以放弃了这个念头。

许多恋物癖者和他们的不同寻常伴侣间的故事常常成为媒

体追捧的热点。

2007年，35岁的美国旧金山退伍女兵埃丽卡改姓埃菲尔，并与她眼中的法国“美女”巴黎埃菲尔铁塔完婚。埃丽卡·埃菲尔表示：“她的架构让人着迷，身姿十分精致。我能听到她的呼唤：‘大家快看我，快看看我吧!’这时，我在人群中回应道：‘听到我的声音了吗？’”埃丽卡透露称，埃菲尔铁塔是她的“新欢”，在她的恋爱史里，柏林墙和美军F-15战斗机都曾是她的“情人”。

同样爱上柏林墙的还有一位“柏林墙女士”艾佳丽塔·柏林墙。她7岁第一次在电视上看见柏林墙时，就迷恋上了它，并在1979年宣布和这面墙结婚。她努力收集柏林墙的照片并为旅行存钱。在她1979年第六次旅行时，在几位亲友面前和柏林墙结为夫妻。尽管她仍然是处女，但她声称自己和柏林墙的生活非常美满。1989年柏林墙倒塌时，她恐慌了，再也没有回去过，并制造出了一个仿制品。

随着网络时代的来临，许多隐秘的怪异行为大大被曝光。关于恋物癖的案例在网络上就可以找到很多。以下几则有代表性的恋物癖事例，让人见识到“大千世界，无奇不有”。

2006年，超过2000人观看了一个奇特的婚礼，因为新郎是一条眼镜蛇。这位爱上并嫁给眼镜蛇的新娘是一位年轻印度女子。该女子说：“尽管蛇不能说话也无法明白，但是我们有特殊的交流方式。每次当我把牛奶放到它住的洞旁，它都会跑出来喝。”当她说想和蛇结婚时，周围人都很赞同，并说这场婚礼将给该地区带来好运。他们为婚礼准备了盛大的宴席。

生活在纽约的32岁美国女人艾米·沃尔夫，被诊断患有阿斯伯格综合征。她和太空船模型、双子塔有过几段感情，但是她的最爱是宾夕法尼亚州的一个游乐园里的童话列车——1001之夜。10年中她坐了300次，并想把自己的姓氏改成制造商的姓——韦伯。艾米甚至和列车照片一起睡觉，她说他们拥有完整的生理和精神关系，不需要去嫉妒其他坐车的人。

慕残癖也是一种恋物癖，在女性中更常见，并以对聋哑或截肢的异性的爱恋为主。

慕残癖，是指被残疾异性吸引并产生性冲动和爱恋的一种健全人所具有的奇特心理。

恋物癖患者所迷恋的对象真是无穷无尽，只要这个世间存在，它就有可能对世界某个角落里的人疯狂迷恋！还有口味更重的癖好：迷恋腐败的物品。首先要说明，这里所说的腐控并非是恋尸癖。恋尸癖是指通过奸尸来获得性的满足的一种变态心理。

腐烂的事物，在大众人群眼里看来是十分厌恶的东西。它们有让人作呕的恶臭气味、糜烂样子，如果一旦发现家中有东西腐烂，常人都会立刻弃之。然而，偏偏就有那么一种人，恋物的口味超级重，视它们为宝贝。他们就喜欢发霉的东西，不但不会丢弃自然腐烂的事物，甚至还会自己制造。如把食物长期放置，在那里等着长毛，然后再拿出来欣赏、玩味，在这个过程中会有点小受虐小快感，这就是他们所追求的，并且能使他们产生性冲动。

这种迷恋腐烂事物的患者，多数因为长期在生活中感受不到美和欢乐，甚至受到家庭、社会的迫害，然而自己又无能力改变，日积月累，内心产生了极其愤恨、消极的心理，于是将这种情感投射到丑陋、让人恶心的事物上，觉得它们与自己一样，是被嫌弃的。渐渐地由对这些事物变得无所谓到感同身受。而当已麻木不仁的时候，腐烂、恶臭反倒会成为一种诱人的刺激，让他们得到一种“自虐式”另类的快乐，从而“迷恋”于此。简而言之，这是一种物极必反的效果。

临床上的实验发现，恋物的性活动形态与心理、社会压力有密切相关。然而，在现在的社会中，由于生活的巨大压力，解压方式的缺乏及数字化时代让人们生活的紧张、单调，人与人之间接触式的情感交流越发少，很多人把压力的释放、情感的宣泄都寄托在某一类或某些事物之上，于是便有了各种“微博控”“包包控”“娃娃控”等，但是“控”与“癖”一字之差，却差之千里，“控”对“癖”来说真是小巫见大巫。请某某控们，不要自以为自己对某一事物的喜爱，就说自己是恋物癖。

但是，不是所有恋物癖都与性偏差有关。

一位母亲曾带着自己的两岁多的孩子做心理咨询。因为她发现自己的孩子自从两岁上幼儿园后，开始总是又哭又闹，后来渐渐地就好了。但最近发现他对一条毛巾非常严重的依恋。

“以前他是非常喜欢那条毛巾，睡觉要盖在被子上面；但最近几天睡醒后和放学后都会要这条毛巾。以前如果说这条毛巾湿了，要拿去洗的话他会乖乖地给你的，可是现在怎么说都不行，只要不给他这条毛巾就开始又哭又闹，怎么哄都不行，真是与这条毛巾形影不离了……”

这位喜欢毛巾的小朋友被确诊为恋物癖，但是这与我们常说的性偏离中的恋物癖不同，这是一种由于缺乏安全感引发的儿童恋物癖，并没有太大的危害，大多数孩子在逐渐拥有自己的意识后能够自然解除，一部分可能需要家长给予更多的矫正。但是总的来说，在孩子的恋物过程中，作为父母如果能够给予更多的关爱与陪伴，使其感受到更多的安全感，那么这种由于缺乏安全感而导致的恋物癖就会非常容易纠正。

现在，人们的生活越来越快，压力也与日俱增，越来越多的人出现了亚健康或者心理疾病。健康的心理培养，从小就应该做起，作为家长一定要多花些时间陪伴孩子，和他们多交流、多玩耍，多用肢体语言让孩子觉得受到保护，给他们一个良好、健康的成长环境。其实，这种亲子互动也是大人释放压力的一种很好的途径。

奇怪癖好爱从何来

恋物癖的成因也有一些社会文化因素在里面，比如说恋足癖。

“三寸金莲”不仅是封建腐朽社会制度与文化的产物，更是妇女深受男人们的集体恋脚情结所害的证据。自宋元朝代，男人们对女人的脚的审美渐渐开始由大足转移到特殊的小脚，而到了明清时期，绝大多数中国妇女就都有了一对粽子般的三寸金莲。清朝有本小说《莲藻》中赞之：小脚之美无与伦比！还把它的“魅力”细细总结成了四类：形、质、姿、神！形：就是要纤小，要尖锐，要瘦削，要有足弓。质：尽量成为男人发泄性欲的辅助工具。姿：就是要求女人弱步伶仃，细步行走，还有一种娇憨羞怯之情致。神：是要求女子对金莲要视为神秘之物，不轻易示人，必须深掩密护，专为老公所有。

事实上，这些不过只是表层成因，尤其对于现代文明高度发达的今天，恋物癖的成因更多的是受到成长背景与幼年时的性教育影响。然而，每一个恋物癖者所受到的外界诱因都有所不同，因此，这些因素并不是这里所要阐述的主要成因。我们要的是拨开表象、探其实质，找到他们共性的形成原因。

在进一步揭露恋物癖形成的深层原因之前，大家先来再认识一位心理学上了不起的人物，还有他的狗——“巴甫洛夫的狗和他的条件反射原理”。无论人还是动物都有一种本能的反应，即无条件反射。而巴甫洛夫却通过对他的狗的训练发现有些反应是可以后天学习养成的，这就是条件反射！

无条件反射，也称生来的反射或种族反射，是动物和人在种系发展过程中为适应环境而形成的随意的快速反应。

巴甫洛夫与他的大狗，一开始只是想研究消化现象而设立的实验，却让他们有了意外的收获。最初的实验设立是这样的，给狗测测唾液的分泌量，所以他需要用到食物来刺激：给你看块肉，馋你。大狗太渴望了，巴甫洛夫唰地就接了一茶缸唾液……

在这个反反复复的刺激过程中，巴甫洛夫不小心碰响了某个仪器的铃声，没想到后来慢慢就发现了这样一个有趣的现象，大狗后来在即使没有食物的情况下，只听铃声也能够分泌唾液。这就是在无条件反射（看到食物流口水）的牵线搭桥下，在铃声与狗分泌唾液的动作之间形成了一个传说中的经典的条件反射！

这种条件反射在我们生活中随处可见，在极地馆海洋动物的表演中，大家也不难发现，驯养师每个人腰间都挂有一个小桶，里面装满了鱼，海狮或者海豹表演动作间隙，他们都会及时上前喂上一口。不是为了讨好，而是就那些动物而言，表演与进食之间也形成了一个条件反射。

巴甫洛夫指出，大多数病人的恋物癖是性兴奋与周围环境中偶然出现的某种事物相结合形成的条件反射。就像狗和铃声间形成的条件反射一样，它一听到铃声就会流口水，那么人就是一看到他爱的某种事物就亢奋了。在得到迷恋的事物和得到快感的反复强化作用下，这种条件反射就被固定了下来，恋物癖的行为就形成了。

在前述中，我们已经总结了恋物癖患者的人格特点，恋物癖患者多是性格内向，平时在两性关系如恋爱婚姻问题上，往往扮演的是不成功的男性角色，缺少男子气概。因此透过操控没有生命的物件，一方面减缓压力造成的张力以及满足性需求；另一方面，以保护自己免于受创伤。从这一方面，我们引用弗洛伊德的精神分析法来解释，就更加清晰明了。

许多对异性的衣物感兴趣的恋物癖者，其本质是被压抑的性欲求扭曲了的渲泄。由于有恋物倾向的人大多见于内向、自信心不足的人，在少年期偶然见到女性洗澡后衣着或者无意间把玩女性衣物，之后伴有快感和性冲动，从此恋物癖者对女人的衣物有一种迷恋的倾向。在本能的驱使下，恋物癖者有和异性交往、亲近的强烈愿望。在他们眼中，异性的一切都是美好的，但自身性格的不健全又令他们害怕、担心受到异性的拒绝、嘲笑，他们往往没有勇气和女性进行正常的交往，又或者在初次尝试和女性进行正常交往的时候受到了拒绝，从而自信心倍受打击，再也提不起和异性正常交往的信心和勇气，这使得他们的性欲受到了不同程度的压抑。

性冲动、性欲求是一种能量，当它积累到一定程度时是需要一条途径来释放的。为了满足自己和异性交往、亲近的强烈愿望，失去了自信心的他们就只能退而求次，以偷窃、占有异性的贴身物件来满足和异性亲近的愿望了。

所以尽管恋物癖会被其拥护者视为一种异常，但他们却几乎不会将其感觉为一种伴随着痛苦而来的疾病的症状。他们通常会对此感到非常

满意，甚至还称赞它是改善自己性生活的方式。人的潜意识会保护人的身体，让他避免受苦，就是我们常说的心理防御机制。恋物癖者就开始用别的方法发泄痛苦。转移到哪儿了呢？迷恋之物上，然后通过性满足得到安慰与释放！

如何让恋物癖者“失恋”

恋物癖是一种不健康的喜好方式，这种心理障碍多数会影响患者的正常生活。

让恋物癖者与他们的“爱人们”说再见可不是简单的事情。这也是一种失恋，也会茶饭不思，日夜无眠！所以要想分开他们，不能“棒打鸳鸯”，要智斗。

爱过的人都知道，失去爱人是痛苦的，那么我们给恋物癖者更大的一种痛苦，比失恋更痛，更使人不安的刺激。这种治疗方法就是国际上通用的、应用比较广泛的心理治疗方法——厌恶疗法。其基本做法是：让患者手持性恋物，在引起性唤起、勃起的时候，立即给予厌恶性的刺激：电击，用橡皮筋弹击手腕，注射催吐剂使之呕吐。还可以让他们写下因恋物面临的紧张恐惧和被批评、被抓住和处分时的难堪局面，然后重复阅读，也能形成厌恶性条件反射。

此外，恋物癖的治疗方法还有认知疗法、暗示疗法、系统脱敏疗法等方法。在临床治疗中，多采用多种方法相结合的治疗方式，根据患者的背景经历、文化程度、心理状态、症状表现等采取不同的治疗方式，也会根据不同的治疗阶段采取相应的治疗方法。下面结合本章一个案例，具体讲述一下。

暗示疗法，是利用言语、动作或者其他方式，使被治疗者在不知不觉中受到积极暗示的影响，从而不加主观意志地接受心理医生的某种观点、信念、态度或指令，以解除其心理上的压力和负担。

还记得第一小节中，迷恋女生内衣的李响吗？在进行治疗前，我们简单地回顾一下病例。13岁那年李响因为从姑妈家偷到一个女人胸罩，并且通过对胸罩的把玩而体验到第一次的遗精等快感而喜欢迷恋上了女性内衣。

首先，根据李响回忆叙述幼年症状产生发展的原因、过程及具体内容，帮助他分析发病根源，讲解正常性心理发育过程，使其认识到自己行为的不正确和建立正确的认知。

通过对其幼时生活事件（其因为把玩偷姑妈家的胸罩而体验到第一次性快感）与日后行为（把玩胸罩自慰以满足对性的需求）的关系的分析，让李响认识、领悟到窃藏女性贴身用品，以此获取性高潮而不伴有任何性接触的意志和行为系性心境，是由于第一次性经历（因女性内衣刺激而遗精）及日后求快心理未得到正常性行为的满足，持续强化把玩女人胸罩而带来的性快感的美好感觉的这种刺激，渐渐形成了这种不健康的性心理和变态的性生活。它的实质就是儿童的性生活。

通过对正常性心理和性行为讲解，让李响了解正常性心理与变态心理之间的区别。并诱导李响形成这样的认知，即由于客观阻拦导致其心理和性的挫折，用幼年方式排除成年人的心理困难和满足成年人的性欲。这种和成年人的身份是不相称的，是幼稚的、不符合成年人的思维逻辑规律的情感和行动。

性爱关系只能发生在人与人之间，恋物这种行为是不正确的，是应该并且也可以改正的。这个过程就是采用认知疗法对李响对性认知的错误及恋物癖这种不正确行为的矫正。

仅在认识与心理上帮助其建立改正的信心是不够的，还要借助暗示作用帮助李响减轻其他并发症。

李响自述：“尽管每次我都非常后悔、痛恨自己，有时把用完后的胸罩烧了，甚至气得撕得粉碎，并下决心改掉，但都无济于事。我用刀子、铁钉扎过自己的手臂，曾经发誓如果自己再伸手就把自己的手指砍掉，但是在瘾来时这一切都不起作用，我依旧无法自拔。因此感到无地自容，甚至失眠、心情烦躁，也有过自杀的念头。”

鉴于此点，要给予李响小剂量的维生素等对人体没有副作用的药物，本治疗主要是通过暗示作用，而并非完全药物本身，告知他此药对恋物癖有治疗作用，在心理治疗即认知治疗的前提下，服用此药可取得很好的疗效。

李响服用后，睡眠果然有了改善，紧张恐惧心理逐渐消失，情绪也有好转，这样更坚定了他治好自身病症的信心。

虽然认知疗法与暗示疗法使李响对治疗师产生了信任，也让李响能够正确地认知自己的这种行为，减轻心理负担，增强了李响改变的信心，但是，想要彻底戒掉这个坏习惯，还要对其进行厌恶疗法。这也是治疗的关键，使患者彻底摆脱这种不健康的行为。

每一个吸毒者，都知道吸毒就是在自我毁灭，可毒瘾犯了，就六亲不认，失去理智。恋物癖患者也是一种“瘾君子”，只是他们上瘾的是某种物品及物品给他们带来的满足感和心理的安慰。厌恶疗法就是要让这些对某物品成瘾的“瘾君子”对这种行为不再上瘾，甚至是反感。

前面介绍过恋物癖成因：“大多数病人的恋物癖是性兴奋与周围环境中偶然出现的某种事物相结合形成的条件反射。在得到迷恋的事物和得到快感的反复强化作用下，这种条件反射就被固定了下来，恋物癖的行为就形成了。”我们知道了，恋物癖的形成是一种条件反射，每一次的快感与满足感就是刺激的强化。

强化，指通过某一事物增强某种行为的过程。在经典条件反射中，使无条件刺激与条件刺激相结合，用前者强化后者。在操作条件反射中，指正确反应后所给予的奖励（正强化）或免除惩罚（负强化）。

为了改变李响已经形成的条件反射，就必须在这种反射发生时给予其一个惩罚。对于李响用的惩罚主要是厌恶联想法。每当李响产生恋物意念时，就尽可能地去回想过去由于恋物受到的责备、侮辱，联想这种行为对个人前途、家庭及后代的影响。如果还是忍不住把玩，让李响手持性恋物，在引起性唤起的时候立即给予厌恶性的刺激。

惩罚，若一个具体行为的发生伴随着一个有害或负面的影响，那么此行为发生的频率将随之降低。在操作条件反射中，惩罚分为正惩罚，即呈现消极刺激物，减少行为发生；负惩罚即移除积极刺激物，减少行为发生。

为了彻底解除女性内衣对李响引起性唤起与性依赖，还可以同时采用系统脱敏疗法，即让李响经常到女性用品专卖店的地方走一走，尽情地看一看、摸一摸，使他能逐步控制自己的意念，战胜自我，让女性内衣对于李响而言不再是充满挑战（需要偷窃才能获得）与诱惑（性快感）的物品。

我爱的是你的“假发”

其实，恋物癖者不都是喜欢女生内衣裤，还有很多人喜欢人体的某个你难以理解的部位！如脚、臀部或头发等，有时这种喜好也被称作恋体癖，只是这种迷恋不再被明确列为恋物癖的一种了。为什么呢？因为这个与正常的性唤起很难区分。

下面来看一个遭受恋体癖者折磨的受害者的经历吧。因为这是个和头发有关系的个案，暂且就叫受害者为发发女士。发发女士到了适婚的年龄，终于找到了一个如意郎君，忙碌了一天，婚礼完美结束。人生最美好的时刻之一洞房花烛夜，等了好久等到这一刻，本应是无限美好的新生活的开始！然而，发发女士万万没有想到，等待她的却是噩梦的开始！

发发梳洗完毕，钻进了被窝翘首等待着她的新郎。丈夫过来后开始深情地拥抱发发，用手指抚弄着她的头发，抚啊抚啊……就睡着了。第二天，第三天，还是抚啊抚啊……又睡着了。

直到第四天，丈夫兴冲冲地带回来一个巨大的发套，上面有很浓密的厚厚的假发："亲爱的，你给我戴上它！"一时间，发发血就涌上大脑，气得花枝乱颤！好你个负心郎，我以为你是忙婚礼累的，前几夜才那样冷待人家，敢情你是和我的头发结婚的！

兴头上的丈夫不理会这些，扳倒她就压在身下……完事后，他又开始抚摸那个浓密的假发，深情款款。以后的日子里，只要发发一摘去假发，她在丈夫眼里的吸引力就立刻变为零。

没办法，深爱着对方的发发选择了屈服，整晚戴着发套，并且还要时刻关注流行趋势，因为一套假发只在两个或是三个星期内才具魔力。颜色什么的倒无所谓，重要的是头发必须又密又长。

新郎为什么会如此迷恋假发？让我们从他小时候讲起。"假发新郎"出生在一个温暖的家庭，并且有一位长发飘逸又很温柔善良的妈妈。儿时的"假发新郎"受到妈妈的百般疼爱和呵护。可好景不长，在其6岁那年，妈妈患了癌症，由于化疗，飘逸的长发都掉光了，因此妈妈开始戴假发。半年后，病魔无情地夺走了他妈妈的生命。

接下来的日子里，"假发新郎"和爸爸相依为命。爸爸十分严厉，常常打骂儿时的"假发新郎"，这让他总是想起妈妈，一想到妈妈，就想起妈妈的长发。因为以前妈妈哄他时，弯着腰，瀑布一样的长发倾泻下来，不时撩着他的面颊，还散发着清香。于是他就常常抱着妈妈的假发，一边抚摸着假发，一边偷偷哭泣，想念着妈妈。

人都说，没妈的孩子像根草。没有了妈妈的小“假发新郎”，由于总是穿着不整洁干净，常常受到同学的嘲笑和欺负，渐渐变得自卑、胆小、害羞。一次，班上的同学正在炫耀他的新鞋子，小“假发新郎”不小心踩了他一脚，结果这位同学就破口大骂，甚至要动手打他，吓得小“假发新郎”不敢回嘴，只能默默哭泣。

就在这时，忽然传来一个不大但很坚定的声音：“住手，人家也不是有意的，你这样也太过分了，快给这位同学道歉……”一个清秀的女同学，扶起被推倒在地的小“假发新郎”。小“假发新郎”看到这个秀发从肩膀一直垂到胸口并散发着淡淡香味的女同学，不禁想起了妈妈，鼻子一阵酸楚。大脑有些混乱了，一种久违的感情占据了他的心。

是的，故事的发展和许多言情小说一样，小“假发新郎”爱上了这位英勇的长发女同学。然而，他们并没有在一起。但是，“假发新郎”把这种爱慕寄托于妈妈的假发，渐渐地，每当抚摸亲吻假发时，多是在想着这位姑娘。随着小“假发新郎”的长大发育，第一次遗精便在这种情形下发生了。伴随着这种快感，“假发新郎”对假发的情感由原本只是寄托对妈妈的思念变成一种爱恋、一种迷恋、一种性伴侣。

假发夫妇的这段婚姻的结果是，此后的5年时间里，他们有了两个孩子和72套假发。

恋物癖是性心理幼稚的表现，是一种可以纠正的性心理障碍。恋物癖往往会影响正常性爱的质量，同时可能造成不良的社会认知，所以需要治疗。

事情发生在公共汽车上，那天因车内拥挤不堪，她的头发不时被人掀动，她并未在意。当姑娘下车后，才猛然发现其秀发不见了。姑娘气愤之极，痛骂那“偷”发的无聊之辈。偷发者真是无聊所致？

“偷”发的小伙子25岁，未婚，姓魏，以下称其小魏。

小魏是某大学的一名教师，自幼胆小，性格内向，平时话少而老实。小时候他喜欢与小女孩玩耍。当女孩哭泣时，他总是上前去安慰，并用手抚摸其头发，久而久之，他觉得这样好玩，心里特别高兴。上初中后，他经常借故接触女同学，并情不自禁地寻找机会抚摸女生头发。高中毕业后考入大学，学习成绩尚好，当看到女生秀美飘逸的长发便激动不安，常不能自制，想方设法要触摸。一旦目的达到，则觉得浑身舒服。有时接近女子时偶尔嗅到头发上的香味，他心里觉得特“爽”。在对女性头发迷恋欲望不断增强的时候，他的邪念顿生，心想要是将年轻姑娘的秀发剪下来，长期珍藏，岂不美哉！既可随时取出抚摸，又可捧在手中嗅吻，不出屋就能享受女人的温情和香气。于是他曾多次携带剪刀，到人多拥挤的地方伺机剪姑娘的头发。

小魏这种癖好不是无聊的表现，也是恋发癖的一种。此症主要表现为经常、反复地收集异性头发，并将此作为性兴奋与满足的唯一手段。该癖患者绝大多数为男性。恋发癖的发病一般受社会文化环境的影响，由性心理发育异常以及对性知识缺乏、好奇和意识方面的某些问题所引起。其特征是接触女性的长发以引起性的满足，行为表现是有一股强烈的性冲动，千方百计收集女性长发，不惜冒险行窃，到手后内心方才安定，否则即有焦虑、烦躁、心神不宁的表现，自己也不知道为什么会这样做，无法克制。

恋发癖是性变态心理，多伴有轻度焦虑和抑郁，常是早年幼稚心理水平的表现，发病者年纪越小越容易纠正。小魏后在家人和心理医生的帮助指导下，领悟到自己的行为与情感是不符合成年人的心理与思维逻辑的，经治疗后，最终消除了剪发的内心冲动，并过起了正常的家庭生活。

也有些人喜欢闻异性腋下的味道，抚摸腋下的毛发，总之，让男人着迷的东西远不止这些！

毛发恋物癖患者的形成多少与成长，尤其是与其母亲的互动经历有关。恋物症患者的性格特征通常是内向、害羞、具轻度的焦虑，从母亲或者祖母那里得到爱护，使他们感受到安全感与幸福感，十分依恋她们，在与她们近身接触时，就会下意识地对这些疼爱自己的女性长辈身体的某个部位如毛发产生了深刻的记忆，甚至是对女性长辈的一种不伦爱恋，被压抑到潜意识中，这种情感就被无意转移到某个部位上去。在日后成长尤其性发育初期，再无意间接受到此部位的毛发的性刺激，便会对女性某个部位的毛发产生某种情结，因此而迷恋！

第八篇

不需要但一直喜欢窃取

——偷盗狂

恋上当“小偷”

李女士40岁了，却因为在商场偷衣服被拘留，拘留期满后，李女士哽咽着诉说了自己“恋”上偷窃的经历：“去年春节前的一天，我在一家大商场里看中了一件衣服，可没想到试完衣服后我发现放在试衣间门外的背包和另一件新买的衣服都被偷走了。”

这件事对李女士的打击很大，气愤、懊恼的心情困扰了她很久。过了一段时间，她又去了这家商场。无意间，她看到了一件和自己上次丢的几乎一样的衣服。她的心中突然涌上一股冲动，恰好这时周围没有人，于是她就鬼使神差地把那件衣服装进了自己的包里。

在步步惊心的情况下李女士快步离开了商场，没想到竟然没有人追来，她的心中顿时充满了快感。从那以后，李女士便开始了一发不可收的偷窃。在此后一年多的时间里，她专门出入大商场，在买新衣服的同时趁售货员不备她就多拿走一件；有时碰到一些围巾、内衣等小物件，她就悄悄地把它们团成团塞进包里带走，反正只要逛商场李女士就会偷拿点什么，一直到一次她偷窃时被当场抓获。

其实，李女士的家境比较宽裕，根本不缺这些东西，偷来的衣服她也从没穿过。“但每次逛商场我就是无法控制偷窃的欲望，特别是无法抵制每次得手后我都能体会到的那种前所未有的满足感。我并不是个坏人，每次偷了衣服我都会深深地自责，可那种满足感又让我欲罢不能。”李女士痛苦地说着。

其实李女士自己并不知道这是怎么回事，她其实不想再偷了，可她自己又不知道该怎么办！

像李女士的这种偷窃行为不能简单地将其归于道德问题，

它其实是一种心理障碍的外在表现，属于病理性偷窃，是一种病态的偷盗癖。

所谓偷盗癖，是指一种反复出现的、无明确目的、纯粹出于无法抗拒的内心冲动的偷窃行为，它与一般的偷窃行为有本质的不同。

有偷盗癖的人其偷窃动机并不是为了谋取经济利益，他们不分贵贱什么都偷，即使屡遭惩罚甚至身败名裂也难以自控。由此可见，偷盗癖其实是一种强迫性行为，是意志控制障碍所导致的，所以这种偷窃也叫作强迫性偷窃。

心理研究表明，凡是强迫性行为往往都是某些心结的外在表现。也就是说，当某些难以排解的冲突长期郁积在心里时，就会通过某种强迫性的行为表现出来，李女士的偷盗癖也是这样。失窃的经历给她造成了强烈的心理冲击，所以当她再次置身于遭遇偷窃的情境中时，潜意识中的压力便促使她采取了类似的行为来宣泄内心的不满。

而后，潜意识又进行了自我心理防卫：别人能偷我，那我也可以偷别人。于是，这种自圆其说的理由促使其行为的发生。有研究证实，有偷盗癖的人大多有性格缺陷，如自幼倔强、好强、比较自私狭隘、交往圈子狭窄。另一个较显著的特点是“报复心”极强，无论是家人的责骂还是同事朋友的批评，都容易在他们心中产生一种报复的冲动，而这种报复心理往往就是通过偷窃行为发泄出来。

由于偷窃后心理上获得的满足感，便导致其偷窃行为的强化和重复，而这种强化和重复又逐渐在其大脑中形成了稳固的神经反射，如此便最终导致了其难于自控的偷盗癖的形成。

就李女士的情况而言，正是由于她每次偷窃后都体会到了快意和满足，才使得其偷窃的行为反复出现。所以，要想纠正这种不良的癖好，可以让她在每次偷窃后都无法获得快意和满足，反而让她感到厌恶和痛苦，那么，她的偷窃行为就有可能逐渐因受到抑制而减轻，直至消失。

一般来说，这类人都是在某一次偶然或有意的偷窃后获得了极大的快感，因此就把偷窃的行为当作了一种获得快乐的方式。而且一旦这种方式得到了不断的强化，那就容易形成偷盗癖了。

患有偷盗癖的人，大多数不是因为偷窃到的物品有多高的经济价值而收获快感，他们大多是图那种占到便宜的喜悦以及不被人发现的窃喜感。就像李女士，偷窃之前她的情绪会比较紧张，偷窃得手后会非常兴奋和放松，这种前后情绪的对比导致的愉悦感也是他们喜欢上偷窃的一个重要原因。

还有一个比较常见的起因就是报复，有不少偷盗癖的患者最开始都是为了报复某

人。有一个偷盗癖的女性，她自述就是小时候性格比较内向，曾经受到班里某个同学的欺负。她因为内向胆小，不敢公开和同学对抗，也不敢告诉老师，但是又咽不下这口气，于是就趁同学不注意偷拿了对方最喜欢的一支钢笔。

当她看到同学找不到很着急的样子时，心里有一种强烈的报复得逞的快感。其实那支笔她早就扔掉了，但是她觉得这种方式很好，是自己能够报仇的一个好方式。

自那以后，她用这种方式还报复过几个人，甚至包括她的邻居。不过后来她就不是因为报复而偷窃了，而是已经养成了偷窃的行为习惯，再也难以克制自己。

不过，要想纠正自己已经习惯成癖的行为也不是轻而易举的事情。

青年小D偷盗上了瘾，不但邻居、亲戚无一幸免，就连自家父母的钱财也不放过。

有一次邻居在外回家后发现房门被撬，放在家里的1000元现金不见了，邻居见状立即报案。经过民警勘查和调查，确定嫌疑人就是小D。当警方将小D抓获的时候，审讯中小D不但承认在邻居家实施盗窃，还供述了以往多次实施盗窃的行为。

据小D说，他对偷东西有瘾，他回忆说，多年前到浙江省温州打工，无一技之长的他好不容易经老乡介绍进了一家工厂，但因偷性难改被工厂开除，还被警方拘留了。他不光偷盗邻居的财物，就是亲生父母的钱财也不放过。有一次，小D盗走了父母好几千元钱并挥霍一空后，又把目光瞄向了其他身边的人。

其实，小D从小就有偷窃的恶习，中间进出监狱好几次了。其父母常棍棒相加教育也无济于事。小D痛苦地坦言："出监狱后肯定还要偷，见到别人的东西我就想偷，我管不住自己。"

"父母有我这样的儿子也觉得在周围邻里间抬不起头来，而且我又没有文化、没有工作、没有技能，社会适应性差，几乎没有自尊，社会的生存能力自己完全不具有，监狱才是我真正的熟悉的归宿，不进监狱进哪？"小D垂头丧气地说着。

"他怎么可能在社会上立足呢？偷是他唯一感到有价值感的事情，是他唯一会做的熟悉的事情。"连小D的父亲也无奈地这样说。

像小D这样从小就开始盗窃并上瘾的犯罪嫌疑人很少见，虽然他的行为与偷窃有些类似，但还是有显著区别。小D属于惯偷，但也同时存在心理障碍和人格缺陷，除给予应有的法律制裁外，还应对其进行有针对性的心理治疗。

其实，小D和李女士一样都属于偷盗癖，其属于意志控制障碍范畴的精神障碍。他们的行为是反复出现的、无法自制的偷窃行为，纯粹是出于无法抗拒的内心冲动，据此可与一般偷窃行为相区别。

患有偷盗癖的人往往会反复偷盗，以至于爱上偷盗的经历，小到一颗糖，大到人民币，他们认为，偷窃过程极其惊险、极其刺激，刺激的就是过程了。

明明不缺钱，为什么会出现反复偷窃的冲动呢？偷窃癖外在表现是偷，但根源却是焦虑、抑郁等不良心理，这多与患者儿时的成长经历有关。比如，很多偷窃癖患者都是单亲家庭长大的，或从小缺乏父母关爱等。

儿童时期，缺乏关爱的一些孩子可能通过恶作剧、偷东西等坏行为以引起父母关注，从而获取情感上的需要；随着年龄增长，长期以来爱的缺失所带来的焦虑和不安全感积聚成疾，会导致他们出现一种心理障碍，偷窃癖就是其中一种。

偷窃，让他们享受到紧张刺激的快感，而当这种不道德的行为被人发现或让他遭受惩罚时，心理上会获得一种受人关注的满足，弥补其情感上的缺乏，更让他们无法自拔。

还有这类偷窃癖患者，他的占有欲特别强，把钱存进银行就不舍得花。这可能是他曾经遭受过贫穷和苦难，这些悲惨经历让他的内心总有一种潜在的焦虑，害怕钱不够用，缺乏安全感，钱的作用对于他来说已经不是满足物质上的需要，而成了他获得安全感的一种工具。

偷来的东西是"我不需要的"

内衣、袜子、螺丝钉……满满一箱子的小东西，竟都是某名校在读博士生小苏多年来偷窃的赃物！32岁的小苏是国内某知名大学年轻有为的在读博士生。但就是这个在金字塔顶端的女子，却有着难以向外人道的故事。

"这箱子东西，可能会成为我一生的痛。"小苏从房间床底最深处拉出一个破破烂烂的纸箱子。不过，这个破烂箱子里却并没装着任何值钱的东西，尽是些小东西，看起来都不值钱。

原来，这整整一箱的杂物，竟都是小苏顺手牵羊而来！"只要到超市、商场等购物，我总是习惯性地往兜里揣一些散装小商品。"小苏不堪地说着。

苏某是个名牌大学的博士生，按理说也不缺钱，那么她为什么要从超市、商场偷那么多的小东西呢？何况那些物件本来也不值钱。

其实，小苏偷窃并不是为了牟利，而是为了满足自己的心理需求。她这种靠不断地偷窃来满足自己的行为，实际上已经是心理障碍的一种了，应该叫作病理性偷窃，通俗的讲就是偷盗癖。

小苏的行为是不以获取利益为目的，是自主不能控制的、反复多次出现的偷窃冲动。有偷盗癖的人并不是坏人，而是病人，他们的偷窃是自己无法控制的，而且很多人自己都为此烦恼不已，小苏就属于这样的情况。

偷盗癖和普通的盗窃行为还是有本质区别的，普通的盗窃行为是为了偷来财物自己使用，或者是变卖成金钱，普通的盗窃是冲着被盗物品的价值去的；而偷盗癖不同，这种患者实际上是为了偷而偷，偷来的东西几乎都没什么价值，或者有价值他们也不在意，反正偷到了就够了，患有偷盗癖的小苏把偷来的东西收集起来就不再理会。事实上虽然有一些惯偷也形成了一定的心瘾，但一般的偷窃者能够控制自己的行为，他们或是发现条件不适合下手就不下手，或是因为暂时不缺钱而不需要下手。而偷盗癖患者不同，他们的偷窃念头只要冒出来就一定要做，自己无法控制。

还有一点不同的是，实施普通盗窃的人可能会有点后怕，但是并不会因为自己的偷窃而多么苦恼；但偷盗癖患者不同，他们在偷窃成功后会暂时得到满足，但事后也会为自己的行为所困扰。他们很想克服这个毛病，但是却做不到，这种纠结的心情会让他们总也得不到心安。

为什么要偷这些
你不需要的东西？
我控制不住

那么，什么人容易有偷盗癖问题呢？据统计，女性患偷盗癖的人数更多，而且往往高知人群和高收入人群中更容易出现偷盗癖。大众观点都觉得这似乎不大可能，高知、高收入的人怎么会这样做呢？

对于普通偷盗者来说，他们更容易把偷窃当作牟利的手段，而不是心理满足的手段，而对于小苏这种患有偷盗癖的人来说不会看重被盗物品的经济价值，对于他们来说偷盗是心理满足的方式。

偷盗癖是在变态心理支配下表现出一种反常行为，患者常反复出现不可克制的偷窃冲动，对偷什么无明确目的，偷什么便是什么，也不以获取经济利益或供自己使用为目的，而是将它们藏起来，或者送给他人，或者暗地退还物主，或者扔掉，以此来满足变态的心理需求。

心理学上常把譬如偷盗癖这一类的变态心理归结于环境使然，觉得后天经历的环境是主要原因。通常，人的个性心理是主要原因，后天环境是辅助因素。至于偷盗癖的成因就比较复杂了，和家庭教育方式、童年经历、当事人性格等都有关联。其实，任何能给人带来快感的东西和行为都可以成瘾，所以偷窃也可以成瘾。

偷盗癖一旦养成那就自己难以克服，因为这已经是成瘾的，所以这种想法自己难以控制。很多人试图控制过，但是实在无法忍受偷窃得手时那种快感的吸引。他们如果不偷窃的话，会有烦躁不安的感觉，总觉得手足无措、缺点儿什么。

尤其是有机会下手如果不下手是非常痛苦的，那时候根本抑制不住。那种感觉，很像是所谓的“戒断反应”，就像小苏这样的典型。事实上，偷盗癖的确不能轻视，因为这毕竟已经涉嫌犯罪。一旦失手被抓到，那么当事人会非常痛苦尴尬，而且还有可能被认为是普通的盗窃行为。大众对于这种心理障碍的了解也不多，所以不大容易相信这种人是有心理疾病。

事实上，经常在超市或者公共场合抓到有偷盗癖的人，他们简单粗暴的处理方式并不能让偷盗癖患者改变自己的行为习惯。要想解决这个问题，还是要偷盗癖患者自己有主观改变的愿望，然后再去寻求心理咨询师或精神科医生的帮助。

对于有偷盗癖问题的人来说，如果想自我矫正的话会比较难。一方面，有偷盗癖的人往往缺乏正常的生活乐趣，他们缺少快乐的来源，所以才会依赖偷窃的行为；另一方面，偷盗癖的形成是一个正强化的过程，即每次偷窃行为都会得到快感，所以才会形成固定的行为模式。所以，这样的人最好能够自己培养更多的兴趣爱好，尤其是能够让自己收获快感的爱好，比如有竞技性的运动或游戏等。

总的来说，要想纠正自己已经习惯成癖的行为，需要顽强的意志和坚定的信念。因此，有偷盗癖的人在矫正自己行为的过程中，应特别注意要持之以恒，要坚定不移。如果不能保证每次出现偷窃欲念时都能伴随着厌恶性的刺激，则会给彻底矫正不良的癖好带来阻碍。所以一定要坚持到底，同时，如果一年内有3次类似的小偷小摸行为，基本可诊断为病理性偷窃。

今年5月初，家住某街道的陈先生家里又失窃了，停放在院子里的自行车不翼而飞。这已经是今年以来陈家的第三次失窃了，前两次分别被偷走一口高压锅、半箱饮料、两把椅子和几斤冻肉等，算不上什么太值钱的东西。

陈先生家里屡屡被偷，是因为工作特别忙，家中无人照看，这次自行车再被偷，陈先生就马上报案。当地派出所民警经分析调查，检测和守候窃贼的再次光顾，果不其然，当这名小偷背着一大包战利品刚从窗户翻出来时，就被恭候在外的民警给抓了个现行。

抓到小偷后，办案民警在核实犯罪嫌疑人身份时，感到了前所未有的意外。经查，犯罪嫌疑人杜洋，32岁，本地人，其父亲经营着一家工程公司，其本人开着一家小饭馆，家中非常富有。“家里挺有钱，可他怎么还干起了小偷小摸的勾当呢？”据杜洋交代，自己偷东西并不是为了钱，而是为了寻求刺激。

杜洋可以说得上是富二代了，家里挺有钱，但偷来的东西都是自己不需要的，据他讲述，他从去年初开始，为了找刺激开始了小偷小摸，每次作案时心里就觉得很兴奋。

杜洋说：“但作完案之后也很后悔和害怕，可就是忍不住，像上了瘾一样，要是隔3天还不出去偷点啥，就睡不着觉，憋得难受。”一年多下来，杜洋盗窃的赃物近万件，小到一双袜子，大到家用电器、席梦思床垫和家具等。

其中有些偷回来的赃物因为家中没地方堆放，便被他给随手丢弃了。但仍有大量赃物堆放在家中，这些赃物的总价值达9万多元。杜洋到案后，积极配合警方退还赃款、赃物，一些被他用掉或丢掉的赃物，杜洋也都表示愿意按价赔偿。

杜洋自己也知道盗窃是犯罪行为，但却控制不住。“可能是我的脑子里有点病，看到东西就想偷。”甚至有时去超市购物，明明知道里面有监控设施，杜洋也忍不住想要顺手牵羊，并因此先后4次被超市保安发现。但由于杜洋每次盗窃的物品价格都不高，所以超市方并未报警。

杜洋自称也曾找心理医生做过几次治疗，但由于他不敢向医生坦白自己做过的事情，所以治疗没有收到太大效果。

等待这位富二代小偷的必将是法律的惩处，不过，除了法律惩处之外，杜洋的失败人生究竟是怎么酿成的呢？像杜洋这种情况，可以归结为是一种偷盗癖，一般人偷窃是为了满足自己的直接需要，而杜洋是抱着寻求刺激为出发点的偷窃行为，有这类心理问题的人群其潜在内心其实是期望得到一些处罚的。

像杜洋这种偷盗癖，是一种由于忧郁心理障碍而产生的反射症状。特点是偷盗癖患者无法自拔，但所偷东西往往既不名贵也不是自己所需要，只是一种强迫心理，像强迫洗手症那样。

偷盗癖在心理学上属于习惯与冲动控制障碍，像暴露癖、纵火癖、病理性的赌博等都属于习惯与冲动控制障碍。他们会把偷来的物品扔掉或隐藏起来，这种偷窃冲动有一定的周期，当冲动的紧张度升到一定程度，偷窃行动即带来满足。偷完之后会后悔，却又重复去做。

身家百万的硕士毕业生王先生现在从商，在非洲有自己的工厂，也因盗窃成瘾，终于在一次故地重偷时被擒获。

事主黄先生报案，称自己所带的一台银色三星笔记本电脑在北京某大学国际交流中心三层第四会议室被盗，买时1万多元。经过调查，民警在监控录像中发现，在事发时段，一名中年男子在楼道里到处转悠，在敲门无人应时就推门而入，在进入多个房间后，最后从三层第四会议室拿着一个计算机包离去。这名男子就是事业有成的王先生。

在派出所，王先生看到自己空手进入会议室，随后拎着一个计算机包离开的画面后，满脸绯红地低下头。经讯问，王先生对自己盗窃笔记本电脑的犯罪事实供认不讳，并称计算机早已在一个地摊上卖掉。

王先生，陕西西安人，西安某大学的硕士毕业生，现在以经商为业，并在非洲建有工厂，家有数百万资产。但由于从小爱占小便宜，于是为了寻求刺激一次次盗窃，其实自己并不缺钱。王先生随身携带的数张银行卡中的一张银行VIP卡中就存有现金130余万元，他在当地生活比较富裕，有车有房。而王先生也对自己的行为很后悔，一直不敢让家人知道自己的事。

王某很可能患有偷盗癖，屡伸黑手难自拔，他常年工作强度大，心理压力严重，而偷盗癖是一种由于忧郁心理障碍而产生的反射症状，特点是偷盗癖患者无法自拔。其实，他们这种“偷来的东西不是我需要的”的心理也是一种“无意义感”，就是指有些人总觉得他的生活过于平淡或过于单一，而他又不满足于这种平淡和单一，却又不知该如何提起兴趣，那么他会以偷拿别人的东西来刺激自己。

其实，奥斯卡影帝达斯汀·霍夫曼曾承认自己有过偷盗癖，热衷偷知名酒店里的物品，如肥皂、毛巾、踏脚垫、电视机等。还有美国女演员薇诺·瑞德，曾偷过针织衫、漫画书等。

带来关心的“**偷盗**”

慧慧14岁，目前在某中学初二就读，有严重的偷钱行为，不仅偷家里的钱，甚至也偷过同学的钱，这个行为持续了五六年了，父母采取了各种办法，打过、骂过、好好讲道理，效果都不明显，眼看着她一步步滑向深渊，家人很着急。

她从小就比较有个性，比较倔，从上小学开始，有男孩倾向，不肯穿裙子、皮鞋之类女孩的衣服，脑子很聪明，学习态度非常不好，但成绩一直不错。从小父母对她关心很少，这和他们的家庭环境有关，父母都有自己的事业，平常对她的关注少之又少，零花钱给得很多，平时要什么家里一般都能满足，但父母不知道怎么就养成了她偷东西的习惯。

父母知道以后，也尝试了很多办法，给她更多的零花钱，但是似乎也不能满足她的欲望。慧慧平时和奶奶住在一起，老人宠着她。

偷窃行为往往缘自幼年爱的缺失或家庭关系淡漠，也有些孩子在成长过程中父母要求非常苛刻，要求很高，这使得他们内心极不快乐，需要借助一些极端的行为来获得认可。

最大的问题在于：身边的人只有道德的灌输没有情感的沟通，只能带来内疚感而没有成就感。慧慧缺少情感沟通，这使她缺少爱和理性诱导，因此也难以建立自尊自爱。当慧慧这种情绪的快乐取向与偷盗这一不良行为联在一起，在潜意识中成就了一种自我精神补偿，随着年龄增长进而形成心理障碍和人格缺陷。

慧慧是希望可能通过恶作剧、偷东西等坏行为以引起父母关心，从而获取情感上的需要。随着年龄增长，长期以来爱的缺失所带来的焦虑和不安全感积聚成疾，会导致他们出现一种心理障碍，偷盗癖就是其中一种。

爱偷东西的男孩小鱼，是一对再婚重组的家庭的孩子，他

和慧慧一样有习惯性偷窃和说谎行为。小鱼出生后不久，亲生母亲离家出走，他由外婆单独抚养长大。

1岁时，父母离婚，父亲外出打工。3岁时，父亲将他接回祖父家共同生活，期间父亲常用棍棒暴打体罚他。小学一年级时，小鱼被送到郊区住宿学校住读。无人了解他小学期间的学习、交友情况以及何时开始偷窃，外婆曾经偷偷到学校看他，但是父亲家禁止外婆和他接触。

半年前父亲再婚，女方带来一个10岁的妹妹。新家庭搬到异地与男方父母同住，小鱼转入当地一所校规严格的民办小学就读，开始与家人一起生活。小鱼被屡次发现偷窃，未被发现的偷窃次数不详。小鱼对父母说谎频繁，有时并非为了逃避惩罚而说谎，真假难辨，好像说谎成为了一种习惯。小鱼也经常欺负妹妹，两人无法相处。继母曾几次试图相信他的解释，最后都发现被骗。

小鱼神情谦恭，但信口说谎，被问及生母时，他说了句真话："我不记得我的妈妈。"

其实，慧慧和小鱼都属于病理性偷窃，均有习惯与冲动控制障碍。小鱼经常说谎，但无其他不良行为方式，尚不属于品行障碍。

小鱼对所有人都不说真话、不表露情感，父母对他早期的情绪行为和经历一无所知。外婆经常走很远的路偷偷到学校里看他，他会为外婆保密，不告诉家人。

而外婆是符合儿童个体情感需求的客体，却是属于重组家庭外部的资源，是小鱼家庭组织情感的弥补情感需要。

从小鱼、慧慧的个性来看：他们的性格都属于内向、敏感，但表达能力或表达欲望较差；自我分析认知能力较缺乏，而在其成长过程中可能缺乏安全感，这里说的安全感并不是说其早年一定受过什么肢体虐待、不得温饱，而是父母没有对其自我表达给予应有的尊重和关爱。

从小鱼的家庭来看：父母的行事感觉很低调，谨小慎微，待人接物力求滴水不漏，这种外表的“完美”将不完美的东西投射给了孩子，自己生活中不敢做的事由孩子干了。

小鱼的爸爸对老人毕恭毕敬，而他就可以跟爷爷翻脸；自己最爱面子，但孩子让自己最没面子，追求完美的父母总会有破罐破摔的孩子，这叫反向认同。

通常事业上或者直接说收入上不太成功的父母，在教育孩子上也是不自信的，他们的教育常是大道理满天飞，每句话都是那么正确且让人心烦，总想面面俱到实际上毫无实效。因为他们自己也真的不知道在这个社会成功到底要靠什么。

16岁的少女李琳随同父母从乡下来到成都的舅舅家。但没多久，舅舅家却突然发生了一桩神秘的盗窃案。

李琳的舅舅、舅妈在成都经营着一家公司，这天舅妈一查账，竟然发现少了1100元！难道家里进了小偷？就在纳闷时，更蹊跷的事发生了，在成都的大部分亲戚家里，都相继发生了丢钱事件。

此时，李琳的母亲出面了："那1100元钱是李琳偷的，我问过她，她承认了。"这番话让舅舅、舅妈大吃一惊。后来，他们又得知那些亲戚家的钱也都是李琳偷的。原来，李琳在5岁时就养成了偷东西的习惯，至今已整整11年。

李琳上小学时，有一天她从老师办公室拿走了一本教科书，但第二天，她又悄悄地把书送了回去。后来在学校花卉展期间，李琳又将一盆鲜花挪到了厕所里，但奇怪的是，她自己却向老师报告有人偷花。由于当时有目击者，李琳的"自盗"案件很快就被"侦破"。老师把她的表现告诉了她的父母，但忙着做生意的父母并没在意，可这一放手让李琳难以自拔，她又开始了下一轮的疯狂"偷物"。此时，父母才意识到问题的严重性。

更令人吃惊的是，随着年龄的增长，李琳的作案手法也开始向"专业化"发展，此时的她已经可以娴熟地溜门撬锁。偷完东西后，她能镇定地砸碎镜子，伪造现场。李琳偷了东西后很少自己用，那为什么还要一次次偷呢？这让她的父母难以理解。

李琳的父母认为打骂自己的孩子是天经地义的事,可结果却让李琳产生了强烈的逆反心理。原来，李琳对父母充满了仇恨，从去年开始，父母为了改正她的恶习，让她当着老师和全班同学的面，把自己偷东西的过程写下来，然后站在讲台上给大家念，而且父母曾当着众人的面打过她……这种带有羞辱性的教育方式、不可抑制的偷窃冲动让李琳很痛苦，她在日记中写道："我恨这种行为，你又来捣乱了……"

李琳的行为习惯应该属于偷盗癖，而偷盗癖有很多特点，比如说要不断地重复去偷，这种行为她自己控制不住，这跟那种有目的偷窃不同。

李琳从5岁就开始偷窃，而且偷窃次数十分频繁，这样看来，李琳的行为显然符合了这些特征。但实际上，有很多小偷也是反复作案的。怎样才能判别一个真正的小偷和患病的小偷呢？

这两者的区别在于："有偷盗癖的人总是有一种紧张感，在行动前他的内心会非常冲动，心跳加快，当偷完后，他会有一种释放感、满足感，甚至有人形容它为快感。但之后，他还会自责、内疚，想要改变但又改不了。"

最重要的还有一点，小偷总是想偷最值钱的，而李琳却并不在意偷的是什么。李琳之所以要偷窃，是因为她内心有一种想偷的冲动，这种冲动非常顽固，她自己已经无法控制。

她的父母在了解之后也陷入了深深的自责中。他们从来没想过女儿偷窃竟是一种病！更让父母内疚的是，李琳在5岁第一次偷窃时，他们并没有严厉制止，自此错过了最好的教育时机。

6岁之前，是一个人的心理关键期。其实在每个人的潜意识中，都有一种本能的原始冲动，比如我们都喜欢吃好东西、听美妙的音乐，但很多人不大愿意去辛苦工作。但当一个人受过教育后，就会有社会责任心，他就可以控制自己的这种原始本能。可正是这个关键时期，父母无意中的纵容致使她没有认识到偷窃是可耻的，这对她形成“偷盗癖”有至关重要的影响。

李琳本该是个朝气蓬勃、充满活力的少女，但没有家庭的温暖，令她总是闷闷不乐。为了让自己快乐起来，她也会找朋友玩或玩游戏，但是当她发现，只有在她偷东西后，平时对自己很少关心的父母才会马上团结起来教育她。尽管这种方式不好，但却成了她寻求刺激和家人接触的一种异常行为。

其实，有这样一类人，他们偷窃，是因为特殊的心理欲求。一方面，他们渴望不被发现；另一方面，他们又渴望被发现并被惩罚。结果，被发现或不被发现都会给他们带来快感，于是他们无法从偷盗中得到心理意义上的惩罚，而这种损人不利己的偷盗行为也因此无法停止。

一般情况下，只有偷盗成癖的成年人才被诊断为偷盗癖，而偷盗成癖的青少年，一般不被诊断为偷盗癖。不过，常人一般不理解有偷盗癖的孩子，经常用一些想当然的错误方法试图矫正他们的行为，结果起到的是反面作用。

最常见的错误方法，就是惩罚有偷盗癖的孩子。但这正中孩子的下怀，因为这些孩子之所以去偷盗一些自己并不怎么需要的物品，就是为了让别人尤其是父母惩罚自己。这种惩罚会给他们带来快感，所以反而会令他们更加沉溺于偷盗。

如果仔细观察，就会发现有偷盗癖的孩子的家庭好像是一个模子里刻出来的：家境不错，父母至少有一人讲道德，而且明显有些刻板。

偷盗的嗜好是怎么形成的呢？这至少有两个原因。孩子的好奇心被压制。小孩子非常好奇，什么东西都想碰一碰，都想摸一摸。但是有些家长过于自律，对孩子的要求特别的高，不让孩子碰任何不属于自己家的东西。结果，这就导致孩子的探索欲望被压制。小时候，他会听父母的话，但是，随着年龄的增长，他这个被严重压制的欲望不可遏制地浮现出来，于是他很渴望去碰、去摸属于别人的东西，而偷为己有，则是这种欲望的集中表达。偷盗癖中女性更多一些。这可能是因为那些过于自律的父母对女儿的要求更严格造成的。

这些父母有点像是周星驰主演的影片《大话西游》中的唐僧，把永远正确的道理化为绵绵不绝的唠叨。在《大话西游》中，唠叨的唐僧逼得小妖自杀，也逼得孙悟空要大逆不道杀掉师傅。在生活中，一些孩子则用偷盗癖的方式，来挑战唠叨、“道德君子”的父母。

带来刺激的“偷窃”

白小姐自小家境贫寒，很早便辍学外出打工。为了多挣钱，白小姐除了白天打一份工外，还在网上发布寻求兼职的信息。白小姐接到一条短信，对方自称工作上遇到了烦心事，欲在工作之余寻求一聊天人，并承诺支付重金作为酬劳。白小姐颇为动心，与对方取得联系，并约定了见面时间及地点。

白小姐如约来到一家咖啡厅，见到了一名王姓男子。聊天过程中，白小姐得知王某在一家外企公司担任副总，平时工作压力大，朋友又少，便想找人聊天。

两个小时的聊天结束后，白小姐拿到了王某支付的2万元酬劳。白小姐颇为惊讶，更加相信王某是位“有钱人”。白小姐在包房内当着王先生的面查验钱款无误后，便将手包放在包房内的座椅上起身去了卫生间。当其返回时，王先生却已离开包房，手包也不翼而飞。白小姐拨打他手机，对方始终处于通话中。四下找寻未果后，白小姐向警方报案。

根据白小姐的描述，王先生体态中等，年龄30岁左右。就在侦查员进一步工作时，王先生再次用此类事情做诱饵，被骗事主也是一名年轻女孩。

警方从这名女事主反映的嫌疑人体貌特征分析，初步认定两起案件的嫌疑人系同一人。经过一个多小时的搜寻，在一候车大厅内发现了嫌疑人王先生并将其当场控制。随后，侦查员在王先生家中起获十余部手机及一些金银首饰。王先生当场承认这些赃物均是盗窃所得。

王先生今年30岁，有固定职业，薪水还不低，月薪大概在6000元左右。据王某供述，他在一家展览展示公司工作，平时工作压力较大，下班后又常常是一个人，身边朋友也少，长此以往，心中的郁结越积越多。

去年年初，他在浏览网页时发现很多年轻女孩都在网上寻找兼职，他便想出了高薪雇用她们聊天，然后再实施盗窃的念头，以此排解心中郁结。

第一次尝试后，王先生体会到了偷盗带来的刺激，自此便一发不可收拾。据王某交代，他通常选择在校女生或者刚刚毕业的年轻女孩，因为她们年纪轻，社会经验又少，防范意识自然比较淡薄，容易得手；见面地点大多选择在咖啡厅的包房内，这样方便作案。据他讲，自去年年初至今，他在全市范围内作案多达十余起。

这类犯罪嫌疑人存在一种快感获得方式的异常，从犯罪动机来讲，存在需要和不需要的区别，上述犯罪行为往往并不是真正意义上需要偷来的物品，他们仅仅从这一行为中获得快感。这种犯罪往往带有偶然性，偶然一次的偷窃成功，会让他们尝试到这种快感，随后就带来重复性，可能成为习惯，从而经常选择这一获得快感的方式。

这一类犯罪行为和犯罪嫌疑人的自我角色定位有关，通常是自我角色定位的迷失。表现为希望受到别人关注和希望体现出自己的能耐等。

部分犯罪嫌疑人犯罪并不是为了金钱，仅仅是一种心理欲望和满足。另外有些人是出于报复心理，在生活中遇到一些细小的不愉快，因此想通过某种方式来泄愤，从中得到快感。

其实，李某家庭条件非常优越，但让人意

想不到的是，他有个不为人知的爱好，即偷东西寻求刺激。据李某讲，自己喜欢喝酒，每天小酒不断。有一天，李某酒后到邻居家串门，看到家里没人，便偷偷摸摸将邻居家桌子上的手机拿走。因为第一次偷东西，他心里觉得十分兴奋。

回到家里，他觉得这样做很刺激。从此以后，李某酒后都习惯性地到左邻右舍家里行窃。因为李某对村民家庭情况和作息时间非常熟悉，每次潜入村民家偷东西都会轻易得手，大到液化气罐，小到花生油、牛奶等生活用品他都不放过，最多的一次，他从一村民家中来回搬了三趟东西。

邻里接连发生盗窃，谁都没想到会是他干的。随后，民警开始对邻里展开秘密调查。

通过长时间调查，才发现李某有重大嫌疑，但很多邻里反映，他家境很好，前些年开加油站赚了不少钱，现在住着二层小楼，不会为一点利益铤而走险。但随着警方调查工作的不断深入，所有线索矛头都指向了李某。

家庭条件十分优越的李某，按理说他生活得应该很幸福。但因为他独居在家又没有一点业余爱好，所以在一次偶然事件后，就养成了酒后偷东西寻求刺激的恶习，从而一发不可收。

庹某和吴某是市区某咖啡馆的同事，也是住在一起的室友，关系非常好。今年9月的一天晚上，庹某在网上看到外地打砸抢烧的新闻，于是就想也去寻求一把刺激。庹某告诉吴某准备去偷东西，吴某听后有些害怕，但出于两人的关系还是同意了。吴某跟庹某说，市区有很多监控探头，担心很容易被发现。“这怕什么，只要戴上帽子和口罩就行了。”庹某安慰吴某。

庹某打电话让吴某下班后在宿舍等，晚上一起“行动”。凌晨左右，庹某下班回到宿舍与吴某碰面。庹某拿出事先准备好的背包，并把断线钳放进背包内，随后，两人将买好的帽子、口罩戴上，在街上转悠，寻找作案目标。

不一会儿，两人来到一家电商场。庹某见四周没人，就上前拉商场侧门的卷帘门，发现门是松的，于是就叫上吴某一起使劲将门拉开一条缝。庹某从缝里钻进店内，而吴某则在店门口望风。

庹某进到店内后，发现展示柜上摆放着很多相机和其他数码产品，上面只用绳索连着，于是就拿出断线钳将绳索剪断，把相机等一并塞进包里。当庹某又在另一个展示柜剪绳索时，突然警报器响了，两人便逃之夭夭。

当天早晨上班后，商场店长发现展示柜上少了很多数码产品，警报线也已经被剪断，于是马上拨打了110。民警经过长期的布控和大量的工作，将两名嫌犯抓获，并当场收缴所盗赃物一部卡片机、三部单反相机、六部DV摄像机、一台笔记本电脑和四部手机，总共价值近7万元。

据了解到，犯罪嫌疑人庹某经朋友介绍来到某咖啡馆做水果厨师，收入可观。庹某说出的作案原因让人大跌眼镜：“我根本不是为了钱，看到外面别人打砸抢，我就想去趁机偷一把，找点乐子和刺激。”犯罪嫌疑人吴某来自河南，今年从老家来投靠打工的叔叔，本想好好工作，没想到却因为误交损友而走上了犯罪道路。

据庹某称，其实这已经不是他第一次偷窃了，之前他也在一些超市小偷小摸过很多次，不过每次都侥幸逃脱。每一次东西偷到手后，他都伴有一种忐忑不安，还有一种莫名的兴奋，并把偷来的东西都放在车子后备箱里，每次看到这些“战利品”时，他都会产生强烈的兴奋感。但同时他也很自责，由于无法克制自己这种偷窃行为，他也非常苦恼。

这并不是一件普通意义上的盗窃案件，他的偷窃是为了满足内心的兴奋，简单地处理并不能阻止此人的偷窃行为，要安排心理医生为其进行心理疏导。

像这种并不以真正偷盗财物为目的的行为，一般是出于减压的需要或寻求心理上的刺激感。

不管是王先生还是庹某，在偷东西的行为中寻找错位的成功，他们最担心的是被人揭发的难堪和难以预料的后果，而不被人发现恰恰是他们感觉“成功”的基点，因此在一次又一次得手且未被发现后，沉湎于此且不能自拔。

带来满足的“偷盗”

在某超市中，有一位留着黑色长发、身材苗条的女孩，她身穿卡其色大衣、黑色紧身裤、靴子，肩背黑色大包，看上去很时尚显眼，还有些冷酷的眼神。当她穿过一个收银台，径直往外走的时候却被拦了下来。

“对不起，小姐，请等一下。”两个超市保安人员走过来拦住她，她突然抓住肩上的黑色大包，紧紧捂在胸前，露出慌张神色。在超市办公室里，保安人员打开这位时尚女孩的大包，里面塞满了超市的各种商品，大大小小一共33件。

20岁女孩朱娅，本应该坐在某大学教室里安心学习，现在，她却只能待在劳教所里，在悔恨中度过一年。面对民警的询问，她一口承认自己从超市偷窃了这批商品。朱娅都偷了些什么东西？民警看到，其中有两套粉红色睡衣、一套白色睡衣，还有袜子、白牙素、香体液等生活用品。

经超市方查看，朱娅偷窃的商品中最便宜的只值几元钱。33件东西，一共进价才800多元。朱娅说，父母在外地做生意，对她非常疼爱。事发时，警方从她身上搜出现金300多元，还有一张存有2000多元的银行卡。

有父母疼爱，也不缺钱花，朱娅为什么要去偷呢？“一是想要的东西实在太多了，不想花那么多钱。二是寻求一种刺激。”朱娅说，当天她是去找一个同学玩，路过该超市时顺便进去买点东西。她看上一套59元的新款睡衣，放进了推车。

走了一圈，又看见两套睡衣，也很漂亮。“三套一起买就太贵了，但哪一套我都舍不得丢。”朱娅说，她把三套睡衣都放进推车，不知不觉中，拿起一件又一件东西。推着这堆战利品，她走到一个没人的角落，用指甲刀一件一件剪掉了上面的标签……

“我知道这样不好，这是犯罪，可就是控制不住自己……”她哭着对民警说。

偷盗癖属于冲动控制障碍的一种，是为了满足自己一种病态心理需要而产生的行为。患有偷盗癖的病人，偷东西不是为了使用，不是为了牟利，纯粹是通过偷窃的行为，从中获得对偷欲的心理满足，这种心理疾病患者以成人居多。

偷盗癖可能是由于习惯性偷窃的恶性习惯引起，也可能是由于失恋等重大事件刺激而诱发，以此来排解心理压力。朱娅的行为属于习惯性偷窃，已有发展为偷盗癖的倾向。

个人性格的内在表现难以改变，而个性的外显表现（性格）却会随着心理过程的发育、学习、锻炼、环境等诸多因素改变。如果假想每个人的后天环境因素都是顺应着他的气质走的，那么他的性格内在和外显就达到一个一致的高度。

世界也就很容易分别出来个性心理的差异，换句话说就是好人坏人很容易就分得开来。但事实是后天环境的无比复杂性使得大多数人难以发展完善自己的个性性格，导致了内在和外在的偏离，所以形成了形形色色的性格的人。

如果后天环境严重影响到了秉性，发生了内在和外在的严重偏转，甚至完全是背道而驰，那么他就会始终找不准自己该定位在哪里，严重些就会发展成变态心理等反常行为，比如偷盗癖。

什么原因导致患病？有的人则是因为欲望过于强烈，并没有意识到自己在偷盗，朱娅便以偷窃获得欲望的快感。而这多数是跟童年经历有关，从小缺乏家长关爱的人或期望未得到满足，往往可能会以偷东西等作为宣泄手段，来寻求满足。

而曲女士却因为对儿子卡钱

卡出孩子“习惯性偷窃”。曲女士是柳州市一家保险公司的职员。她10岁的儿子阿申，长得虎头虎脑，看上去非常可爱。他和其他小男孩一样，有贪吃、乱花钱的“缺点”。为此，曲女士每天除了早餐费之外，多一分钱都不给。

今年“五一”节期间，曲女士想趁别人休假多跑几份保单，便让儿子在家待着。她每天都对儿子说：“你别出去，想吃什么我给你买回来。”阿申也很少主动提出要买什么，曲女士以为他“听话”懂事，心里非常高兴。

过了几天，她因为提前收工，破例在下午回了家，想趁难得有空带儿子出去玩玩。但回到家中却发现儿子不在，小区门卫告诉她：“阿申去吃肯德基了。”她不敢相信，便叫了出租车赶去龙城路寻找，远远就看到阿申抹着嘴从店里出来……不管她怎么打、怎么盘问，阿申都不说钱是从哪里来的。

后来，曲女士发现家里的钱少了两张百元钞票，而在阿申的床单下面，却查出200多元的零票。他的书桌抽屉里还有许多笔、本子、卡通书，曲女士记得自己根本没帮儿子买过。

曲女士感到了问题的严重性：儿子去哪偷了那么多钱？从什么时候开始偷的？最后通过耐心“审讯”，阿申才交代：他在外婆家、奶奶家以及母亲的朋友家都“拿”过，还有一些是在家里“拿”的。那些文具、卡通书，有的是他偷偷买的，有的是“拿”同学的。他从上小学一年级就开始这样做了。

“因为妈妈不给钱，不让我买，但我想要……”阿申低着头说。

曲女士听了感到后怕，便接受朋友的忠告：每天给阿申一些零花钱。可这作用并不大，暑假前几天，阿申又偷了爸爸一张50元钞票。问他：有零花钱了，为什么还偷？他说："看到钱，我就想要……"

导致阿申小偷小摸行为的，是母亲对金钱的一种错误认识。所有的食物、玩具对孩子都会产生吸引力，在他们得不到的时候，就会想方设法获得，并且许多小孩选择了最简单的办法——偷。

给不给孩子零花钱，一直是众人争议的一个话题。在英、美等发达国家，教育人士认为，5岁的孩子就应该接受有关钱的教育，小学一二年级应该学会购物，四五年级可以独立购物。

从阿申目前的情况来看，他的行为已形成一定的惯性，彻底纠正需要较长时间，并且不是光给钱就行了，更重要的还是从心理上进行引导，培养他改掉坏毛病的毅力。

阿申家境算得上宽裕，平时妈妈什么都给他准备得很齐全，也不缺少什么，但他偷来的钱和东西随便乱用，他甚至忘了从哪儿偷来的，偷了多少。

面对家长和老师反复的批评、处罚，每次他都像感到错了，发誓不再偷了，但过后仍然我行我素，阿申是从偷窃中得到满足，来弥补妈妈对自己在零用钱方面的苛刻。

偷盗癖与小偷不同，其主要特征是反复出现不可克制的偷窃冲动，事前无计划，有逐渐加重的紧张兴奋感。行窃的钱物不是因个人实际需要，也不考虑偷窃物的经济价值，他们常将偷窃的物品丢弃、偷偷归还或收藏起来。他们都是独自进行偷窃，在体会到偷窃过程的刺激后紧张得到了缓解，精神上得到了满足。

内在原因为焦虑抑郁强迫症，偷盗癖是病理性的，他们偷窃是病的外在表现，内在的驱力和根源来自焦虑、抑郁和强迫症。另外，患有偷盗癖的人在儿童时期，多由祖辈监护养育，或父母离异、再婚，与孩子缺少情感沟通，在学校多被孤立、惩罚，这使他们缺少爱和理性诱导，因此也就难以建立自尊自爱。

当他们的快乐取向与某些不良行为连在一起，在潜意识中成就了一种自我精神补偿，指责批评他们，就意味着压制了他们的精神需求，不但效果不好，反而随着年龄增长会形成心理障碍和人格缺陷。

说到偷窃，我们就会想到小偷偷了别人的财物后倒卖牟利，或者入侵别人的银行账户偷钱。但人们每天都有类似的行为，很多时候却没有意识到自己在偷窃。

私用公家的复印机算偷吗？蹭邻居WIFI上网算偷吗？心理学家指出，各种偷窃行为并无本质区别，人们对自己的偷窃行为进行了相同的合理化过程，使得偷窃成为社会普遍现象。

SAP公司一名身家超过百万美元的高管托马斯·朗根巴赫近日涉嫌伪造商品条形码磁条，然后在商店以超低价购买乐高玩具，最后在eBay上倒卖获利3万美元，被美国当地司法机关起诉。

朗根巴赫被指心理失常，因为他不可能缺这点钱，完全买得起全价的玩具。作为一个受过高等教育、有头有脸的成功人士，人们很难想象他竟然会去偷钱。美国司法心理学家萨曼塔·斯梅瑟斯坦因博士推测，朗根巴赫患有偷窃癖，即强迫性的偷窃行为。

当人们想到“偷”这个字眼，马上会认为自己“永远不会干那种事”，把自己跟小偷划清界限。然而，当人们不告诉餐厅服务员他少收了一份饮料的钱，或者在超市将一条口香糖随手揣到口袋里，其实与抢劫银行的江洋大盗有着完全一样的合理化过程，使得偷窃的想法成为事实。

假如你办事需要提交身份证复印件，就到办公室用公司的复印机复印了两张。这是否算偷窃，取决于公司的规定。因为办公设备和纸张不是用于私人用途的，所以你很可能是在偷窃。你会因此被炒鱿鱼吗？不太可能。这取决于你复印多少份以及公司的规定是否严格。

我们大多数人在一生之中都会有过某种形式的偷窃，有的人甚至已经形成习惯。即使我们意识到自己正在偷窃，一般也会加以合理化：“几张纸和一点墨粉算什么呢？”“几件家里的旧货卖不了高价，政府也不缺这点钱。”

我们以为自己离偷还很远，因此对社会上普遍存在的偷窃行为视而不见。心理学界对此也认识不足，导致忍不住要偷窃的人无法认识自己的问题，也没能得到帮助。

“偷盗癖”起始都因心理补偿

今年58岁的桂大妈初中文化，退休前是某医院职工。退休后，她跟儿子一起生活。桂大妈每月有1000多元退休金，其儿子也有份正式工作，一家人生活无忧。

桂大妈闲来无事，喜欢一个人逛商场。一次，她从商场里偷偷拿了件东西，竟没被人发现，从此染上了偷盗的习惯。今年5月，桂大妈因盗窃罪被法院判处罚金4000元。可桂大妈拿着退休金交了罚金后，并未吸取教训，反倒继续偷拿东西。

桂大妈来到专柜看首饰。桂大妈看中了一款铂金钻石手链，于是叫营业员取出来看看。这时，其他顾客也围过来，各自挑选首饰。桂大妈见人多，营业员忙不过来，便趁机将铂金手链偷偷藏到口袋。顺利得手后，桂大妈快步离开商场，却被门口的保安拦住了。原来，桂大妈的小动作被门口的保安看得一清二楚。见事情败露，桂大妈只好将口袋里的铂金手链还给了商场。随后，桂大妈被赶到的民警带走。经鉴定，该铂金手链价值3240元。

“自己控制不住自己”，桂大妈对自己的行为感到十分羞愧，一直用手捂着脸，说没脸见人。桂大妈说，自己一大把年纪了，还做这种事情，好丑。“我也不知道为什么，自从偷偷拿了一回东西后，看到东西就忍不住想拿，自己都控制不住自己。”

桂大妈家人表示，并没发现她有偷盗的习惯，直到其被抓，家人还是不敢相信。其实，桂大妈患有抑郁症，人格障碍和情绪障碍都可导致心瘾。生活无忧无虑的桂大妈为何要屡屡盗窃呢？偷盗上瘾从心理层面解释，可能分两种不同情况。

一种是有人格障碍，表现为某种特殊的癖好，比如说偷盗癖。这是一种难以控制的偷窃冲动所驱使的偷窃行为，以偷窃他人或者集体的财物来满足自己内心的欲望。这类行为人在身体或者精神的其他方面都是正常的，只是有这么一种冲动导致他去偷窃，而并不是主要为了满足物质上的享受。

第二种情况，可能与其情绪有关系。只是他也许在某次情绪抑郁的时候偶尔偷拿了东西，发现情绪好转了。于是，下次情绪再低落时，就有可能再次去偷盗，用偷盗来做情绪补偿。桂大妈患有抑郁症，平时接触的人很少，家人都有自己的事情，很少沟通是缺少关爱所致。

其实患者清楚知道自己的行为是错误的，他们会后悔、内疚。然而这是极危险的事，假如被捕，也许第一次是遭受法官警告或罚款，再犯则可能会遭判监禁。这样对已具有忧郁症背景的患者更加不利，对原本已存有压力的家庭也有如雪上加霜，境况会越来越坏。

从桂大妈来看，偷盗癖者自身其实时刻背负着无法改变的精神上的痛苦。因此也可以说，一些偷盗癖患者是凭着偷窃时的兴奋、紧张来逃避现实的。其实，从某种角度上说，当场被抓的情形也是偷盗癖患者所盼望的。

这是一种既复杂又矛盾的心理，平常人不易懂。不过对偷盗癖患者来说，“引人围观，指指点点，成为众目焦点”虽然是最消极引起注意力的办法，但此举可以麻醉一下孤独忧郁的心，靠自我妄想造出一个人人关注的假象。有许多患忧郁症的太太，就是用此下策来引起丈夫的关注。

偷盗癖患者都有自暴自弃甚至自毁的倾向，也许教人难以置信，一旦无法再面对身边残忍的现实，他们就要惩罚自己。而惩罚自己要有个借口，偷窃这借口，就是要以实际行动来证明自己是个坏人。同时，他们也会有“偷窃就有机会被抓，既被抓，就更有理由来惩罚自己或毁灭自己”的乖戾想法。

当然，也有在毫无意识的情况下偷窃的，例如有些忧郁症偷盗癖患者也患有老年痴呆症。而除了忧郁症能引发患者的偷盗癖之外，其他如更年期不平衡、无法面对生活压力、强迫症，都可能是导致偷窃成癖的原因。15岁的小辉就是一个典型的用偷盗来进行弥补心理的例子，他刚上初二，但已有4年的偷盗史了。最早是偷家里的钱，后来发展到偷同学和老师的物品，现在则频频光顾超市。小辉在超市的偷盗行为还从未被发现，不过，他在学校的偷盗行为多次被老师和同学抓住，但学校有心理老师，他让小辉的任课老师和同学们明白，小辉不是贪婪的小偷，而只是一个病人。

心理老师的这一说法很快得到了小辉的老师和同学的认可，因为小辉偷的都是便宜物品，而且小辉从不缺钱花，他对同学们还非常慷慨，人缘也不错。此外，小辉的学习成绩一直排在班里的前5名。不过，尽管学校里没有太把小辉的偷盗问题当回事，但小辉的妈妈黄阿姨却觉得儿子丢尽了自己的脸面。

为了让儿子杜绝这种不良习惯，她一次次苦口婆心地教育儿子，但都没收到效果。

小辉说，他现在频频光顾的是同一个超市，而且总是去偷同一类物品，并且还总是在同一个收银员那里买单。他描绘自己的心情时说："买单的时候，我很兴奋，希望自己不被抓住。但是，等交了钱要离开的时候，我一样很兴奋，但这时是希望能被抓住，并且大骂我是小偷。"小辉的这句话反映了偷盗癖的典型心理，也就是说，偷盗行为不被发现会给他们带来心理上的奖赏，而偷盗行为被发现，也会给他们带来心理上的奖赏。结果，这就导致，好像无论别人怎么做，偷盗癖患者都获得了心理上的满足。这就导致他们总能从偷盗行为中获得乐趣，于是偷盗行为就越来越频繁。

小辉其实享受的是偷盗的过程，而不是被偷盗的物品，这是偷盗癖患者的一个典型特点。如果别人要送这个东西给他，他就没有兴趣了。

但成年的偷盗癖患者是很难被矫治的，因为他们很难控制自己的偷盗行为，而且很容易得到惩罚。但获得惩罚又是他们内心深处的渴望，于是惩罚没有令他们收手，反而会成为心理上的奖励，刺激他们变本加厉地偷盗。不过，如果他们足够幸运，偷盗行为一次都没有被发现，那么他们会觉得偷盗行为实在是索然无味，于是会自动放弃。

第九篇

游走于私人的世界

——睡行症

一边走路一边“睡觉”

女大学生小友梦游醒来却在离家两公里的山上，小友本来应该在家里睡觉，但不知道为什么半夜醒来，发现自己裹了一条被子在离家两公里外的山上。感觉害怕时，拨家里电话求助却手机欠费，最后只得求助110。

当地民警突然接到了一个奇怪的报警电话，也着实吓了一跳，当时电话一响，小友就放声大哭。民警初步了解情况后，安慰说：“你不要急，慢慢说你的位置。”小友这才说出自己的名字和位置。

“这么晚了，却在山上？”民警也感到非常惊奇，而小友所在山属旅游景点，有山、有树、有亭子。民警继续追问小友：“你是一个人吗？半夜了怎么会在山上？”

“我一个人在山上，好像是梦游了。我好害怕，给家里打电话手机却欠费打不通，只能求助110。”小友蜷缩着身子惊恐地说道。

当众人借着路上隐隐约约的月光，拾阶而上，找到山顶上仍意识模糊的小友，她披着被子，见到母亲后大声地哭了起来。母亲问她怎么上的山，她说梦中稀里糊涂就上来了。这时，小友父亲才回想起半夜里曾听见“哐当”的关门声，但没在意。

从小友当时的意识模糊来看，小友一定是属于睡行症，一种在睡眠过程中尚未清醒而起床在室内或户外行走，或做一些简单活动的睡眠和清醒的混合状态。

睡行症俗称梦游，是指睡眠中突然爬起来进行活动，而后又睡下，醒后对睡眠期间的活动一无所知。夜游症不是发生在梦中，而是发生在睡眠的第3～4期深睡阶段，此阶段集中于前半夜。

这类患者一般表现为反复发作的睡眠中起床行走，持续时间为数分钟或者更久，梦游者在睡眠中突然眼睛凝视起来，但不看东西，然后下床在意识朦胧不清的情况下进行某种活动。下床行走时，周围虽漆黑一片，但患者一般不会碰到什么东西，而且还行走自如。

梦是潜意识、压抑在我们内心更深处的一些情结或者未了愿望。梦本身带有心理能量，比如在梦里摔跤、抓蚊子等，人们往往会把自己惊醒。

而睡行症的人是自己给自己深度催眠，而且可以起床行动。梦游状态时，人是无意识状态，是潜意识在指挥自己行动。梦游状态和醒来状态是完全不一样的。

睡行者的眼睛是半开或全睁着的，走路姿势与平时一样，甚至他们还能进行一些复杂的活动。梦游是一种奇异的意识状态，患者似乎只活在自己的世界中，与他人失去了联系。他们的情绪有时会波动很大，甚至说一大堆胡话，别人很难听懂。

小友的父母也说，她在梦游时表情呆板，对旁人的刺激基本上不作反应，也很难被强行唤醒。她虽意识不清，但动作似乎有目的性，似乎在从事一项很有意义的工作，发作后多又能自动回到床上继续睡觉。

梦游通常出现在睡眠的前深睡期，而小友说，她每次梦游次晨醒来，对晚间发生的事茫然无知，完全遗忘，但有时候自

己做的梦却能记得一二。事实上，梦游与做梦无关，因为根据脑波图的记录，梦游是在深睡的阶段，并非是快速眼动睡眠阶段，此阶段人是不会做梦的，因此梦游称为睡中行走可能更符合事实。

比起如今躺在病床上面色痛苦的男孩高彬，小友似乎幸运得多了，令人很难想象的是，他住进医院竟也是因为梦游。他从学校寝室的三楼坠下摔伤，对于这场飞来横祸，高彬始终觉得自己很冤，因为他将要在医院里迎接毕业，而高额的手术费也令他一筹莫展。

24岁的高彬面色痛苦，双脚肿胀，上面还有水泡。高彬说："我觉得自己特别冤，竟然梦游坠楼了。当天我去朋友的学校留宿，晚上习惯性地住在了下铺，当晚我思前想后很久都不能入睡，睡着了我就啥都不知道了，直到我快要落到地面了才有些感觉，我当时还以为是在做梦，身体摔到地面后，剧烈的疼痛才让我清醒了。"

事后，高彬拼命地喊"救命"，但当时因天还没亮，无人应答。迷迷糊糊之中也不知过了多久，才有人将他送到了医院。"被送到医院后，我当时觉得自己快要死了，一直惊恐不定，在医院待了一会儿后，我的精神渐渐恢复正常，就觉得自己心里憋屈。"高彬委屈地说着。

同学说："我都睡着了，后来听到楼下隐约有人喊'救命'，我仔细一听是高彬的声音，我立马起身，结果发现高彬睡觉的床上没人，我顿时出了一身冷汗。我跑到走廊一看，窗上的纱窗没了，再往楼下一看，高彬正趴在楼下，身子底下还压着纱窗，我立即拨打了120求救，然后下楼。”

对于高彬梦游一事，高彬的大学室友牛同学说：“他有时候半夜就自己出去了，大家也都没当回事，觉得他就是起夜去厕所。不过他的上铺同学总反映高彬晚上睡不着觉，因为他总是在床上翻来覆去，弄得床咯吱咯吱作响。”

对于同学们所说的这些，高彬的父亲却说，孩子自从上了初中就离家住校，偶尔回家时并未发现有异常现象，但他小时候确实有梦游的情况，有过半夜穿起衣服就出屋的情况，没过几分钟自己又回来了，所以家人也就没当回事。

高彬说：“初中时老师反映过我半夜敲过别的寝室的房门，还晚上打过行李包，但走出去后自己又回来继续睡觉了。等到白天有人问我时，我是一点都不知道。”

这次高彬梦游坠楼一事，高彬自己猜测：“我听同学说晚上我有梦游去厕所的习惯，因为学校寝室的厕所比较近，走半分钟就能到了，而同学寝室的厕所离得比较远，要走上一分多钟，可能是我潜意识里习惯了，以为到了窗户的位置就是厕所了，于是我就横冲直撞地上了窗台，冲破纱窗跳下去了。”父亲说：“知道儿子跳楼后，我都要吓死了，要是我早知道梦游能引起这么严重的后果，我早就重视了。”

躺在床上，看着含辛茹苦供他上学的父亲，高彬变得有些沉默：“眼瞅着我就要毕业了，就能挣钱还这四年来父亲为供我读书欠下的债。哪成想我还出了这事，现在我是浑身有劲却无处发挥。好不容易找到了一家实习的单位，寻思毕业了再大展拳脚，可现在一切都得等病好了才能定。”

高彬含泪说："自从我上了大四，我就觉得心理压力特别大，总寻思多挣些钱好报答父母。只有躺在床上时我才是最放松的，所以我喜欢胡思乱想，想得多了就总失眠，也许我太压抑了，所以梦游症才变得这么频繁。"

从高彬的梦游症来看，梦游是一种潜意识压抑的情绪在适当的时机发作的一种表现，梦游的人总有一些比较痛苦的经历，这些都是导致梦游的原因，而梦游的行动范围也是梦游者平时比较熟悉的一些环境，是他经常做的一些动作。

无法唤醒的"夜行者"

一觉起来，小乔说自己的胳膊上多了5个针眼，触目惊心。这是怎么回事儿？下午睡一觉，怪事一大堆的小乔说，这一切都发生在几个小时的时间里面，独自在家的她在床上睡了一觉，直到天已擦黑才起床，但是她却发现了一些自己都不敢相信的事情，疑点一：自己的手臂上多了5个针眼儿，不知道是谁扎上的。疑点二：家里收音机天线被折断了。疑点三：放在厨房的大米被人换了别的牌子。

独居的小乔一头雾水，家住在7楼，房门锁得好好的，这是怎么回事呢？实在想不明白，而且越想越恐怖，小乔在不得已的情况下报了警。

自从一个人住以后，小乔睡觉前还特别确认房门上锁、窗户关闭后才睡的觉。后来民警发现小乔的神志清醒，不存在幻觉，事情也不像是编出来的。同时，小乔的门窗完好，财物也没有遗失，看不出有入室侵财的迹象。

后来民警从蛛丝马迹中发现小乔竟然有睡行症。原来，前段时间小乔感冒了，社区门诊的护士上门给她打的点滴，家中垃圾桶里还有一次性的针头。经进一步了解，小乔最近睡眠很不好，工作中遇到了不少问题。

小乔经过心理医生的询问和诊断后，事实的真相终于浮出了水面。小乔独居在家，她觉得孤单，难免焦虑、疑心，患了感冒后，她总是担心不好，潜意识里就想“多打针、多吃药”，由此诱发了轻度梦游症状，她自己找到护士丢弃在自家垃圾桶里的一次性输液袋、针头，自行开始治疗。接下来的种种原因也可想而知了。

其实，保护梦游症严重患者要靠睡前监护。梦游症属于神经性疾病，发病原因在医学上还没有被认定，目前没有好的治疗方法。“目前唯一可行的办法就是通过监护人保护，比如说在睡觉时，应该将门窗关好、关死，这样才能有效保护患者的安全。像小乔这样一个人居住的，也只有靠自己睡前关死门窗来保护自己或是家里尽量不放易使人受伤的利器。”

梦游在神经学上是一种睡眠障碍，人在睡眠时，若是有一组或几组支配运动的神经细胞仍然处于兴奋状态，就会产生梦游。

梦游行动的范围往往是梦游者平时最熟悉的环境以及经常反复做的动作，通常发生在入睡后的前几个小时，大多数梦游者睡醒后对自己的经历完全没有印象。

很多人认为不可随便去喊醒梦游者，因为梦游者忽然惊醒会吓疯的。事实上，梦游者很难被唤醒，即使被唤醒了也不会发疯，只是会感到迷惑不解而已。

一个10岁男孩阿深的睡行症却吓坏父母，他在卫生间狂按马桶。“凌晨1点多，我听到厨房里有响声，以为是家里进贼了！”阿深的妈妈说，听到动静后，她赶紧把丈夫摇醒。没一会儿，卫生间又哗哗地响起水声。

有些惊讶的卢女士起床后，看到儿子半睁着眼睛在客厅里走来走去，叫他也没有反应，难道儿子是在梦游？随后父母牵起他进屋睡觉，但阿深一直处于一种无意识的状态下，随后又起床按马桶盖，在这样反复的情况下，阿深的父亲试着想叫醒他，但无法叫醒。

“我真的把碗从橱柜里拿出来了吗？真的在卫生间不停地按抽水马桶吗？”男孩阿深满脸愁容，因为他怎么也想不起来他做过这些事。

睡行症并不少见，大多数患者在清醒后都不记得梦游发作时自己做过什么。这种症状除了有一般精神病的倾向外，完全没有什么疾病的症候。

他们会在梦中站立起来，向他们幻想中的目标直接走去，而不注意周围的一切。要唤醒一个梦游症者，比唤醒一个普通的睡眠者更加困难，其原因便在这里。

他们整个身心只集中在一件事情——就是实现他们的欲望，他们完全被这个巨大原动力所控制。这一欲望似乎独立起来，与他们的日常生活不存在任何联系，所以，夜间所碰到的事情不在记忆之中。

令梦游者清醒的有效方法是让其身体接触冷水，对一般人产生作用的声音和光线，常常不能使梦游者清醒过来。

有一个男人梦游，他的妻子用了许多办法都无法将他唤醒。后来她想出一个妙计，每夜把一盆冷水摆在丈夫梦中下床的地方，这个方法成功了好几次，她的丈夫能够被冷水弄醒。

可是过了不久，他要梦中起身的时候，却会避开那盆冷水，从床的另一边下去。

这是不足为奇的：他心中强烈的欲望迫使他避开一切阻碍，向唯一的目标前进。

患梦游症的人，说是有潜意识下的消极心理，像孤独无依、恐惧或妒忌等。比如当儿童时期，如果失掉家人或觉得受到他人的忽视，从而要求得到更多成人付出的温存和抚爱。

而睡行症的现象在过去是被世人误解的，它受一层神秘和恐怖的帷幕罩着，而深度患有睡行症的人是无法唤醒的，还有可能在意识模糊的情况下和人交流。

一天夜里，小C穿着睡衣赤脚在马路上狂奔。当巡警发现后，他恐惧地说："有人要追杀我，我跳楼逃出。"小C是从二楼窗户跳出，落在门前自己的小车车顶，然后赤脚往公安局方向狂奔。民警立即对小C自建房包围布控，但发现前后门紧闭完好，屋内及四周一片寂静。

小C从跳楼到民警赶到现场，最多5分钟，不可能没有一点追杀迹象。原来小C是睡行症,而小C腿部骨折明显，但意识还不清晰，仍然处于自己的梦游中。

“我是听到邻居喊才知道的，跑下去一看，他已经趴在地上。”小C的母亲担忧地说道，由于白天工作太过劳累，当晚她睡得很熟，事发前并没有发现小C有跳楼的迹象。

小C的性格比较内向，一直跟母亲住在一起，不爱与人交流，由于精神上曾患有疾病，生活上要靠家人照顾。在母亲的精心照顾下，已经20有余的小C在生活上也开始逐渐自立，可是有一个习惯始终让母亲不能安心。“经常讲梦话，有时候还会梦游，怕他出事，所以我睡他旁边。”小C的母亲判断，儿子坠楼的原因可能跟夜间梦游有关。但从楼上坠落下来，小C也并没有从自己的“睡行症”中醒来。

而一般情况下，患有睡行症的人大多是神经过敏、神经质，很容易被感动到痛哭或大笑，喜欢以自己为一切事物之中心，容易趋于极端。

他们也是游移动摇、意志不定的人，他们的心境几乎没有一时一刻不是在变化的，当要实现某种目的时，他们很难用理智恰当地调和自身欲望。他们整个有机体往往完全服从于强有力的欲望，甚至在睡眠中也受到这种欲望的支配。如何界定梦游症呢？

（1）睡眠中起床行走行为，通常发生在主要睡眠阶段的第三期。

（2）当梦游时，患者脸部表情呆板，对他人的刺激基本上不做反应，梦游者也很难被强行唤醒。

（3）清醒时(不管是在梦游结束后，还是在第二天早晨)患者对梦游中所发生的一切大都遗忘了。

（4）当从梦游状态醒来后的几分钟内，患者心理活动与行为均无损伤(尽管醒来最初一刻，患者有迷糊与定向力障碍)。

（5）梦游的起始及进行过程中没有诸如癫痫症一类的器质性因素加入。

梦游症的注意事项：

（1）合理安排作息时间。培养良好的睡眠习惯，日常生活规律，避免过度疲劳和高度的紧张状态，注意早睡早起，锻炼身体，使睡眠节律调整到最佳状态。

（2）注意睡眠环境的控制。睡前关好门窗，收藏好各种危险物品，以免梦游发作时外出走失或引起伤害自己及他人的事件。

（3）注意不在孩子面前谈论其病情的严重性及其梦游经过，以免增加患儿的紧张、焦虑及恐惧情绪。

昨天夜里“**我做了什么**”

不少人拥有梦游的经历，不过若有人梦游到每晚跟他人发生性关系却不自知，你相信吗？前不久在澳洲就发生过这种例子，一名患有严重梦游症的妇人，不知从何时开始，每晚她会在睡梦中悄悄离家，到外头随便与陌生男子欢好。

由于这名女子的同居人早已得知她患有梦游症，因此对她夜半时分起床走动的行径早就习以为常。不过后来这名同居人却发现，只要女友梦游的隔天早上，屋外总散布了一些使用过的保险套。为了一窥究竟，他选择一日女友再度梦游时悄悄跟随观察，结果竟然发现女友不但梦游出门，还与屋外陌生男子见面，两人甚至就在屋外直接做起爱来。

虽然眼前景象十分惊人，不过这名同居人仍力求镇定，仅以数码相机将眼前所见拍摄存档。结束约半个钟头的性爱后，两人以吻别结束幽会，女子再若无其事地返家，然后上床睡觉。

待第二天，同居人把照片给女方看，这名妇人显得相当吃惊，并表示自己完全不认识照片中的男子。

虽然整件事情疑点重重，不过经过详细诊疗后，这名妇人应该是患了相当罕见的睡眠性交症，患了此病的病人会在睡眠中不自主、毫无知觉地与人发生性爱。

这种病症相当罕见，大约仅有万分之一的罹患率。而病例多是以男性为主，患有这种特殊梦游症的患者，会在睡眠中醒来，然后仿佛换了一个人似的性欲高涨，然后无意识地与枕边人求欢，而且比平常还更加温柔热情，常让另一半惊喜连连，许多伴侣甚至对这样的意外十分欢迎。

一名患者的老婆还说：“他睡着时做爱比醒着表现更热烈，简直就像换了一个人似的。”而到目前为止，患有这种睡眠性交症的病例多以男性为主，至于是什么原因，要如何治疗，由于案例实在太少，许多疑点尚待厘清！

不过，无论梦游者在睡眠中间发生性行为只是怪癖抑或是严重病症，都有多重隐忧，需要积极治疗，因为谁也不敢保证这些“梦游情人”除了做爱外会不会做出什么意想不到的危险行为。

虽然梦游者梦游时处于深度睡眠状态，且旁人不易唤醒，不过要无意识地跟人发生性爱，实在太匪夷所思。毕竟做爱不像外出行走、饮食般只是单纯个人行为，而是需要与人高度接触，加上生理反应的配合才能完成。那这名女子即有可能是精神解离症患者！

这类的患者为了逃避会引发心理痛苦的事物，会将自己的意识活动或记忆从整个精神活动中分解离开出来，以达到防卫自我的目的。因为病人的意识、认同或运动行为的正常协调功能突然改变，所以对外人而言，就像换个人似的。

不过这种现象一般都是在病人醒着且有突发的特定事件发生时才会产生，和这个外国女子在睡眠中且经常性地发生又不

尽相同。在证据资讯不充分的情况下，也只能以难以理解来形容整件事。

梦游不是唯一的睡眠机能紊乱症状。还有睡眠性行为，有时称作睡眠性交症或梦游性行为，它比听上去要包含更多含义——睡眠期间的性行为。

具有这种症状的人会在睡觉时具有性意味地抚摸自己或开始性交。只有当他们的伴侣或室友提及时他们才知道发生了什么，具有睡眠性交症的人往往变成梦游者或具有其他睡眠机能紊乱症状。

睡眠性交症有时称作梦游性行为，类似梦游症，但身不由己地与伴侣交欢，醒来却如失忆，不知自己如何做事情。

同样，对于患有睡行症的人来说也是容易影响两个人之间的感情的。

一对夫妇中，丈夫患梦游症严重影响妻子休息。“分床睡吧，怕丈夫有想法；一起睡吧，他又经常梦游，闹得我不安心。”这件尴尬事，让家住汉口的钟小姐左右为难。

28岁的钟小姐是汉口一家公司的会计，丈夫在一家建筑设计院上班。钟小姐说，结婚后才知道丈夫有梦游症，每天夜里，只要丈夫起床她就害怕。

“听人说梦游的人不能随便喊醒，我只有起床守着他。”钟小姐说，每隔几天，丈夫就这样“游”一回，她也睡不好，第二天都无精打采。

而对于梦游这种症状医学上称为睡行症，尚没有好的办法医治，患者梦游时，的确不可随意喊醒，否则会使患者烦躁不安。随着年龄的增长，适度调节心态、放松压力，有的梦游症会慢慢消失。

而在这其中有更离奇的患者，居然在新婚当夜便把妻子扔进牛棚。

新娘程程在结婚当天夜里睡得很沉，凌晨左右，程程迷迷糊糊中感到很冷，醒来一看自己竟睡在牛棚里的草垛边，程程不知发生了什么事，也不好意思说出去。

当晚夜里，程程不敢熟睡，到后半夜，丈夫小许突然起床，抱起程程向外走，程程边挣扎边生气地问："深更半夜的，你干啥呢？"丈夫像是惊了一下，放下程程独自睡去。

又是一夜，小许再次抱起程程向外走，程程想看看丈夫到底干啥，便没有吭声，丈夫竟将新娘放到大门口，头也不回地进屋睡下。

此时，程程才如梦方醒，原来自己睡在牛棚里也是丈夫的杰作。程程很是生气，没与丈夫打招呼便独自回了娘家。不知所措的小许在父母的催促下来到岳母家，他红着脸告诉妻子，自己确实有梦游症，以为没什么事，又怕别人笑话，所以一直没有说出去，也没有治疗，近两年病情有所加重，夜里常将家里的电视机、被子等抱到屋外。

程程盛怒之下说什么也不回去，让丈夫看好病再来找她。无奈，小许一边寻医问药，一边托人或亲自给妻子赔礼道歉。

小许在小时候也发生过两次梦游，而且至今记得，一次是梦中突然起来牵着家里的狗就往门外跑，一次是梦中爬水缸，两次均被母亲和姐姐发现，被拉回被窝继续睡觉去了。如今，却有严重的迹象。

相比程程，英国这对夫妻就很悲剧了，59岁的布赖恩和57岁的妻子克里斯汀是青梅竹马的伴侣，夫妇俩结婚近40年，感情深厚。一次布赖恩开着一辆野营车，带着妻子到西威尔士海滨度假，他们将野营车停靠在阿伯波斯市的一家酒馆停车场内，晚上夫妇俩就睡在了野营车中。当天，布赖恩夫妇受到了几名“飙车仔”的骚扰，这几名年轻人一直在他们的野营车附近炫耀驾车特技。

由于布赖恩患有慢性睡眠障碍症，当晚他好不容易才进入梦乡。然而，睡梦中的布赖恩突然梦到有人打开了他们的车门，试图盗窃车中的财物，并且这名窃贼正是他白天遇到的飙车男孩之一。布赖恩患上了睡行症，爬起来和他想象中的窃贼展开了搏斗，并用手臂死死箍住了窃贼的喉咙。

然而次日，当布赖恩清醒过来时，他发现被扼住喉咙的竟是睡在身边的妻子——由于他用力过猛，克里斯汀已经停止呼吸，被他活活掐死了！

看到恩爱的妻子竟被自己在梦游状态中活活杀死，布赖恩一开始还以为是做了一场噩梦。但当他意识到这是事实时，布赖恩惊慌失措地报警求救。当地警察10分钟后赶到现场，布赖恩正坐在妻子冷却的尸体旁，浑身颤抖地哭泣。急救人员试图对克里斯汀进行抢救，但发现她早已气绝身亡。

当布赖恩说他是在梦游状态下不慎杀死妻子时，警方起初对他的说法非常怀疑，认为他可能是故意杀妻。后来，警方委托睡眠障碍症专家对布赖恩进行了医学测试，专家认为，布赖恩的确患有慢性睡眠障碍症，该疾病很容易导致梦游和身体自动反应行为。

此外，警方调查发现，布赖恩和妻子生有两个女儿，夫妇俩多年来一直很恩爱，布赖恩并没有谋杀妻子的动机。他们甚至还计划不久后乘巡航油轮到地中海度假，庆祝即将到来的结婚40周年纪念日。不幸梦游杀妻后，布赖恩一直精神恍惚，痛不欲生。

由于布赖恩是在梦游状态下错杀妻子，司法检举人同意不以谋杀罪或过失杀人罪对布赖恩提起控诉。司法检举人保罗·托马斯对法官说："我们希望以精神错乱的原因判他无罪。"根据司法检举人的提议，布赖恩应被送进精神病院接受治疗。

当布赖恩扼杀他的妻子时，处于梦游状态的他根本无法控制自己的行为，他不是因为精神错乱而杀妻，所以布赖恩应被无罪释放，而不是被送进精神病院。布赖恩梦游杀妻，可能还跟他忘记服用抗抑郁药有关。

周先生在医院正在接受治疗。他今年50岁，家住在经济开发区。他清晰地记得那天晚上的事儿。20多天前的一晚，他早早躺下休息。"大概晚上10点，觉得自己想起来上厕所，起来后却怎么都找不到厕所门，就在屋里转圈找。"周先生当时穿着一件背心，下穿衬裤，脚上穿着一双袜子。

周先生的记忆里周围一片漆黑，只有双脚前方有个不足一米的光圈，他顺着光走，感觉如果走到别的地方就会丢了。他一点儿也没感觉到冷，而且脚步也很轻快。

“门呢？”他记得走路的过程中反复想着这个，但是始终看不到门。一直到凌晨两点左右，他抬头看到前面有个房子里有光，走进去才发现是到了自己四姐家。四姐开了个小麻将馆，屋里灯还亮着，里面有人在打麻将。“怎么穿这么少就出来了？”四姐喊了一声，他后来听到四姐打电话喊她儿子下楼帮忙，随后的事情他就不知道了。

后来的事情是亲戚告诉他的，他的双脚都冻硬了，脚底像是一块铁板。周先生这是第一次出现梦游症状，没想到是在冬天，门外的雪接近一尺厚。其实四姐家离他家并不远，只有五六百米距离，后来邻居们查看脚印，发现他当晚围着他家的光照大棚转了好几圈。

梦游症多发生在6～12岁，以5～7岁为多见，进入青春期后多能自行消失。而周先生出现梦游症状则因为他长期孤独，已经有些抑郁。周先生的爱人去世3年了，儿女不在身边，他就一个人住在光照大棚旁边的小房子里。“我不爱出门，也没有人说话，不喜欢打麻将，不爱下棋。”周先生说。

万幸的是周先生当时一直在步行，双脚虽然严重冻伤但却不必截肢，现在要每日接受电烤治疗。

梦游的一般特征：梦游显然是一种变异的意识状态。梦游者与周围环境失去了联系，他似乎生活在一个私人的世界里。他的情绪有时会很激动，甚至会说一大堆的胡话，旁边人很难听懂他在讲什么东西。他似乎在从事一项很有意义的活动。这种活动往往是他压抑的痛苦经历的象征式重现。

黑夜里的“暴力者”

很多梦游的人在起床行走的同时会做出很多难以想象的事情。

有一晚11时左右，一所技校中，处于睡梦中的小袁突然起身，不但猛踹宿舍门，而且将门上的玻璃都砸碎了，万幸的是他的室友及时醒来抱住了他，这才没有引发更大的意外。

“真是太奇怪了，昨天半夜一个小伙竟然在梦游的时候用拳头砸碎了玻璃。”同学都这么说。半夜，小袁在同学的搀扶下捂着手走进了医院。半夜醉酒或者打架受伤的青年很多，但是小袁却是因为睡行症。在同学的陪同下，小袁穿着一双拖鞋不说话，而且睡衣外面直接披了件外套，像是刚从被窝里爬起来似的，去医院急救。

“确实是梦游时受的伤，”医生问受伤小伙时，他表示自己受伤的时候迷迷糊糊，什么也不知道。

原来，17岁的伤者小袁在事发前和室友都在寝室里睡觉，睡梦中的小袁没有任何征兆就来到了寝室门口，然后用脚踹门。

这时室友都被他惊醒，就在室友们被他的离奇举动惊得目瞪口呆的时候，小袁突然挥起右拳砸碎了寝室的玻璃，碎玻璃瞬间划破了他的手臂和拳头。离门最近的那名室友

见状上前一把就抱住了小袁，然后将他拖到了安全地带。小袁这才醒过神来，室友们见他伤势较重，随即拨打120将他送到医院救助。

对于小袁梦游自伤的病例，其睡行症是一种无意识的行为，所以伤者在梦游时做出任何离奇的举动都是正常的，如果是青少年偶尔梦游没有必要太紧张，但是如果成年人频繁梦游，那就可能是由精神分裂症、神经官能症引起的。

此外，恐惧、焦虑易使梦游症加重，在家中有梦游患者时，亲属要设法消除其恐惧、焦虑心理。

30岁的孟女士，最近一个多月的时间感到十分苦恼，因为自己32岁的丈夫周先生经常会梦游，而且每次梦游时还要在卧室里打拳，有时候她也会受到伤害，这可吓坏了孟女士。

一天就在孟女士在家中熟睡的时候，她突然感到有人在卧室里晃动。“我睁开眼睛一看，当时真的吓了我一大跳。”丈夫正站在卧室里挥舞着双手，好像在打拳。

“他眯着眼睛一句话也不说，我试着招呼他几次，可他一点反应都没有。”孟女士说。大约过了十几分钟，周先生便回到床上继续睡觉了。孟女士发现丈夫周先生隔几天就会出现梦游的情况，每次时间都在15分钟之内。

一般都是起来后在卧室打一会儿拳，有时候还绕着屋子走一圈，接着继续睡觉。“我觉得他的行为就是梦游，我也不知道这种病到底该怎么治，有点束手无策。”孟女士说。而更令人奇怪的是，每次早上醒来的时候，孟女士问丈夫周先生前一晚发生的事情时，周先生却一点印象都没有。

而在《三国演义》中就有对曹操梦游的描写。在第72回说道，“操恐人暗中谋害己身，常吩咐左右：吾梦中好杀人；凡吾睡着，汝等切勿近前。一日，昼寝帐中，落被于地，一近侍慌取覆盖。操跃起拔剑斩之，复上床睡；半晌方起……痛哭流涕，命厚葬之。”

从现代医学分析，梦中杀人确有可能。前些年媒体曾报道，几个人同睡在一个房间。凌晨时分，熟睡的几个人惊醒过来，见其中的高某闭着眼睛，左手握菜刀，右手依次拍打伙伴的脑袋，嘴里直嘟囔：“不熟！不熟……”幸亏胆大者一把夺过其手中菜刀，将他推倒在地。

高某倒在地上后竟立即睡着了，且鼾声阵阵！第二天早晨高某醒来，大家问起此事，他却浑然不知，只说晚上做梦去自家西瓜地里为大伙儿挑西瓜。幸好“西瓜”不熟，否则可能会上演另一场曹孟德梦中杀人的悲剧。

高某深夜挑“西瓜”，其实是睡行症的发作，像小高这种人常在熟睡中突然起来，下地行走，做出各种动作，如整理物品、吃东西、穿衣服、喃喃自语，甚至跑到外面去。此时患者面无表情，目光呆滞，动作笨拙、机械，发作数分钟或一小时左右又自行上床入睡。次日醒来，对发作过程不能回忆。

梦游症并不十分少见，梦游行为一般较为单调、局限，不致造成严重后果；而梦中杀人则极为罕见，多数是在睡眠过程被突然打断（医学上称之为睡眠干扰）的情况下发生。过度疲劳、长期睡眠不足、陌生睡眠环境、睡前有精神刺激或不愉快体验、饮酒过量或过食等，均为诱发因素。

发作时，梦游者突然从睡眠中跃起，随手拾取器具伤害他人，常可致人死亡。由于发作时间、地点特殊，故危害对象多为同寝之人，如配偶、同事等。与少年儿童相比，成人梦游症比较严重，其发作常与生活中的应激反应有关。

前面说到的小高梦中取刀挑瓜，就是因为他睡前曾和同宿舍的工友打牌，输牌后大伙叫他明天请吃西瓜而造成的。

还要指出的是，梦游症可以伤人，也可自伤。如家有梦游症病人，要加强监护。对处于熟睡中的人或正做梦的人，不要猛然打断他的睡眠，比如唤醒轮值夜班、站岗放哨的人，应该尽量缓和，避免因突然刺激引发意外伤害。

当然，《三国演义》不是史书，只是小说，小说中的曹操与历史上的曹操反差颇大，这里不过借此谈谈夜游症的有关常识而已。

英国贝德福德市70岁男子德里克·罗杰斯白天是一个好丈夫，然而一到晚上睡着后，他就会变成一个“梦游暴力狂”，不仅摔坏家具、殴打妻子，甚至还会自残身体。原来他患有一种罕见的睡眠失调症，他可能是英国甚至全欧洲唯一一个暴力梦游者。直到英国睡眠专家为他开了一种实验性药剂，可以让他在睡眠时身体“瘫痪”，这才使得他和妻子睡上了安稳觉。

在邻居们眼中，白天罗杰斯温文尔雅、疼爱妻子。每当入睡后，他就会梦游起床，变得充满暴力，不仅敲坏家具，甚至还一边骂脏话一边追打老婆。此外，罗杰斯还会在梦游状态下自残身体，至今他已打过自己的鼻子，弄伤过自己的指关节，甚至撞断过自己的三根肋骨。

除了梦游这一症状之外，梦游病患者还经常在睡梦中“遇到非常恐怖的事情”，甚至会导致病人伤害自己的身体或是进行暴力活动。最近，一名此前被控对一个儿童进行性骚扰的英国男士被无罪释放，原因经过调查得出确凿证据，这名男士在实施性骚扰时正处于梦游状态，因此可以不对自己的行为负责。他在第二天夜里突然从床上站起，双眼大睁，而且脸上还面带凶相，几秒钟后他又再次坐下，并不断地扯动系在身上的各种导线，口中还不停地胡言乱语。

包括克劳迪奥·贝塞蒂博士在内的科学家对他的脑电波进行成像和电流图分析后发现，病人的脑电波从平静的直线波状态突然转变成快速的峰谷波，这种脑电波只在人们脑部患有疾病或是熟睡状态才会出现。

简而言之，梦游病人之所以会出现睡梦中走动的现象是因为他们的情绪受到挫折并处于混乱状态，结果是他们利用行走这种方式来发泄和缓解自己头脑中的不稳定情绪，而实际上他们根本不知道自己在行走。

这一结论也可以解释为什么很多有过梦游经历的病人在出现这种症状的同时还受到不良情绪的困扰。梦游是一种潜意识压抑的情绪在适当的时机发作的表现。确实，梦游患者总有一些痛苦的经历。

事实上，用精神分析的理论可以很直观地解释梦游症：当自我力量积聚到一定程度时，它们冲破了“值勤”的自我的警戒。面对来势汹涌的本我力量，值勤的自我只可逃避不管，有个别值勤的自我还被抓来作助手，因为人的言行都是自我的职责。

压力是“睡行症”祸首

“晚上我们被防盗门的响声惊醒，起初还以为家里进了小偷……”邓先生回忆着说，前天晚上，他们夫妻俩起床查看时发现，13岁的儿子竟然失踪了。

“孩子的毛衣毛裤都丢在地上，羽绒服还放在床上，被窝里仍然是暖的。”邓先生说，孩子的书包丢在门厅里，手机也掉在地上，他和妻子吓坏了，追出门外看到孩子的睡衣睡裤掉在楼梯间里，无论他们怎么呼喊，孩子都没有回应。“这么晚了孩子赤身裸体能去哪儿？该不会是被人给拐跑了吧！”邓先生称，家里的防盗门没有被撬，他想不通孩子是怎么被人拐走的。

“我们家孩子很乖，绝对不可能一声不吭自己跑出去，现在外面特别冷，孩子没穿衣服肯定会冻病的。”邓先生说，小区保安称夜里10点以后根本没有陌生人进出过小区，也没见到过赤身裸体的孩子。

凌晨零时左右，邓先生隔壁单元的邻居发现一名赤身裸体的孩子，正在用圆珠笔在墙上、防盗门上乱涂乱画。“我们找到孩子时他精神恍惚地蹲在墙根下，我妻子冲了上去把孩子抱在怀里，孩子过了十多分钟才清醒。”邓先生说，孩子可能是在梦游，孩子清醒后说他梦到在课堂上被老师要求默写数学公式，至于为什么把衣服脱了，孩子也说不清楚。

“都怪我们给孩子的压力太大了，孩子学习很好，我们对孩子的期望太高，孩子可能有点受不了。”邓先生懊悔地说，孩子这段时间要参加全国的数学比赛，他和妻子为了让孩子专心学习，已经很长时间不让孩子看电视或上网，孩子最喜欢的小狗这两天也被送到孩子奶奶家，孩子可能因此受到刺激，才会出现梦游。

这段时间邓先生孩子的大脑始终处于紧张兴奋状态，孩子没成年，大脑的兴奋抑制功能发育还没有完全成熟，在长期精神紧张兴奋的情况下，孩子可能会梦游。

睡行症或夜游症是睡眠和觉醒现象同时存在的一种意识改变状态。睡行症发作时，个体通常在夜间睡眠的前三分之一段起床，走动，呈现出低水平的注意力、反应性及运动技能。

一个睡行症患者有时会离开卧室，偶尔还会走出家门，这样一来，处于发作期的患者就会面临着受伤的危险。然而，在大多数情况下，他会自行或在他人轻柔地引导下安静地回到床上。

睡行症与睡惊症关系极为密切，两者都被看作是唤起的障碍。许多个体都有此两种状况之一的阳性家族史及两种状况发作的既往史。而且，这两种状况最多发于儿童期，提示此因素在发病中有一定作用。

当儿童期后这两种状况仍持续存在或首发于成年期时，很可能与明显的心理紊乱有关；这两种状况也可能首发于老年人或见于痴呆的早期。

基于睡行症与睡惊症在临床及病因上的相似性，以及对此二者的鉴别诊断通常只不过是判断何者为主，因而近来这两种障碍已被看作是同一疾病分类连续谱中的一部分。

“我女儿因为成绩下滑压力很大，现在晚上还有梦游的行为。不知该怎么办？”小连的母亲也很困惑。

小连的妈妈说：“女儿上了高一后，连续几次的考试成绩都不理想。这让她感到很无助，对自己失去了信心。整日提不起精神，这造成了她晚上常常梦游。”

小连出现的梦游症与心理、社会因素有关。“梦游症在精神紧张如日常生活规律紊乱、环境压力、焦虑恐惧、学习紧张时往往会发作加频。”

其实，小连的焦虑情绪来源于学习挫折，在初中时期，小连的成绩名列前茅，但是到了高中却不再保持名列前茅的状态，造成了对情绪的影响。

关键在于受挫后要分析原因，调整对挫折反应的认识，分析挫折的心理。当挫折产生后，学生可以分析自己的长处和弱点，调整过于自信的心态，正视现实。家长可给予孩子一定的时间调整心态，给予孩子充分的信心。

另外，外部环境的过高期望很容易给孩子造成极大的心理包袱和沉重的精神压力，要学会调节孩子心理，把注意力转移开来，同时让孩子学会一些自我调节的方法，例如自我暗示法、放松法、音乐调节法、宣泄法等。

从前面的病因分析可以得知，梦游是精神压抑造成的，所以要根治梦游症状必须要做的是解除内心深处的压抑。其实要寻找梦游者的病因是非常简单的，梦游者的梦游行为十有八九代表了他内心深处的想法。

事实上，梦游症因压力的发生率颇高。

第十篇

痛苦是一种乐趣

——受虐

性爱里的快感——“受虐”

虽然现在已经是一个很开放的年代，但是性爱对于大多数人来说，依旧是很隐私的事情，更何况要来聊一聊社会上臭名昭著的SM。

SM取自Sadism（性虐待）和Masochism（被虐待），就是在虐待别人或被虐待中，可以得到性兴奋或单纯的乐趣。

性爱是人类繁衍后代的一种本能，同时也是满足性欲和获得性快感的美好体验。双方如胶似漆、水乳交融，享受着温柔、美好、和谐的性体验。和谐、适度、科学的性生活更能使男女双方维护健康、获得悦愉，更能增加彼此的感情。

然而有些人却无法从正常的性爱中感到快感，比如前面提到过的恋物癖嗜好者，他们的性快感来自于对某些物品的喜好与抚摸；还有一些人，他们的快感来自于被虐待，这种异于寻常的性行为被德国精神学家克拉夫多·恩比古命名为受虐狂，又称受虐欲、受虐色情，是SM的一种。

19世纪，奥地利著名的小说家马索克，他本人是一个被动虐待症病人，在他的作品里描述了许多这类变态的性活动。因此，被动的虐待症也称为马索克现象，中文译为受虐症。

SM的主要流派一般可分为欧美派和日本派，欧美派以使用各种金属工具为主，绳子为辅，比较工业化，就像欧洲是工业革命的发祥地一样，形式多是对身体容易造成伤害的行为，相对比较危险。

而日本流派则是以使用各种绳索捆绑为主，加上各种性工具辅助，突出唯美的境界和蕴味，可以看作是调教型的典范。

现在的欧洲派，尤其是在英国、德国（特别是原西德）、荷兰较为流行学习日本派的捆绑，但是他们的捆绑更直接、更实用，已经突破唯美的界线。

性受虐症的主要特征是乐意接受性伴侣施加的痛楚或屈辱而获得性欲满足。在性活动中，要求对方施加肉体上或精神上的痛苦，以激起性兴奋和获得性满足，感到快乐。轻度受虐狂可停留在幻想阶段，幻想自己遭受种种羞辱和痛苦。严重的受虐狂会要求性伴侣捆绑他们，并且通过啃咬、撕拧、鞭打、滴蜡或其他形形色色能引起他们身体痛苦的行为（包括真的与模拟的行为方式），这些原本痛苦的行刑行为，却成了他们追求快感与满足感的手段，有时候还会要求对方一边鞭打自己，一边用言语等辱骂自己。

因为SM是一种比较隐私又刺激的行为，所以许多国外的犯罪或者情色电影非常喜欢加入这个元素，以满足观众的好奇心理。

以下和大家分享一个真实的案例。

患者夏博14岁时，因为学习压力和家庭不和睦等原因，内心产生了极大的压抑和厌恶心理。为了释放这种负情绪，夏博选择了自残的方式。一次他将缝衣服的针试探地戳刺臂部时，瞬间感到无比舒服的快感，此后迷恋上了这种感觉，经常用这种方式发泄情绪，让自己产生快乐。

到了成熟期，在性生活中，他觉得正常的性爱根本无法使自己得到满足与快乐，还是那种刺痛来的快感才能真正使自己兴奋与高潮。但是他知道这种行为在别人眼中很变态，于是他开始寻找不同的性伴侣，有时候甚至会花钱买高兴。他试探着让伴侣用针扎自己的屁股，并且要求甚至跪求对方鞭打辱骂自己。结婚后，虽能维持与妻子的正常性生活，但患者无法满足的求虐欲望，使其依旧寻找SM性伴侣。

直到其将4cm长的缝衣针刺入左侧臀部后，导致其时常感到腰骶部不适，且有电流通过样的感觉，影响肢体活动而求医，才被发现。经X光照片发现其臀部软组织内有针样异物28枚。

尽管有人认为这个病例应诊断为自虐症，实际上他应是一个男性受虐症病人。

受虐症患者，其受虐并非完全来自于他人的虐待，有些患者在手淫时，也会用尖锐的物品扎自己，甚至勒紧颈部使自己处于轻度窒息状态，以增加性快感，称性窒息。这种性窒息的虐待方式，在患者与他人性交时也是比较常见的一种虐待方式，要求对方将自己捆紧，让自己处于半缺氧状态中挣扎以激起性兴奋和得到性满足，但十分危险，有时候会导致死亡。

每年都会发生性缢死的案例，最小的年龄才十几岁，男性居多，但近年女性死者明显升高。早在1989年和1991年先后报告4例性缢死的案件。死者都是男性，均是死后被人发现。据了解，他们在死前都有性活动受到挫折的经历。此外，他们都有一个共同点，就是在死后被发现时，他们都穿着女性衣裙，甚至打扮成女性，一例还戴着耳环。在许多案例中发现，有些男性受虐狂还兼有恋物癖或异装扮癖，会在性活动中穿上女人的衣服或童装以羞辱自己。

另外，他们在性行为时更倾向于进行角色扮演。曾有一位女性受虐狂，在性爱时喜欢扮演各种动物，并穿上模仿动物的服装，在自己的脖子上拴上链锁，让其牵着爬行，并鞭打其身体，疼痛时会发模仿其扮演的动物的叫声；有的受虐症患者喜欢扮演犯人，要求对方用各种刑具拷打自己，如若是女性还会要求被强奸。有些受虐狂甚至觉得自己就是性的奴隶，在与性伴侣彼此相处的日常生活中也是以这些身份自居，全身心沉迷于其中。他们已经把SM作为生活的一部分或全部，视这为生活态度之一。他们都有自己的一个相对固定的SM圈子，由一个主导者和一个或几个从属者组成，由主导者养活从属者，或由从属者来养活主导者。

在受虐症患者中，男性受虐症是周期性的，故意地寻求被虐待的环境，从而取得性兴奋和性高潮；而女性的表现不是周期的，而是持续的，只有在生活中不能忍受时才反抗，所

以，女性受虐症被认为是一种生活方式。当然，前提条件是，所受虐待不是很严重。

有一些SM虐恋者能够维持长期关系，在这些关系中，SM的角色有一些不同方式的变化。有些夫妇仅仅在某些性行为时进行SM，而另一些则在他们所有性行为中都包含着至少一种SM的成分。

其实在正常的性爱中，或多或少都发生了虐待行为，比如男性拍打女性的屁股，用力吸女性的乳头，而女性则多数是在高潮时咬抓男性。越来越多的正常性伴侣也会在性爱中进行角色扮演或者做SM的行为，以寻求刺激，如若双方都保持着健康的心理，并确保不会造成对方的伤害，这都属于正常的性爱活动。

受虐使我感到“欢乐”

为什么有些人会心甘情愿受虐，并对被虐待如此着迷成瘾？为什么他们会在疼痛中感到快乐并且如此迷恋？

其实，很多受虐者也不清楚为什么自己被虐待会产生欢乐的感觉。

有些人以为性受虐者们的感觉异于常人，其实并非如此，对于疼痛的知觉他们并非比一般人低，甚至更敏感。受虐者的快感来源并不是那些疼痛，而是被衬托得更明显的那些温柔的爱抚，就像苦死人的可可或咖啡中加的糖会特别香甜那样。最好的证据就是他们经常在虐待动作中夹杂这些温和的抚摸。研究发现大约70%的被研究者在SM中更容易达到高潮。

另外，体内化学的作用也会强化行为本身并因此产生主观上继续寻求此行为的动机。疼痛、暴力、性和爱都造成人的身体内部很多荷尔蒙和化合物释放。当人们看、听或想象此类行为活动的时候，体内交感神经会产生相应的反应与刺激，体内睾丸激素的水平会暂时受到影响。受虐者的睾丸激素水平通常会下降，而实施者的睾丸激素水平通常得到提高。施虐者则是经由提升受虐者的快感得到间接的乐趣。

身体在经受疼痛时会释放吗啡肽。吗啡肽的释放可能会导致快感，这也是一些人自残成瘾的原因。通常认为自残和自愿受虐的行为从功能上是相近的，但二者并无因果关系。肌肉劳损时释放的乳酸可能会导致快感。大脑中的五羟色胺和褪黑激素可受到情绪或压力的影响。经受压力和疼痛时所释放的肾上腺素和正肾上腺素可导致愉悦的“激动”。

有些性受虐癖好者是因为自身情感或身体上受到伤害，而感到无助和痛苦，利用残虐自己的方式来释放情感上的压抑。他们扭曲的心理会想出各种让人瞠目结舌的花样来残虐自己，这种方式的目的是为了寻求更大刺激，来唤醒自己被某些不愉快、不幸的经历而压抑了的快乐！

在正常成年人的性生活中，有时在达到性高潮时，双方都可出现轻度打骂、掐、咬等行为，如果没有过重的伤害而且不是靠这些行为唤起性兴奋，不属于虐待症。即使真正的受虐癖好者，其行为动机也不在于故意使自己痛苦，而是这些虐待可使自己唤起性激动情绪。

某大学男教师谢某，由于不知道为什么自己突然就“不行了”，一直被妻子抱怨、嫌弃和羞辱，由于是自己理亏，所以敢怒而不敢言，一直把委屈痛苦的情感压抑在内心。此外工作上的压力也使自己无法得到妻子的理解和支持，日益身心疲惫。一次妻子“寂寞难耐”，对其索要爱抚，这位谢老师依旧“软弱无力”，妻子很是火大，加之种种的不满，对谢老师一边辱骂一边抽打，又羞又怒的谢老师一把把妻子压倒在床，没想到妻子这一打还真有效果，谢老师又雄性大发了。

此后，每每房事，都要妻子打骂一番才能唤起男性的雄风，慢慢谢老师和妻子都喜好上了这样的性前活动。为了更好地满足妻子，谢老师还上网搜集虐打的花样，甚至买了SM的用具，要求妻子虐打自己。

像谢老师夫妻这样靠SM维持夫妻生活的，在真正的虐恋症病人里面也是有的，夫妻双方一个患施虐症，而另一个恰恰是一个受虐症病人，如果伤害不重，恰好互相补充，双方都可得到满足，不过这种情况极为少见。仅有一方是虐待症病人，不论患的是施虐症或受虐症，对方都很难忍受，这种婚姻是难以持续的。

受虐症真正的原因和病理本质都还是不清楚的，这里特别要指出的是，没有任何迹象表明SM虐恋者全都有精神病或相关症状，目前尚无发现受虐者有精神问题，因此“性虐待症”是一种非常难以界定的病症。

儿童时期不寻常的“经历”

性虐待症的产生原因目前还不十分清楚。霭理斯认为，一个人的性冲动走向虐待的路可有两种解释。

第一种解释是不论把痛苦加到别人身上或自己亲受，这种虐待症倾向都是原始时代所有求爱过程的一部分，所以，这是一种返祖现象。在比人类低级的动物中，当雌雄交配时，常表现出各种施虐和受虐行为，如公鸡在交配时咬住母鸡头顶上的羽毛，还有大名鼎鼎的“黑寡妇”，这种蜘蛛在交配后，雌蜘蛛便把雄蜘蛛吃掉……

第二种解释是一些性衰弱和阳痿的男人想借此取得一些壮阳或媚乐似的作用，以求达到满足性欲的目的。如前面提到过的谢老师的案例。

很多理论将性变态的形成归咎于早期性心理发展不良而导致的。受虐倾向与自我的形成过程有关。挫折和不快是婴儿期区分自我与他人的必要因素，也是他个人独立化过程中必不可少的经历，例如与母亲的分离使儿童感到失落、愤怒和有罪。因此某种程度的受虐倾向是一个普遍现象，存在于自我形成与人格个体化过程。痛苦是在自我的建立过程中不可避免的现象，就像人们说“我思故我在”一样，可以说“我痛故我在”。

自我从环境中分离出来时的挫折感和不适感是我们进入世界时不可避免的感觉。儿童尤其是婴幼儿的抗挫折能力水平很低，这些挫折感和不适感是对儿童的自恋心理的损害，它使人在面临外部危险时感受到一种难忍受的被动感和无力感，这就是自我羞辱的原型。

抗挫折能力，是一种对于挫折的心理承受、适应能力。在心理学上定义为：“个体遭遇挫折时免于行为失常的能力。”

因此，就有人这样假设，婴儿试图通过歪曲自己经历的性质来恢复自尊，他不愿接受自己是软弱无力的这一事实，而会通过在主观上把受到的折磨假装成是自愿的来恢复控制权，他会这样：我受挫折是我愿意的，是我强迫母亲这样残忍的。控制痛苦是成长的一个过程，它培育了一种能力，即从痛苦中得到满足的能力。婴儿适应外部世界的一个步骤就是适应痛苦。自恋主义的受虐倾向就是正规的成长过程，是与客体建立情感关系的过程。自恋主义的受虐倾向不是为了幻想同一位关爱的母亲重新融合，而是幻想控制一位残忍的母亲。在自恋主义的受虐倾向中，超我是扭曲的，它是一种过分严厉的超我。

研究发现，男孩子与母亲的分离过程比女孩子更为痛苦，会经历更多的焦虑，有人以此来解释男性的受虐倾向与女性受虐倾向的差异。

实证调查表明，有受虐倾向的男性往往会找到一个伴侣来鞭打他、捆绑他，在性方面统治他，可女性中这种行为较为少见。对这一现象的解释与性别认同有关。第一，婴儿期的爱和恨主要指向母亲，而男孩需要比女孩更严格地与母性认同分割开来；第二，因为女孩长大后同母亲一样要寻找男性对象，所以其目标较明确，较少冲突，而男孩在婴儿期的认同母亲与长大后对女性对象的欲望容易产生冲突。男人容易产生虐恋倾向，就是因为男人要拒绝儿时对母亲性别认同的压力比女人大得多，他们对丧失这种儿时的快乐感到愤怒，害怕自己永远也不能完成这个分离，因此对于把自己置于这一困难境地的母亲怀有报复冲动。

还有人认为，虐恋倾向中的焦虑感与儿童期的如厕训练有关。

孩子遇到的第一个需要加以控制的行为就是排泄。在如厕训练中他要学会暂时忍受不快。孩子的焦虑集中在失去宠爱，如果他不学会控制排泄，就会受到惩罚和羞辱。这一焦虑在长大后转移到自慰行为和性行为上。

恐惧的对象也从父母转移到超我。在国外，许多上层社会的儿童在如厕训练中受到保姆的约束和折磨，在如厕训练中，孩子面临两难处境：或者忍受住不舒适，不能放松对排泄器官的控制；或者忍不住弄脏了衣服，受到责打。

心理分析认为，那些有受鞭想象的人，可能是在口腔性欲期和肛门性欲期受过施虐性质的严厉对待的人。由于被迫压抑了自己的攻击性和报复欲望，这些人变成了负罪感很重的人，而罪恶需要受到惩罚，这就是焦虑感的来源。有些人沉迷于对童年期的记忆之中的表现，希望通过重新表演童年期的软弱无力感和不能控制自己命运的经验来超越控制，并因此获得掌握记忆中的场景的象征性权力，迷恋上被虐待。

通过重演过去恐怖的记忆，使得自己获得了一种精神上的胜利与快感，进而导致被虐行为的再发生。这一观点与行为主义者的观点颇为相似。

行为主义者则认为，大多数的变态行为是偶然与无关刺激物通过条件化机制结合在一起形成的性变态行为，性变态是后天习得的行为。部分性心理专家提出研究性变态首先要对性变态的激发因素加以了解和掌握，它是激发此类行为的刺激物，这种刺激因素可能是早期生活中的首次性经验，也可能是对别人性偏离行为的模仿，它是具有损伤性的人格因素的人对周围环境中某种事物或情境偶然与高度性兴奋满足相结合的一种反应。

在现有已被研究的受虐症患者中发现一类巧合的现象，他们大多数人在儿童时期有过被虐或者因疼痛而带来愉快的感受等疼痛的正刺激。

而有些受虐症患者就没有这么“幸运”，他们的癖好来自于儿时的不幸经历。在举案例之前，先说一说儿童性虐待。成年人利用16岁以下儿童获得性的满足，会造成儿童明显的情绪创伤。

有些被虐儿童会产生仇恨社会心理，将自己遭受的经历报复给其他无辜的受害者，如虐打自己的性伴侣，严重者会成为对社会危害更大的变态杀人犯，残虐杀害他人，并从中得到满足与快感，这类人已经在精神上有着明显的异常症状。

而有一些则会被动喜欢上这种被虐待的行为，“性奴”这个词汇大家应该并不陌生吧！有一些十恶不赦的犯罪分子，为了谋取利益，拐带儿童卖淫，有些成年后，依旧会用自虐的方式侮辱自己，这说明受害者对自己极其厌恶。

职业SM性服务者罗丽莎，13岁时突然神秘失踪，从此杳无音讯。原来她是被变态邻居大叔乔治绑架，并作为“性奴”囚禁在他家二楼的阁楼上，12年后才被警察解救。在这12年期间，乔治无数次对罗丽莎进行性摧残，将其捆绑、鞭打，并用各种性器具对其进行性虐待，每次性侵罗丽莎之后还会写下“性爱日记”，以便日后向其狐朋狗友炫耀。被解救后的罗丽莎并没有回归常人生活，她却依旧寻求性虐，并将此作为一种谋生手段，她说：“我已经习惯了这种方式，这就是我的生活，这样的方式也是我痛苦的一种释放、刺激，我需要刺激才能让我活下去。”

其实，还有一种危害更广的性虐待。据统计，利用儿童满足性欲的性虐待，发生率较低，大约是5%。但是，扼杀儿童的与其年龄相称的性愿望和性活动（包括获得性知识、与异性恰当交流等），这样的行为却更为常见，我们不妨称之为剥夺性的性虐待。这是一种对儿童的性“冷暴力”。特别是在我国，由于文化的影响，深受其害的女性的数量肯定是惊人的。一些封建、保守、不能对待性科学的家长，无知地剥夺了儿童获得恰当性知识与性信息的机会，限制其跟异性的必要的交往，最终导致儿童在性知识上的无知、人际交往上的退缩以及性心理发育的迟滞。他们到青春期时就有可能采取不正当的方式满足自己的性需求，这也大大提高了性虐行为的发生率。

尤为可怕的是，这一类对儿童的性虐待，却一直被专家和公众所忽略，我们还没有真正意识到它的危害，所以就不可能采取措施来消除它。

此外，某种性格特征突出或某种人格障碍的人也比较容易产生性变态，当然也包括性虐者。比如内向、怕羞、安静少动、不喜交往的人、孤僻等性格特征，或者具有社交障碍、恋物癖、同性或者双性恋者等也比较容易出现性虐行为。

总之，性受虐是一种性变态的行为，这种行为是不会突然出现在成年人身上的。

第十一篇

戒不了的依赖

——物质成瘾

控制不住的**欲望**

自从有了人类社会之后，成瘾问题就一直和人类的生活如影随形，人的每一种行为都可以越轨以致成瘾，成瘾是一种反复发作的脑疾病，属于失控症。

随着社会的不断发展，成瘾患者的数量也在高速增长，甚至已经有成为21世纪的一种来势凶猛的流行病、一种新的社会病、一种泛滥成灾的公害的趋势。说到成瘾，我们身边最常见的就是那些喝得醉醺醺的酒鬼。而现在，明星涉毒好像已经成为了娱乐圈一种屡禁不止的怪象，怎么都无法根除。这让本已经纷乱复杂的娱乐圈更加让人看不懂了。

不管是喝酒上瘾还是吸毒上瘾，他们最初的目的都差不多，就是为了获得一定程度的特殊心理体验——短时的快感。但是每个人上瘾的原因还不一样，比如说抽烟，有的人本来是不抽烟的，经不住大家在一起都吞云吐雾的感觉，自己也开始抽了。再比如杜冷丁，本来是药用的，要是使用不慎，很可能也会导致患者成瘾。不管怎么说，由于致瘾源的错误使用和滥用，并由此导致的成瘾问题不但是医学问题，更是社会问题，它与人们的健康和幸福息息相关。不管是哪个家庭，他们对于成瘾是毫无免疫力的，所以，就算是物质成瘾患者也无须对此感到羞耻，而是应该积极治疗，早日走出病痛。

成瘾除了和精神活性物质有关，和吃喝有关，还可能跟生活或者心理有关，比如一个人对自己所处的生活环境不满，或者他遭受了难以忍受的心理冲突的时候，就需要找一个渠道来发泄。有时候，他会把目光放到上网、性活动、工作、体育运动、娱乐游戏等活动的上面，以此来转移自己的注意力，麻醉自己。但是如果这些活动超过一个限度，就会上瘾。并且可以有多项成瘾，也可有物质性与非物质性联合成瘾。

物质成瘾又称精神活性物质：是指能够影响人的心境、情绪、行为，改变意识状态。并可导致依赖作用之类化学物质；人们使用这些物质的目的在于取得或保持某些特殊心理和生理状态。

随着经济的不断发展和社会的不断进步，精神病学也不能固步自封，而是应该与时俱进。比如说，在手机出现之前，是没有“手机依赖综合征”的，但是随着手机的不断普及，已经有越来越多的人发现，自己一离开手机就很难受，甚至经常幻听到自己的手机铃声在响，这都属于“手机依赖综合征”。另外，同性恋逐渐被公众认可，易性癖手术走向成熟，网瘾等患者也在不断增多……所以，精神病学也应该有所创新了。

再说回到物质成瘾，说到物质成瘾，就不得不提到一部电影——《梦之安魂曲》。人之所以会感到痛苦，是因为追求了自己不该追求的东西。我们在追求欢乐的过程中总是容易顾此失彼：不是忽略了精神的存在去追求肉体的满足，就是忽略了肉体的存在去追求精神的满足。而当精神和肉体冲突的时候，人就会不安定，就会痛苦。而《梦之安魂曲》这部影片，就将人们在追求肉体欢娱的时候忽视肉体安危而酿成的苦果——成瘾，活生生地展现在了我们面前。

90年前，鲁迅在中国思考着春夏秋冬的关系。他不像雪莱

OPEN

那么乐观，不相信“冬天来了，春天还会远吗”。9年前，达伦·阿罗诺夫斯基在自己的电影《梦之安魂曲》中也在思考着同样的问题。

这部电影由夏、秋、冬三个乐章组成，凭借一段反复出现的主旋律，将这三个乐章连在了一起。在夏天来临的时候，我们看到的是美好的希望。因为夏季有着丰沛的雨水，有着炽热的阳光，这一切都好像是在说，即将到来的秋天将会是一个丰收的季节。

影片中的男女主角是一对恋人，哈瑞和玛丽安，除此之外，还有一个重要人物，她就是哈瑞的母亲莎拉。

在剧中，哈瑞母亲莎拉的一袭红色的长裙就像夏日带给人的感觉，充满了希望，还能迷倒众生。事实也确实如此。莎拉钟爱一个电视节目，她为了上电视而开始减肥，并且取得了不错的效果。

哈瑞和玛丽安有一个共同的梦想，就是在小镇中经营小本生意，两人携手相伴一生。但是现实中哈瑞和玛丽安都是瘾君子，他们无力抵御毒瘾，这让他们时时生活在贫穷和黑暗之中。其实，撇开哈瑞贩卖毒品的事实不谈，他的生意使得他可以有足够的钱来让他生命中最重要的两个女人——女友和母亲展露笑颜。他用自己赚到的钱给母亲买了奢侈的家庭影院，让她看自己钟爱的电视节目，这让莎拉看到了儿子的希望，也让哈瑞的女友玛丽安开始认真地计划开设自己的服装店。

在阳光的照耀下，所有人都是快乐的，都充满了对未来的憧憬，但是憧憬，也只能停留在憧憬的阶段。有一天，这位母亲幸运地接到了自己钟爱的电视节目组打来的电话，让她去参加现场演播。这个消息让她欣喜不已。但是，当她拿出自己那一袭红色的长裙的时候，她发现自己再也穿不进去了，再也无法重现当年那迷倒众生的样子，她的希望破灭了。原本预期的丰收并没有到来，取而代之的则是迷茫和苦涩的果实。这时候，用减肥药减肥的念头就不可抑制地出现在了莎拉的脑海里，她开始疯狂地吞食减肥药，逐渐精神失常，走上了不归路。

在这部影片里并没有春天，但是对于剧中人来说，每个人对春天都有着不同的感悟。对于母亲莎拉来说，春天就是哈瑞的高中结业典礼，她穿着一袭红色长裙，绽放出迷倒众生的微笑。对于玛丽安来说，春天就是哈瑞，因为是哈瑞让她“重新活得像一个人”。对于哈瑞来说，春天是一片海洋，有一个穿红裙的女人站在海风中，她的头发被风吹起。对于Tappy来说，春天就是小时候母亲的怀抱。

为了换取毒品，哈瑞会一次又一次地把母亲的电视机偷出来卖掉，而母亲为了看到自己钟爱的节目，会一次又一次地把被儿子卖掉的电视机重新买回来。莎拉深深地爱着自己的儿子，所以当当铺老板跟她说“你应该让警察管一管你那个老是典当你电视机的儿子”的时候，她会笑着说：“不行，他可是我唯一的儿子。”

但是，爱并不能代表一切，莎拉的滥用药物让她被送进了医院，Tappy被捕，他们耗费了所有的积蓄才把他保释出来。哈瑞失去了一个手臂，由此也丧失了他之前存在的基础——海洛因。玛丽安向医生出卖肉体换取毒资，他们又陷入了曾经的饥饿当中，对毒品的饥饿，对意义的饥饿。他们曾经想过换一个地方继续播种，但是冬天却毫不留情地到来了。

最后，从截肢手术中清醒过来的哈瑞又看到了那片大海，却看不到那红衣女子了。哈瑞在清醒与梦幻之间所发出的对玛丽安最后的呼唤，成了影片结尾一首动人的哀歌。它因为春天的消失而唱，因为爱的死亡而响，成为了美丽梦境最终的安魂曲。

这部电影里面提到了减肥药，而减肥药的“闪亮登场”，也让我们正式开始了“成瘾”这一部分。先来说说第一个成瘾物质——“安非他命”。

最开始的时候，安非他命是用来治疗哮喘和鼻腔阻塞的，但是如果服用超量，服用者会感到非常亢奋、精力充沛，很长时间不睡觉也不会觉得困，与此同时，食欲还会减退。不知道是谁率先发现了这一神奇的效果，并把它用于减肥。

安非他命的使用方式有很多，但是药效最强的要数液态安非他命。如果采取静脉注射的方式，就能马上体会到强烈的冲动和快感。为了让自己持续保持高潮状态，有的人会选择连续多天注射安非他命。当所有的愉悦感消失之后，使用者就会陷入一种无比的落寞。在快感消失之后，有的人会坠入嗜睡和抑郁的谷底，甚至有人还会选择自杀。

现在，很多人会选择这一类的药物来对抗抑郁或者由过量工作造成的慢性疲劳，有的人的使用动机很简单，就是要提升自己的信心，让自己精力更加充沛。但是，如果摄入的安非他命过多，会引起中毒，主要症状有：激动、警觉、幻觉和冲动。在这所有的症状中，幻觉的杀伤力是最大的，因为在使用者看来，此时其他人和物体的移动都是夸张和扭曲的。使用者很可能会幻听到可怕的声音，会听到别人在中伤自己，会看到自己全身都是伤口，会感到有东西在自己身上爬……这其中，有一部分人可以意识到这些只是幻觉，但是还有人的幻觉会非常严重，以致丧失了对现实的所有判断能力，去攻击别人，甚至还有人会发展成精神分裂。

来看一下张凯的案例。

在经历了两个多月对别人和商业伙伴的质疑之后，已界不惑之年的心神不定的张凯接受了精神病治疗。在和别人交往的时候，他总是喜欢片面地理解甚至扭曲别人的话，而且说话的时候总是咄咄逼人，火药味十足。就是由于他说话的口气不善，有很多看起来把握十足的生意也跑掉了。后来，有一天晚上他拿着菜刀猛砍大门，因为他听到一些响动，坚信有歹徒要进来杀死自己。

那么，张凯是为什么变成这样的呢？两年前，张凯因为白天突然陷入睡眠和肌肉张力丧失，被医生诊断为患了发作性嗜睡。为了治疗这种病，他开始服用一种叫安非他命的兴奋剂。这种药效果很明显，很快他的嗜睡就不怎么发作了，他又可以全身心地投入到工作中了。但是没过多久，张凯就觉得工作越来越多，自己无力招架，所以擅自做主，加大了服用剂量，好让自己随时随地都能保持兴奋。但是他并不知道，当过度地依靠安非他命的时候，他已经离疯狂越来越近……

安非他命就是我们要说的一种成瘾物质，下面来说一下一种物质障碍，也就是中毒。

所谓“是药三分毒”。这些能够成瘾的物质也不例外，大家知道的最多的当属海洛因了，而我们身边比较常见的就属于抽烟上瘾的人。物质中毒的时候，人最明显的症状有：感知觉有所变化，会看到或者听到一些奇怪的东西；判断能力下降或者丧失，无法正常思考；注意力不集中，容易分神；无法像平时一样控制自己的身体，行动缓慢，反应迟钝；更加嗜睡，或者失眠。

在摄入成瘾物质后不久就会中毒，而且中毒程度和摄入量成正比。当成瘾物质在人体血液或者组织中的含量有所下降的时候，中毒症状才会减轻。但是有时候，当体内已经没有成瘾物质的时候，这种中毒的症状也还会持续一段时间，短则几小时，长则几天。

由于服用的物质的种类、剂量和摄入时间不同，中毒的症状也会有所不同，另外，使用者的耐受性也会影响到中毒的症状。耐受性可以这么解释：抽烟的人在最开始的时候可能每天只抽一两根，但是随着烟瘾的不断加深，可能会每天抽到二十多根，但是如果一开始就抽二十多根，他有可能吃不消，甚至会生病；失眠的人第一次服用安定片的时候，也许一两片就能有效果，但是过了一段时间之后，他们也许一下服用之前几倍的药量也睡不着。这两个例子都可以说明他们的耐受性提高了。当一个人对某种物质的耐受性很高的时候，就算他的血液中有很多这样的物质，也不会感受到它的作用了。比如那些对酒精耐受性高的人，就算他血液中的酒精含量已经超过了酒精中毒的法定标准，却看不出有什么中毒的迹象。

另外，中毒还分为急性中毒和慢性中毒，这两个还是有区别的。比如当人们急性可卡因中毒的时候，他们可能表现得非常友善，但是服用一段时间、发展成慢性中毒之后，他们可能会没有之前那么友善，甚至会有些冷淡了。

还有非常奇怪的一点，有时候人们对成瘾物质的预期也会对症状有所影响。如果人们预期大麻会让自己变得放松，那么他们就会觉得放松；如果他们预期大麻会引起焦虑，那么他们就会变得焦虑。M的例子就能很好地说明这一点。

一个下着雪的冬天，一位医生正在睡梦之中，这时他接到了自己一位老朋友的电话，说自己的妻子M刚刚吸食了大麻，行为有些怪诞，希望医生能赶紧过来。

这位医生到他家的时候，发现M正躺在沙发上，性子有些暴躁。她说：“我身体太虚弱了，站不起来。我有点头晕、心慌，我能感觉到我的血液在加速流动，我要喝水！”最后，她一口咬定大麻里有毒。

M今年三十多岁，生育了三个孩子。在她看来，她是一个非常有控制力的人，做事也很有条理。她之所以会跟大麻有所关联，是因为她的邻居种了一些高品质大麻。因为她看到别人在吸食大麻，所以她想亲自体验一下这个东西，并了解为什么大家会对此痴迷。

据她的丈夫描述，她一下吸了四五口，然后开始号啕大哭：“我不舒服，我无法站立！”她的丈夫和家人开始安抚她，想让她平静下来，却没想到大家越是安抚她，她就越觉得自己有问题。

经过医生的检查，她吸食大麻后唯一的不正常反应就是心跳加快，瞳孔放大。医生跟她说："你一点儿事情都没有，不过是有些醉了，休息一下就没事了。"M听了医生的话，回去睡觉了。睡了两天之后，她觉得有点头晕，身体虚弱，但是不像之前那么焦虑了。过了几天，她终于恢复了正常，并发誓再也不吸食大麻了。

除了上面提到的对成瘾物质的预期，使用环境也会对症状有所影响。比如，如果人们在聚会的时候喝下很多酒精饮料，可能会变得亢奋，大声喧哗，但是如果独自在家里喝下同样多的酒精饮料，很可能会变得"举杯消愁愁更愁"。

到了这里，第一种成瘾物质就说完了，下面来看第二种成瘾物质：可卡因。

可卡因是从古柯中提取出来的一种白色粉末状物质，是我们所知道的最容易上瘾的一种物质。它进入人体的方式有两种，一种是鼻吸，或者可以溶解在水中，然后静脉注射。这两种方式的不同之处就在于前者可以快速作用于大脑。

刚刚吸食可卡因的时候，会产生一种强烈的欢快感，之后，就会体验到一种成就感，这种成就感可是从来没有过的。有了这种感觉，之前所有的不足都被弥补了，之前所有没有被满足的自尊都被满足了。与平日相比，吸食可卡因之后会变得精力更加充沛，竞争力和创造性也大大提高，觉得自己比以往任何时候都要优秀，都容易被社会认可。这时候，使用者并没有自己在吸毒的感觉，反而觉得自己已经实现了自己的梦想，成了自己想要成为的那种人。

如果吸食可卡因过量，可能会导致冲动、心神不安、性欲过度等，进而恐慌和妄想。在停止使用之后，使用者之前的所有快感都消失了，只剩下疲劳的感觉，还会觉得抑郁，需要长时间的睡眠。

除了这些，可卡因成瘾者经常会出现一种叫“蚁走感”的症状，也就是说，他们会感到有很多昆虫在自己身体表面上下爬行。这时候，出现这种感觉的人就会选择用刀子割开自己的身体，因为他们会觉得血液流出来的时候可以把自己体内那“被困的昆虫”也释放出去。

那么，可卡因为什么会成为最容易上瘾的一种物质呢？这是因为它对大脑中枢有非常迅速和强烈的激励作用，就跟“打了鸡血”一样。L的故事就可以很好地说明这一点。

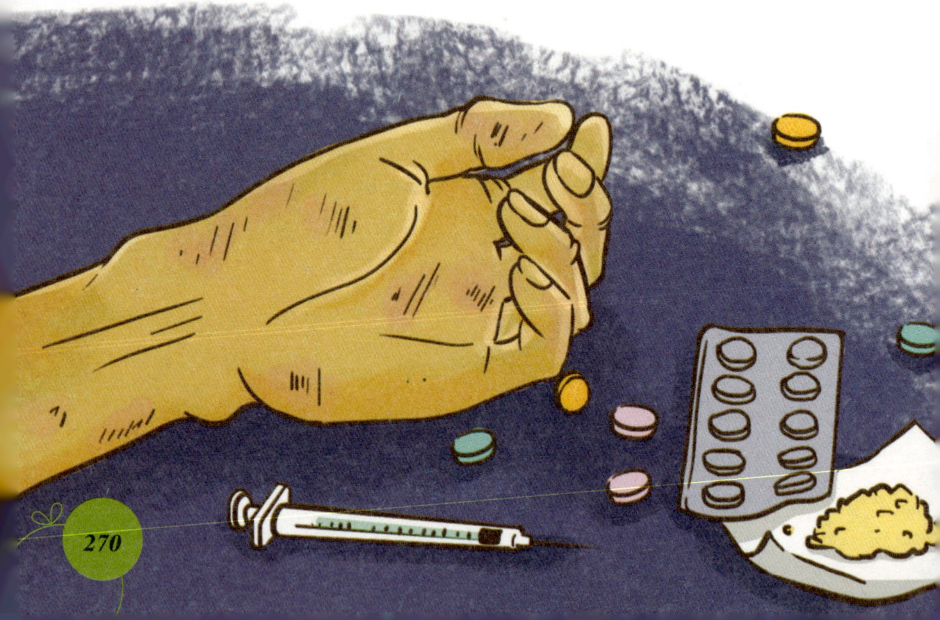

L是一位公司经理，收入不错，现年35岁。现在，他变得非常神经质，动不动就要发脾气。由于他现在的很多行为已经失控，在妻子的坚持下，他去看了心理医生。在过去的一段时间里，L几乎已经不去上班了，他每天都待在家里，使用可卡因。有时候他也想要戒掉这个毛病，但是他尝试了几次都失败了，因为他对毒品的渴求已经远远地超过了他戒除毒品的欲望。据他的妻子说，仅仅去年一年，他就在可卡因上花了10万块。他的妻子说："他现在都不去上班，对我和孩子一点儿兴趣都没有，连他之前最喜欢的音乐都放弃了，他现在把所有的时间都用于吸毒了。"

其实L刚和妻子结婚的时候是不沾染毒品的。他刚工作的时候经济条件不是很好，所以一直在努力打拼。后来他开始创业，并收获颇丰。他买了两部豪车，全家搬到了郊区一栋非常昂贵的房子里，里面还有游泳池。这个时候的L几乎说是要风得风要雨得雨，生活中好像没有什么欠缺的了。在常人看来，这应该是一件非常喜悦的事情，但是他却觉得有些孤单，甚至有些痛苦。一个偶然的机会，他接触到了可卡因，这种孤单和痛苦马上烟消云散："我不再抑郁了，我尽可能经常使用可卡因，这样我的感觉就变得很好。但是有一个问题，我得一直这么做才行。可卡因的效果非常短暂，价钱又比较昂贵，但是我并不在意。当那短暂的作用消失之后，我又会陷入痛苦和沮丧，这种感觉比我没使用可卡因之前更加强烈，所以，我要尽可能地多服食可卡因。"

要知道，可卡因的半衰期很短，也就是它在人体内很快就会被消除，那它的作用自然也就消失了。也就是说，可卡因成瘾者为了让自己长期保持兴奋状态，就得持续使用这种物质。另外，前面已经提到过的耐受性在这里也同样适用。随着可卡因的使用，最开始的剂量已经无法让成瘾者感受到那种快感了，他们只有不断加大剂量，才能体验到兴奋状态。有些使用者为了满足自己的欲望，不惜铤而走险，去偷窃、去抢劫、去卖淫，还有人甚至会卖儿卖女，只是为了获得毒资，去满足自己的感受。

戒断反应

戒断反应其实就是指停止使用药物或减少使用剂量，或使用拮抗剂占据受体后出现的特殊的心理生理症状群。其机制是由于长期用药后，突然停药引起的适应性的反弹。为了更好地理解戒断反应，大家可以回想一下自己调整生物钟的过程。比如原本早睡早起的人为了工作需要不得不晚睡晚起，甚至白天睡觉晚上上班。在刚开始调整的时候，那种滋味真不好受，说不出的难受。那么，什么是物质戒断呢？以我们非常熟悉的戒烟为例，如果一个吸烟者停止了尼古丁的摄入，就会变得烦躁不安、失眠、食欲增强，甚至会出现血压升高、心律不齐的症状，这让戒烟者感到非常痛苦。如果意志力不够坚定，很有可能会就此放弃，所以戒烟还是有一定难度的。

不同药物所致戒断症状因其药理特性的不同而不同，一般表现为与所使用药物的药理作用相反的症状。但是，并不是所有的戒断都会被当成障碍。只有当戒断症状导致了显著的精神痛苦，或者严重损害了日常生活机能的时候，才能算得上是物质障碍。比如，虽然戒断咖啡因会导致头疼、紧张等症状，会让很多人对此烦恼不已，但是它一般还没有达到损害日常生活机能的地步，也不会造成心理痛苦，所以也就算不上物质障碍了。

小张今年25岁，出生在一个工人家庭。从小母亲就很宠爱他，不管他提出什么要求，母亲都会尽量满足。但是在父亲看来，棍棒底下才能出孝子，所以一旦小张有什么过错，马上就会对他棍棒相加。在教育小张的问题上，父母经常会出现分歧，并因此大吵一架。由于小张的父母感情不和，家庭关系恶劣直接影响到了他的成长，使他的性格变得非常的扭曲、非常的顽固、遇事容易躲避，自私，总是以自我为中心。在读中学的时候，因为过于贪玩，导致学习成绩总是处于末尾几名，他父亲也经常因此责罚他。小张因为不堪忍受这种责罚而开始了逃学，因此认识了一些社会上的闲散无业游民，以此来寻求一种温暖。由于受到这些不良影响，开始吸毒，一点点地陷进去，无法自拔。他的父母两次把他送到戒毒所去戒毒，而他的两任女友也因此与他分手了。

从小张吸毒起，他的父母觉得非常痛苦、无助还有种深深的自责，才认识到因为自己的教育方法欠妥而使自己的孩子一直逃避在外，才误入歧途。迫于无奈，又一次跟戒毒中心联系让他强制戒毒。

当一个已经有依赖性的个体不再摄入药物时，就会显现出戒断的症状。由于所使用的阿片类物质的剂量，对于中枢神经系统作用的程度以及使用时间的长短用途，停药的速度等的不同，所有戒断症状的反应程度也不同。短效的药物，像吗啡之类的一般在停药后8～12小时出现，最高峰在48～72小时，持续7～10天。长效药物，如美沙酮戒断症状出现在1～3天，表现与短效药物相似，最高峰在3～8天，症状持续数周。

能够产生戒断综合征的依赖性药物分类：

苯丙胺：苯丙胺、右旋苯丙胺、甲基苯丙胺、哌唑甲脂（利他灵）与苯甲吗啉。

大麻：大麻制剂，例如大麻和印度大麻。

挥发性化合物：丙酮，四氯化碳和其他溶媒，例如“嗅胶”。

阿片类：阿片、吗啡、海洛因、美沙酮、哌替啶等。

苯二氮卓类：乙醇、巴比妥类及其他催眠药和镇静药。

烟碱：烟草、鼻烟。

致幻剂：LSD、麦司卡林（墨仙碱）和裸盖菇素（西洛斯宾）。

以上7类能够产生依赖性的药物，阿片类的药物依赖最为流行，同时危害也是最大的，它不仅会对病人的身体损害非常严重，还会导致很多的社会问题，比如说犯罪。

典型的戒断症状目前分为两大类：客观体征，比如说血压升高、体温升高、鸡皮疙瘩、脉搏增加、瞳孔扩大、腹痛、不安、流涕、震颤、腹泻、呕吐、失眠等；主观症状，如恶心、骨头疼痛、肌肉疼痛、无力、疲乏、喷嚏、食欲差、发冷、发热、渴求药物等。

每一个阶段的症状都会因为又一次的吸入阿片剂而很快就

消失，尽管戒断症状并不会对生命造成威胁，也不比重流感还严重，但是这个过程中所产生的焦虑的心理反应会让人无法停止继续食用。

滥用成瘾

物质滥用成瘾又叫作被有害使用，是一种无法良好适应的方式，反复使用药物会导致非常明显的不良后果，像无法完成一些重要的工作、学业，损害了躯体、心理健康，法律上的问题等。这里所说的滥用强调的是恶劣的后果，滥用者没有明显的耐受性增加或戒断症状；反之则是物质依赖。

可能你会认为你不滥用药物也不吸毒，跟你没有任何关系。但是在日常生活中，我们身边的人中总会有人由于对某种东西（如镇痛药、安眠药、烟酒、药物、海洛因等）或行为（沉溺网络、偷窃、性爱、赌博、购物、恋物等）上瘾，而造成了使家庭很痛苦的事情甚至是悲剧。

音乐之王杰克逊的意外死亡，震惊了全世界，其实杰克逊就是由于滥用药物才引起的死亡，假如杰克逊、他的亲人和他的主管医生等他身边的人要是有一个人了解药物滥用的危害，那就不会发生这个悲剧了。从这个方面来说，了解成瘾方面的知识跟我们大家都是息息相关的。

下面就来说说第三个成瘾物质：LSD。

“在我服用LSD之后，我能记起的最显著的症状就是，眩晕、运动神经局部麻痹，头和四肢好像灌了铅一样沉重。有时候，我觉得自己就是个旁观者，看到自己跟疯了一样大喊大叫、语无伦次，感到自己有些灵魂出窍。”

这里提到的LSD是一种致幻剂，可能大家对此并不是很熟悉，那另一种致幻剂大家应该都听说过——摇头丸。服用LSD之后的心理反应主要是感觉能力大为增强，与之伴随的是极度扭曲的空间知觉。另外，服用LSD过量后，会产生严重的负面心理反应，比如偏执、暴力或者自杀性行为。对于有的人来说，致幻剂会引发非常严重的焦虑和幻觉，让他们精神错乱。

事实上，“成瘾”只是一个表面现象，这个现象后面所显示的是患者的心理出现了问题，而产生这种问题一般是因为家庭和社会所导致的。所有彻底的摆脱成瘾是一件基本上不可能的事情。国内的治疗也并不都是可行的，因此出现了“手术戒毒”“电击治疗网瘾”“纳曲酮皮下埋植治疗毒瘾”等闹剧，先后被卫生部紧急叫停，许多的医护人员也感到很无奈，患者和家属更是不知道该怎么办了。

俗话说“是药三分毒”，药物中多少会存在一些不利于人体健康的成分。专家表示，在生活中常见的一些药物，若是滥用不仅会对身体造成损害，还可能造成成瘾等问题。

说完了第三种成瘾物质，再来说说第三种物质障碍：滥用。那什么样的情况才算物质滥用呢？

王兵从12岁时就滥用止咳药水，每天少的时候要喝七八瓶，多的时候要喝二十多瓶，按照每瓶120毫升的标准来算，平均一天至少喝掉1000毫升止咳水。在长达8年的滥用药水之后，今年他终于来到医院进行戒瘾治疗。医生发现，王兵在对药物产生依赖的期间，出现了非常严重的骨质疏松、记忆力明显下降、幻觉和妄想精神障碍等症状。

在并非为了治病的条件下反复、大量使用那些具有依赖特性或依赖性潜力的药物，并为体验这种药物所能够产生的某种特殊的精神效应，并导致了精神的依赖性和身体依赖性，就构成“药物滥用”。

滥用物质的诊断标准：不适当的方法使用某种物质而引起的临床上的对身心的损害或危险，出现以下三点症状并会持续12个月：

（1）由于周期性服用药物而造成无法工作、学习或承担家庭的主要任务。比如，与使用物质有关的连续迟到或很差的工作业绩，上学迟到或被学校除名、辍学，无法照管孩子和完成家务。

（2）遇到危险的情境下还是会使用该物质。例如，驾驶和操纵机器时由于服用药物而受伤。总会出现跟使用药物有关联的法律问题，比如，由于服用这种药物后而产生的无法控制的违法行为而入狱，没有资金购买药物而去盗窃等行为。

（3）症状不符合物质依赖的诊断标准。

所有滥用的药物——大麻、古柯碱、尼古丁、酒精、海洛因，其他二十多种已知药物——都会对多巴胺系统造成影响。一些人从出生开始就有滥用这些药物的倾向。滥用的药物分为三阶段对大脑产生作用：第一个阶段作用于人的前脑，会对感知产生影响；而后，这刺激会散发到大脑的各个重要部位的神经纤维里——人类和爬虫类都会有这些部位；最后，它们会把兴奋的信号告诉大脑的其他部位，一般情况是影响多巴胺系统。比如古柯碱，它的作用也许是不让多巴胺回收，就会有大量多巴胺在我们的大脑中飘荡；吗啡的作用是加快多巴胺的分泌。别的神经传导物质也会被其影响；酒精会影响血清素，有许多药物都会提高脑啡肽。

但是，大脑会自我调节，使刺激信号能够稳定：要是把大脑泡在多巴胺里，大脑就会对多巴胺产生抵抗，这样多巴胺要很多才能引发反应。

如果不是多巴胺受体的数量大量的增加，就是现在存在的多巴胺受体敏感度降低。上瘾者之所以会对滥用药物的需求量一点点增加就是这个原因，而且也是那些停止服用依赖药物的人，在慢慢复原时会觉得无力、闹心和忧郁的原因——他们的大脑在正常状态下所产生的多巴胺的含量，无法跟上被药物改造了的大脑所而产生的含量。大脑被再度调整过后，那种戒断症状才能消失。很多人都是如果长期使用成瘾的药就会上瘾。有1/3抽过烟的人会依赖尼古丁；约1/4用过海洛因的人会上瘾；约1/6喝过酒的人会依赖酒精所产生的快感。服用药物的方法决定了对这种药物产生依赖的快慢。所有的方式中，最快的中毒方式是注射，然后是鼻吸入，最慢的是口服。

当然，每种药物中毒的速度也都不相同，从速度上也能看出这种药物的副作用会有多大。“谁会产生使用药物的动机，这个问题没有一定的答案。”哥伦比亚大学毒品戒治与研究部的主管大卫·麦克道尔说：“要看在什么地方和什么社会状态而定。但下面的结果就没有一点定数了，有人只用了一次之后依然会好好地生活，以后都不会再试的；还有的人用一次之后就会上瘾，一生都无法戒断。”

依赖成瘾

接下来，讲一下第四个成瘾物质：大麻。大麻在前面的例子里也出现过，吸食大麻可以改变人们对世界的感知。当别的中毒症状还能保持正常的认知的时候，大麻中毒者早就“飞升”到另一个世界了。

这个时候，患者会觉得正常的感知非常可笑，有时候，他们会似梦似醒，感到时间好像已经止步不前。他们经常会描述很多夸张的感觉体验，或者描述某种音乐的微妙之处。不过，不同的患者对于大麻的反应是不同的，比如前文提到的M，她只是感到焦虑，而有的人会感到情绪高涨。如果摄入的大麻剂量不大，可能只是会带来一些良好的感觉。但是如果服用过量，可能会导致幻觉和眩晕。

讲完这第四个成瘾物质，再来说说第四种物质障碍：依赖。

物质依赖是一组认知、行为和生理症状群。

传统上将物质依赖分为躯体依赖和心理依赖。躯体依赖也叫作生理依赖，是因为总是服用同一种药物所引起的一种病态的适应，表现的症状为耐受性增加和戒断症状。心理依赖又叫作精神依赖，它会让使用者会有种非常愉快满足的或很愉悦的幻觉，让使用者为了再次获得这种感觉而经常使用这种药物。

有人认为，发生物质依赖者，其人格往往有缺陷，称为“成瘾人格”。通常认为有三种人格缺陷者易产生物质依赖，即变态人格、孤独人格和依赖性人格。

王强出生在一个大城市的郊区中，他是家中最小。他在读书时非常的受欢迎。跟他的其他朋友一样，仅仅十几岁时王强就已经吸烟并在晚上跟一帮朋友在路边的大排档喝酒。但跟别人不一样的是，王强每次喝酒都要喝醉为止。他还沾染了许多别的毒品，包括海洛因、可卡因、安非他命等。

高中华业之后，王强在当地就读于一所普通的大学，但是仅仅读了一个学期，就由于挂科太多而辍学。他总是挂科是因为总是旷课，并不是他的智商不行。而在晚上他总是有各种各样的活动，因而第二天起不来而不能准时上学。他的情绪波动也是很大的，总是感到不高兴。

王强的家人知道他有时候会酗酒，但是他们根本就不知道王强还服用毒品。王强因为家人对他滥用药物的怀疑而很生气。王强还会偷拿家里的钱，有一次他还将家中的音响给拿走了，可是家里就算怀疑王强也不敢跟他说。

王强换了很多次工作，但是都没有做长过。每次他找到工作的时候，他的家人都就又再一次相信他肯好好做人了，他会一点点地好起来的。但事实却是，王强从未在同一个工作岗位上连续工作几个月。他把挣的所有的钱都买毒品了。他也总是因为不去上班或者不好好工作而被开除。

在他30岁生日那天，王强突然跟大家说他要重新做人，他需要帮助，他想到一家酒精戒断中心接受治疗。他的家人也为王强这个决定而感到高兴并愿意帮助他，也没有人质疑他所要的几千元的治疗费用。此后的几周时间里，王强突然就消失了，家人都以为他去接受治疗了。然而某天一通来自警局的电话让大家一下子惊慌了。王强在一幢废弃的建筑物里睡着时被发现了，被发现时他极度的兴奋。尽管大家不知道到底是怎么回事，但是大家都明白一件事，王强用那些钱全买了毒品去跟他的狐朋狗友狂欢去了。

王强的做法让他的家人都讨厌他。就算他还是在家里住，他的家人也不再把他当做家庭的一分子了。后来，王强好像开始慢慢变好了，并且在同一个加油站干了差不多两年。他开始对加油站站长和他的儿子很友好，而且总是和他们一起去玩。但是，在没有一点征兆下，王强又开始喝酒并且吸毒，他由于在加油站偷窃而被捕。

为什么王强染上毒瘾但是他周围的人却没有呢？

在我们所处的社会中，适当地服用特定的精神药物被认为是正常的并且是恰当的行为，像咖啡或酒精。而在这个连续体的末端，对某种物质过于依赖而产生的种种问题，就被认为是非正常的。

但是，在这个连续体哪一点上药物的使用是不合适的呢？我们在应用这些药物的时候又应注意什么呢？这些难题给精神健康专家带来了极大的挑战，界定和诊断的标准也不断变化着。

药物使用行为的许多关键的因素目前还没有定论，而且人们对于药物的看法本身就是非常矛盾的。例如，我们认为尼古丁是一个能让人高度成瘾的物质，但是我们却不认为香烟是一种成瘾药物。酒精是引起药物依赖的典型物质，但是大部分人一辈子都喝酒却不依赖它。

物质依赖的诊断标准：

以不适当的形式使用物质导致临床上明显的损伤或危险（或更多）并持续12个月：

（1）耐药性，可由以下任何一条来定义：

持续服用相同量的物质效果明显降低；

需要显著增加物质的剂量来达到毒瘾或所期望的效果。

（2）戒断，可由以下任何一条来定义：

服用同样(或相关)的物质可以减轻或避免戒断症状；

对这种物质有明显的戒断综合征。

（3）花大量时间来获得物质（看不同的医生或走很远的路）、使用物质（连续抽烟）或从物质使用中恢复过来。

（4）服用大剂量的药物或者超出预期很长时间。

（5）由于使用物质，取消或减少重要的社交、职业和娱乐活动。

（6）有持续的愿望或用无效的努力来减轻或控制物质的使用。

（7）即使知道物质可能引起或恶化持续周期性的生理和心理问题，仍继续使用（例如，不顾可卡因可导致抑郁而继续使用，不顾酗酒可导致道德败坏而继续饮用）。

最近一段时间在某些地区开始流行滥用止咳露，许多人都因此受到伤害，使用者刚服用的时候被“这不是毒品”而引诱，但是实际上他们的身心所受到的损害是相当大的。

你能合理地服用药物而不是滥用它们吗？你能即使滥用药物之后也不产生依赖吗？要得到答案，我们首先要对物质使用、物质中毒、物质滥用和物质依赖等名词进行了解。物质这一“术语”指的是人们为了改变心境或行为而摄入的化合物。虽然你立刻想到是可卡因、海洛因之类的毒品，但是这个定义同时也指一些合法的物质，如酒精、巧克力、尼古丁、咖啡因、饮料。这些看似很安全的东西如果滥用，会使人的心境和行为被蛊惑，它们会让人上瘾，而且这些东西造成的健康问题和死亡率要比那些违禁物品和药物造成的健康问题和死亡率的总和多的多。

至此，4种成瘾物质——安非他命、可卡因、LSD、大麻，和四种物质障碍——中毒、戒断、滥用和依赖就已经都讲完了。接下来，会进入本章的高潮阶段——物质成瘾的原因。为了便于理解，只选取一种和我们生活关系比较紧密的酗酒来进行讲解。

酗酒的动机

酒是在现代社会交往中必不可少的一个重要物质，因为它能够使人感受到一种极其特殊的体验境界——醉。换句话说，如果酒不存在，那么这种独特的人生境界也就不存在了。

喝酒并不是一件容易的事情，而且人们在喝酒时的那种动机也都是不相同的，因此所产生的效用也就不一样了。目前普遍存在的观点是，北欧几个国家提高酒税是想要减少自杀率。酒鬼的心情总是非常的沮丧，但我们并不能就因此认为全部酒鬼都是容易沮丧的人。沮丧与酒精之间的关系会因性情与社会环境而受到很大的影响。在沮丧的情况下大部分人会过度饮酒——我们处在一个过于焦虑的社交场合里，或者是觉得自己有点忧郁的时候就对酒精产生了一种过度的依赖性。而耐受度也忽高忽低，反应也经常变化：喝酒之后，就会感到非常的愉快；也有自己少喝点的时候，就会有想要自杀的倾向，会感到孤独、无助和害怕。在家的时候，从来都不喝酒。但在与人交往的时候，想要不喝酒是很难的。控制不好焦虑和过于依赖酒精之间这个度。

大量地饮酒大多会出现头痛、乏力或沮丧，有的时候还会消化不良。长时间大量饮酒很可能会降低知觉的敏感度，严重的会导致精神失常或者是生理病痛，如肝硬化，饮酒过度之人的寿命通常也不会太长。长时间酗酒的戒断症状包括可致命的震颤谵妄症。

美国人有90%会在他们生命中的某一年龄段里喝酒饮酒。在美国，5%的女性和10%的男性都过于依赖酒精而产生了酒瘾——这就说明，要是他们开始决定戒酒的话，就会出现心跳过快、震颤谵妄和烦躁的症状。

我们目前尚未彻底了解酒精在大脑中的生理运作机制，也不清楚饮酒的生理机制，不过血清素有可能会影响人们抗拒酒精诱惑的能力。目前看来，高剂量的酒精会经由特定GABA受体对神经传导物质造成不良影响，GABA受体也是镇静剂“烦宁”

作用的地方。

持续过度饮酒会影响记忆力，并且会对整理新经验、放入连续记忆的能力造成永久损害。也就是说，他会遗忘个人历史的大概轮廓，生活的回忆变成点状与片段，而不是连续的故事。

酗酒千百年来一直给人带来轻松和刺激，又有可能成为一种自我毁灭的武器。酗酒者们全然不顾亲人的感受，以自我毒害的方式毁灭着自己。所以在这里，又可以把酗酒定义为一种自杀，一种慢性自杀，一种自我毁灭。

格温·卡明斯是一个非常有成就的女性作家，她每天都去舞厅或者酒吧，而且还会经常参加很多的聚会。每次在这种场合时她都喝得烂醉如泥，都要惹出各种各样的麻烦。这回，格温又在姐姐隆重的婚礼上喝得酩酊大醉，她不仅把婚礼蛋糕给打翻了，还驾车去蛋糕店买蛋糕，因此搅得一团乱。也因为这次事件，她被强行送到治疗中心去戒酒。

在她刚接受治疗的前几天，格温想尽各种办法破坏严厉的院规，但康耐尔医生还是一点点地攻破了她一直以来很难攻破的心理防线，强迫她重新审视一个真实的自己。在奥利佛、安德利、伯比、罗珊娜，特别是英俊的艾迪等其他病友的支持下，格温一点点地改变她原来浑浑噩噩的生活状态，开始去找寻一个真实的自我。

很多酗酒者解释说，自己过度饮酒的原因是因为自己在生活中所遇到的烦恼和困难太多了，然而这只是他们的一种借口而已。事实上，酗酒者连他们自己都不知道他们为何会酗酒。他们唯一能做的就是被身体中那种可怕的力量驱使着来用酒精找寻一种快感，靠酒精对自己进行麻痹。想依赖酒精的作用来忘记自己的痛苦，就像那些可怜的野兽不小心食用了毒药或者让火烧伤的时候，无奈下只能冲进海中而淹死一样，想要逃避一种死亡，但却以另一种死亡结束。

什么是酗酒？首先要弄明白酗酒到底是什么样的饮酒模式。饮酒模式分为许多种。首先，按照饮酒的社会形式来划分，可以把饮酒分为社会性饮酒和个人性饮酒。社会性饮酒指的是在社交场合所进行的、众人共同参与的饮酒模式。个人性

饮酒指以个人或家庭为单位而进行的饮酒模式。

其次，按照饮酒的社会功能来看，我们又可以把饮酒划分成仪式性饮酒、交际性饮酒、逃避性饮酒和习惯性饮酒等。仪式性饮酒一般情况下都是在特定场合下发生的。在这里，饮酒自身会构成仪式（如庆祝仪式、生日仪式、欢迎仪式、婚礼仪式等）的一个行为（如“交杯酒”、“干杯”），也是能够使仪式和庆典可以进行得更好的“润滑油”。

交际性饮酒指除了仪式活动，以交际为目的而进行的饮酒模式。这种交际一般来说是一种很多人在一起狂欢。在这里，饮酒有一种唤起人们兴奋的功能，并能够提高人们对于交谈和一起活动的兴趣。

逃避性饮酒指的是想要躲避因受到挫折或者打击（如失恋、失业、破产、与人相处不愉快、病重等）而引起的痛苦、无助、沮丧、孤独和不安而进行的饮酒模式。

习惯性饮酒则是指饮酒是因为这个地方有这样的风俗、家族中有这样的传统或者个人的行为习惯而形成的饮酒模式。

再次，按照饮酒的量来看，饮酒还分为节制性饮酒和过量性饮酒两种模式。

最后，按照饮酒的经常程度，饮酒还能够划分成经常性饮酒和偶然性饮酒两种情况。

综上所述，所谓酗酒，一般来说指的是个人性的、想要“逃避”某件事而总是过度的饮酒。也可以说，它是结合了4种饮酒模式的综合模式：个人性饮酒、逃避性饮酒、经常性饮酒和过量饮酒。

过度饮酒对人身体的损害，有大量的医学证明是真实存在的。比如，肝硬化、酒精肝、急慢性胰脏炎，甚至引起后天性的糖尿病、心肌纤维化、急性及慢性糜烂性胃炎、慢性肠炎、胆囊炎等。酗酒不只是危害到自己的身体健康，而且严重的时候会导致社会问题（偷窃、杀人、虐待配偶和子女等）发生率增加、自杀率上升，等等。据有关调查显示，酗酒者自己是知道会产生怎样严重的后果的，但是，他们无法从这种嗜好中走出来。为什么会发生这种情况呢？

就酗酒的动机和原因来看，国外的学者已经做了很多的研究，同时也提出了非常多的理论。“遗传论”认为，酗酒行为受先天的遗传基因影响。比如说，在研究被收养子女的案例中，生父如果是酗酒者，养子成为酗酒者的概率就更大了，就算他们的养父母从来不酗酒。而那些生来就对酒精过敏的人，就很难成为酗酒者。“学习论”则认为，酗酒是在成长的过程中一点点积累起来的。

“缓解紧张论”表示，酗酒者会依靠饮酒过度产生的欣快的醉感以此消除内心的紧张和焦虑等情绪。

但是慢慢地酗酒者要提高饮酒量才能够找到那种欢快的感觉，酗酒者只能是增加饮酒量来使自己能够找到这种感觉。

“能力幻想论”表示，酗酒者之所以饮酒是因为这些人过于自卑，他们要依靠酒精的力量来使自己产生一种幻觉（如性能力、气魄、胆识、对他人的支配等）。

张艺谋导演的《红高粱》里面有句歌词——“喝了这碗酒，见了皇帝不磕头”和“喝了这碗酒，一人敢走青杀口”，其实就是表述酒的这种幻觉功能。

这些理论都是有道理的，但是，这些又都没有解释出酗酒与社会到底是什么样的关系。仅仅从社会学角度来看，酗酒可以说是某种社会状态的反映。例如，社会节奏、社会腐败、社会压抑、社会不公、社会竞争、社会灾难，都能在酗酒的频率上反映出来。这又是为什么呢？那是因为这些社会状态会使社会矛盾愈演愈烈，社会矛盾就一定造成某些人遇到的困难，而酗酒也就是个人不满意现实状态、寻求解脱的一种方式。

从社会竞争的角度来说，由于我们逐步进入市场社会，导致竞争日益严酷，人们所遇到的事业和生活上的打击和挫折的可能性也越来越大，所有的人都处在这种无法避免又很难抵抗的压力中，很容易就会让人产生沮丧、不安、孤独与无助等感觉。而对于这样的社会环境，人们所采取的态度也是不同的。

一些人勇敢地面对这种挑战，敢于对抗压力，用积极的态度来面对，就算是遇到困难、痛苦和挫败，也一点儿都不害怕，敢于进取。但是，另一些人在遇到这种痛苦的状态时，就选择了用“逃避”来面对。一旦他们受到挫折和痛苦，便失去信心、不思进取，用酒精来麻醉自己，养成了酗酒的习惯。

第十二篇

无法自抑的『贪吃』

——神经性贪食

不满足的“食欲”

你知道“七宗罪”的由来吗？据说七宗罪是但丁在《神曲》中根据恶行的严重程度将色欲、饕餮、贪婪、懒惰、愤怒、嫉妒、骄傲排列而出的。

而说起七宗罪中的“饕餮”，在我们中国有这样一个古老的传说：传说神龙有九个孩子，饕餮在其中排行老五。在《山海经》中对“饕餮”有这样的描述：饕餮有着羊一样的身子，眼睛位于腋下，有老虎一般的牙齿，长着和人一样的手，有着一个大头和一张大嘴。而饕餮最大的特点便是爱吃贪吃，见到什么就吃什么，由于吃得太多，最后被活活地撑死了。因此，“饕餮”也可以用来形容一个人暴饮暴食。

曾有人对戴安娜王妃作过这样的描写：她生如夏花，逝如冬雪。其实，戴安娜王妃原本拥有一个在外人看来宛如童话故事的主人公般美丽而幸福的生活，虽然表面的假象永远笼罩在光环中。但其实在私底下，戴安娜王妃多年来都一直在辛苦地跟她的神经性贪食症和抑郁症做着艰难的抗争。

谈起戴安娜，便不得不说她与王储查尔斯从相识到相恋的故事。事实上，查尔斯王子在还没有认识戴安娜之前，他最先的约会对象是戴安娜的大姐莎拉，但由于当时的莎拉也正忙于与神经性贪食症搏斗，无暇顾及查尔斯王子，于是便把当时只有16岁的戴安娜，自己的妹妹，介绍给了查尔斯王子。

对于当时年轻单纯的戴安娜来说，能够与查尔斯王子交往，这令她感到无比的兴奋，因为除了查尔斯王子本身具有令她着迷的魅力外，那些来自于媒体、朋友、各界人士的关注都充分满足了年仅16岁的戴安娜的好奇心与幼小的虚荣心。在这种受宠若惊的情况下，戴安娜很快便坠入了爱河。尽管有许多人都不看好戴安娜与查尔斯王子的这段恋情，甚至有很多人谣传说王子可能从来就没有爱过戴安娜，只是迫于身份的压力，不得不选择一个结婚对象来生下皇位的继承人，但是，在戴安娜19岁的时候，查尔斯王子还是向她求婚了。

不久，查尔斯王子与戴安娜举办了一场空前盛大并受世人瞩目的婚礼。在婚礼举行后，慢慢地戴安娜开始意识到，先前那些让她感觉美妙的关注逐渐成为了令她感到有压力的源泉。

在婚礼即将举行前的一段时间内，此时，年幼的戴安娜却受到了来自公众、媒体和皇室的不同压力，面对着这些舆论的压力，戴安娜第一次有了一种无所适从的感觉，她感到孤独在不断地围绕着她，为此她经常哭泣。也正是由于这段时期的影响，戴安娜第一次开始采用呕吐的方式，在进食以后，再将食物从自己的体内清除出去。那段时间她的腰围从29英寸猛速地下降到了23英寸。

童话般的故事总是给人制造一种美好的假象，戴安娜的这段童话般的幸福幻想在舆论风波停息不久后，却被接下来发生的事情彻底打破，揭开了假象下掩藏的真实面具：戴安娜在自己即将与查尔斯王子步入婚礼殿堂前两天突然发现查尔斯王子打算送给卡米拉的一条项链，在项链上还刻着两个人的亲密昵称，并且还看见了卡米拉的照片从查尔斯的日记本里掉了出来，接着又发现了查尔斯有些衣服的袖口的链扣上还刻着卡米拉名字的缩写……

在查尔斯与卡米拉的这一切事件被戴安娜识破后，于是，便有了后来查尔斯王子对于这件事情的另一种说法：“我整个蜜月都是在你呕吐的气味中度过的。”查尔斯的意思是戴安娜每天都要吐，一天下来不吐个三四次是不会善罢甘休的。

此后，戴安娜王妃的暴食现象变得越来越频繁，虽然她有着一个娇小的身材，但也有着惊人的胃口。例如：她某天晚上晚饭吃了一整块的肉排，加上一磅的糖果和一碗大份的奶油冻，然而，每一次当她用呕吐的方式将这些食物都排出体外时，这种感觉给了她一个可以释放压力的出口。她渐渐意识到，呕吐的方式让她获得了一种控制感，并且也给了她一种可以表达愤怒的机会。

除此之外，由于现在社会言论自由，还有媒体的可怕舆论，戴安娜在日常的其他时间都会小心翼翼地维护和监控好自己的外在形象，让自己随时随地都可以处于拍照的最佳状态，因为稍有不慎，自己就会成为那些来势汹汹的狗仔们隔天新闻中的主要谈点。因此无论是服饰、身材和个人装饰品位上，戴安娜的表现都必须做到完美无缺的地步。而这些沉重的枷锁，只会进一步地加剧戴安娜的神经性贪食症的病情。

在生育过两个孩子之后，戴安娜的生活逐渐开始了缓慢而又充满波折的恢复之路，在那段昏暗的时光中，戴安娜先后向一位催眠师、一位占星术师、一位深层按摩师、一位芳香治疗师、一位针灸师、一位头骨按摩师、一位整骨治疗师等寻求帮助。在这些人的治疗下，她的贪食症才得到了一定的控制。病情有所好转后，1996年8月28日戴安娜正式与查尔斯王子离婚。次年8月31日的凌晨，戴安娜因一场意外的交通车祸最终在医院香消玉殒，终年36岁。

戴安娜的故事讲完后，你是否已经清楚地了解了神经性贪食症的情况呢？同时，在戴安娜的故事中，神经性贪食症的四个标准也随之清晰地浮出水面。

（1）贪吃。

是的，神经性贪食者的症状就是通常会大吃特吃，并且，他们要在一段特定的时间内吃下比常人食量多得惊人的食物。

（2）呕吐。

神经性贪食症者通常还会使用重复而不恰当的补偿方式来控制体重，比如说节食、使用泻药或者呕吐。

（3）失控。

同时对上面两条做重要补充：所有这些行为都是神经性贪食者自己无法控制的！

（4）不能正确认识。

对自我形象的歪曲（所有人都认为你瘦，但自己却仍然觉得很胖），或者对自我形体的过分关注（患病者的所有自信只来源于体重和体型）。

神经性贪食症就是通过上面中的四条从而给人们的身体和情感上带来一定性变异的巨大扭曲影响的。特别是用呕吐来作为清除食物的方式时，影响则会更为严重。

神经性厌食症又叫苗条病，是妙龄少女追求线条美、魔鬼身材的结果。多见于青春期女孩和年轻妇女，以长期原因不明的厌食、显著的体重减轻和闭经为其特征。

我们再来看一则案例：

H是一个活泼开朗的女孩，大学毕业后一直找不到合适的工作，在家吃白食。时间久了，父母也常对她冷嘲热讽。这让她心情低落，后来，她无意中发现吃东西能让自己心情愉悦，于是养成了一到心情不好便大吃特吃的习惯，想把痛苦溺死在食物中。一般来说，她每餐能吃一斤米饭，在别人看来，一个女孩子一顿吃这么多应该足够了，但是她有时还会加些零食，因为她总有种吃不饱的感觉。但她也有爱美之心，担心吃得那么多身材会走样，所以她会在吃完晚饭后用手去抠喉咙，把吃

下的东西再吐出来。而这种情况已经持续一年了。

据说人的胃容积平均在1.5升左右，个别的大胃王能达到3升以上，那么理论上来说，吃入了过量的食物应该会导致胃的爆裂，如同电影《七宗罪》中的胖子一样，在凶手的逼迫下不停进食，最后因胃部破裂而死。

这属于一种神经性贪食症，主要的表现为反复发作和不可抗拒的摄食欲望以及暴食行为。病人同时担心发胖，常会采取引吐、导泻等极端措施，把吃进去的食物再弄出来。此类病患多为年轻女性，发病年龄以18～25岁居多。一般来说，“神经性贪食”与“神经性厌食”经常交替出现。神经性贪食症患者通常会有以下共性：

首先，贪食症患者会因为经常性的呕吐而造成唾液腺肥大，因此，许多贪食症患者的脸部看上去都很“丰满”。其次，在不断地进食后，又采用频繁地呕吐，在这个过程中，人体所必须的必要营养物质也被排出了体外，这样便会轻易地增加贪食症患者感到疲倦和抑郁的倾向，例如：老人们常说的，吃不饱就不开心。

其实，一般情况下，呕吐的本身不仅能够减轻过多的食物造成的胃部不适，还能摆脱吃下过多食物而带来的心理上的内疚感，还能作为生活中一种释放其他痛苦的发泄方式，所以呕吐行为在许多贪食症患者中就得到了强化。

神经性贪食症和神经性厌食症一样，主要见于年轻女性，患者不停地担忧体形和体重。但是神经性贪食症患者的体重一般都保持在正常范围内。年轻女性中约有1%～3%的人患有神经性贪食症；此外还有同样比例的人具有本病的轻微表现。

写到这里，我们再来看一个关于电视的专题片报道的故事，内容大概是这样的：传说中有个是胃神转世的女孩降临于世，她的饭量超乎想象，达到了诡异和令众人膜拜的程度。她以迅雷不及掩耳之势横扫了家中一切可以吃掉的食物，但是体重却不见长。

整整50分钟的专题片子，前45分钟都在用专家们为此都陷入了迷局、研究得不出结果、广告过后马上回来之类的各种手段来吊足观众的胃口。在节目最后只剩下5分钟的时间时，制作组灵机一动，哎呀！还可以利用一个小摄像机去跟拍啊，看看女孩子吃完一桌子的满汉全席后都干吗了？女孩走啊走，小摄相机跟啊跟，跟着女孩进入了洗手间，刚想闭眼，以免看到什么少儿不宜的场面，却发现她此时蹲在马桶边开始呕吐……

这就是一个很典型的神经性贪食症患者。

现在回到前文，我们继续来讲讲呕吐。或许很多人都不知道，呕吐所带来的痛苦往往可能会导致体内分泌一种叫做“内啡肽”的物质，而这种化学物质会给人的神经大脑带来中度的“兴奋”感。因此人们在不自觉中所追求呕吐的这种快感的结果就是：呕吐的频率会不断在你的贪食症行为中增加。

而持续的呕吐还会扰乱体液的平衡，比如钠、钾的水平等，而钠和钾又是维持我们体内平衡的重要物质，这种状况就是传说中的电解质紊乱现象。如果在日常生活中不加以重视的话，还可能会导致一系列严重的并发症，例如像心律失常、癫痫和肾衰竭，所有这些均是潜伏性又致命的。

最后，由于贪食症患者经常性地需要伸手去诱发呕吐反射，手指与手臂便会经常性地与牙齿以及喉咙摩擦，长此以往，有些患者便会在这些部位出现不同的标志性的胼胝，也就是我们俗称的“茧子”，由此可见，这种动作是多么的频繁。

神经性贪食症患者除了采用呕吐外，还会经常性地服用一些例如泻药之类的药物，而所谓“是药三分毒”，这些药物造成的肠道问题也可能是很严重的，会出现严重便秘和永久性结肠损伤。

暴饮暴食后的“忧虑”

在这个时代，有许多认知出错的完美主义者，他们通常对自己缺乏很好的认同，同时，他们也不断受到全球节食减肥的冲击，这个时代对苗条的歌颂，就更加剧了这些人对瘦的追求。所谓有舍才能有得，那美丽的代价，也许就是这样的神经性厌食症。

陪伴他们的是食物，跟他们作对的也是食物，食物变成了一种可以麻醉他们的情绪的麻醉剂，而暴食就像抽烟、吸毒一样，变成了一种瘾。抠喉、挨饿、终日萦绕的关于肥胖和体形的念头……对他们来说，没有办法抛弃这个“坏朋友”，也无法跟它“和平共处”，终日生活在一片阴霾之中。

案例一：

在令人窒息的干渴中醒来，喉咙如火烧，B对水的渴望已经到了极点。喉头无意识地吞咽，昨天没有呕吐干净的东西却似乎又要涌了上来，那些难以忍受的味道似乎附着在那些讨厌的脂肪上。B有种错觉，只要喝下水，那些脂肪就会随着水的滋润无意识地膨胀开来。虚弱地躺在床上，B习惯性地捏捏肚子，似乎还是肉多了一点，或许已经不能称之为肉了，B似乎闻到自己的身体正在腐烂开来。到底起不起床呢？B犹豫了一下，却也觉得起床和不起床面临的都同样令人绝望。不起床，面对的是对食物、对水的无限渴望；而起床，不过是挣扎于吃与不吃之间。每每饱餐一顿，接下来的一定是一场激烈的呕吐，呕吐完是一阵空虚，所以又需要食物充满胃囊。每天都在吃与呕吐间徘徊，待到深夜筋疲力尽地倒在床上，令人绝望的一天似乎已经结束，但渐亮的天光又将带来新一轮的噩梦。或许你对B这样的人感到惊奇，但实际上，这样的人有许多，他们就在我们的生活之中。他们无法控制他们的进食量，令人咋舌的高热量食物是他们每天的必修课。他们对食物的需求像是一个无底洞，每每大吃一顿后，再通过种种激烈的手段把这些吃掉的东西从身体中排出，像是呕吐、使用泻药或者减肥药等手段屡见不鲜。

案例二：

2006年12月19日下午，《鲁豫有约》在北京录制一场关于神经性贪食症的访谈节目。在节目现场，有一位女生在接受采访时这样说过："有一次我连续吃下近200根冰棍！"另有一位曾经患有厌食症的女生也说道，她在暴饮暴食后曾经一天之内吃了近四瓶果导片，每一瓶都装有100粒果导片。

这样的行为实质就是一种变相的自杀！很多事实证明，患有贪食症的人不仅仅只是一些精神不佳的胖女孩，还有很多身材匀称甚至是有些苗条消瘦的人同样也会患贪食症。

可以这样说，贪食症其实是一种心理性的疾病，并且环境不同它的倾向性也不同。最初的时候，只有一些富饶的西方国家才会出现贪食症，随后，根据不同的数据证明，贪食症已经开始蔓延至全球。在东方，特别是发展比较快的日本和中国香港，其患病率紧随西方的发达国家。然而在中国大陆，将近有1%到3%的人患有贪食症，并且其中90%都是女性。而青春期是贪食症发病率最高的一个时期，其中有一半以上的患者直到3～5年之后才会去精神科接受治疗，另外还有很多人从来没有接受过专业的治疗。

在网上的各大贴吧论坛或者是学校的BBS上，偶尔都会有人冒出来呼叫：“我刚刚又暴饮暴食了，怎么办？”暴食在他们看来就是一种耻辱，但是网络是虚拟又安全的，至少不会暴露出自己的姓名。

即使很多人都不是完全符合神经性贪食症，但是还是有很多人的进食行为都是属于病态的进食，特别是在一些青年学生里面，他们已经组成了一个“强大”的群体。

神经性贪食症患者暴食和自我诱吐常常是秘密进行的。为此她们往往回避公共场合的进餐或聚会，因为每遇美味佳肴时，进食欲极强，害怕失态而不敢随意。这种欲望与理智的冲突是一种难以承受的精神煎熬。

神经性贪食症的发作和季节转换有些联系。一般说来，我们总在秋天“贴秋膘”，在冬天也会养一身冬膘，因而神经性厌食症的发作高峰期一般就集中在秋季和冬季，以暴饮暴食和催吐为主要方式。这也让人不寒而栗，毕竟，一年也就四个季节，神经性厌食症的发作高峰期就占了一半。神经性厌食症作为一种心理疾病，和其他心理疾病有一些共同之处，那就是神经性厌食症也是需要及时系统的治疗的。如果错过时机，神经性厌食症将转为慢性，这时想要彻底根治也就难了。有项调查研究佐证了这个观点，神经性厌食症转为慢性后，有些患者竟在10年后仍会存在强烈的想要变瘦的愿望和与之对应的身体症状。除此之外，患有神经性厌食症的人群以女性居多，只有5%到10%的概率是男性。患病的女性人群中也不乏高学历和高收入的群体，不过与其他患病女性一样，这些女性的生活环境和状态通常充满压力和竞争。

苏菲是一位正在读大三的女生，而她同时也是一位患有神经性贪食症的长期患者，下面我们就来讲述一下苏菲的故事。

苏菲是一个典型的80后女孩，从小成长在大城市里，家境条件优越。在她的成长之路中，也算是比较顺利的。苏菲并没有别的女孩子那般自恋，但她在学校里也是一位名副其实的大学“校花”。

苏菲不仅人长得漂亮，而且唱歌也唱得不错，还是一级棒的跳舞能者，她是校园里十大歌手之一，也是芭蕾社团里的领舞，这样的风头可谓一时无双。

每逢苏菲的倩影在校园中一现，定会引来无数花痴男生垂涎三尺的口水和无数女生们艳羡不已的目光。

但是在苏菲美丽的外表背后，却藏有一个不可告人的秘密，说出来许多人可能都不敢相信，尽管别人眼中的苏菲是个如花似玉的女生，可一直以来苏菲都始终觉得自己又胖又丑，为此她还常常苦恼不已。任何一点放进嘴里的东西都会让苏菲在失去成功与魅力的道路上又向前迈一步。

其实，事情的起端还要从苏菲11岁那年时说起，那时的苏菲就开始很关注自己的体重了，作为一个完美主义者，苏菲一直都在尽可能地用限制饮食来保持自己的身材和体形，因此苏菲从来不吃早饭，午餐也只是吃一小盒的饼干，晚餐只吃一半。

这种节制饮食的行为一直持续到了高中，苏菲已经从限制自己进食发展到了偶尔暴饮暴食。有时候暴食后，苏菲会把手指伸进喉咙里面来催吐，感觉手指不够长时，苏菲还试过用牙刷，但是都没有想象中管用。

上高中那年，苏菲开始以自己预料不到的速度长高。最后长到了165cm，体重100斤左右。别人眼里完美的体形对苏菲来说却如同噩梦，苏菲觉得自己肥胖不堪，以致于到了每天都测量“腿围”的地步。每天，苏菲都习惯性地用双手测量大腿的围度，若是发现有消瘦的迹象，那高兴劲简直难以形容；但相反，若是发现又长胖了一些，苏菲就会陷入沮丧甚至绝望之中，更加注意饮食。到了高三，苏菲的习惯还是没有改变。但有次放学后的晚上，苏菲因为无聊打开了电视。电视节目果然精彩，让她在不知不觉间吃掉了不少零食，等反应过来一看，两大盒的高热量糖果已然消失不见。

暴食之后的焦虑不安笼罩着苏菲，事已至此，苏菲奔进了洗手间，用手指深深地探进了喉咙，一阵恶心的气息涌了上来。苏菲呕吐不停，吐得几乎虚脱。但躺着休息的时候，苏菲似乎感觉到了前所未有的满足感和解脱感。苏菲自认为找到了一种在暴食和保持身材之间的平衡点。这或许对苏菲来说是一个完美的解决方案！

光阴似箭，日月如梭。苏菲就在这样实行自以为“完美的解决方案”中步入了她的大学生活。大学的开放和自由让她的暴饮暴食和激烈呕吐到了难以控制的地步，她的生活也变得一团糟。但苏菲总以为自己还能够操控，但最终，这样“完美的解决方案”的副作用还是以苏菲无法承受的激烈姿态爆发出来。爆发的导火线在苏菲大二的一次聚会上，苏菲喝了不少啤酒，啃了不少炸鸡，虽然达不到苏菲平时暴饮暴食的程度，但啤酒和炸鸡这两种食物太过容易致胖，是平时的苏菲敬而远之的。当苏菲终于意识到这一点的时候，那种焦虑不安感简直要把她压垮了。苏菲感到自己的胃在不断抽搐，她的心情也阴郁起来。在聚会告一段落后，苏菲忐忑地想要继续通过呕吐来寻求解脱，却惊惧的发现，无论自己的手指怎样刺激咽喉，那种恶心反胃的感觉却迟迟不至。那些高热量的食物还静静地躺在苏菲的胃里，而苏菲什么也吐不出来了。顿时，苏菲崩溃了，不顾自己平时注重不已的形象，坐到地上失声痛哭，扬言要自杀。这也让她的许多朋友都惊讶不已。

这时，苏菲这才意识到，她的生活已经失去了控制，她需要专业人员给予一定的帮助，这样自己才能度过内心这道坎……

一年过去后，苏菲的情况有所好转了，苏菲后来真的摆脱了神经性贪食症的困扰。

据美国心脏病学会发布的报告显示，暴饮暴食会增加人患心脏病的危险，他们研究了2000名心脏病患者的饮食，其中有158人在发病前26小时曾大吃大喝，另有25人在心脏病发作前两小时曾经吃下大量食物。和神经性贪食症和神经性厌食症一样，此病症主要见于年轻女性，患者不停地担忧体形和体重。

对体重的**关注**

总的来说，认知度较低的完美主义者，其共有的特点就是盲目地追求完美，同时又不能正确地来认知自己。这都是一些没有自信的人。

他们总是不看好并且觉得自己不如别人，便很看重自己的外表，渴望用外表来转变自己，同时得到自信，获得别人的认可。

事件一：

曾经有一位因为太过消瘦以至于闭经的24岁女生有过两年的厌食生活，之后便开始暴食。“那两年内，我减掉了40斤，这是我的收获。并且我开始发现，体重让我变得自信起来，如果体重往上多了3斤，我便会开始不停的惶恐，但想不明白的是，我一边害怕增重，一边又忍不住暴饮暴食。”

除此之外，她虽然拥有一个相爱的男友，但是结婚以后她却不愿意有孩子，因为这会让她的体重狂升，即使她的生理周期会不正常，她还是要选择瘦，就算只要她把体重增加10斤，达到85斤，她也不愿意。

神经性贪食症者要比神经性厌食症者少得多，可是这两种病还是有很多的相似之处。比如说有很多贪食症患者之前就患过厌食症，确切地说是他们曾利用绝食来使自己的体重低于标准体重很多。即使有些贪食症患者曾经没有患过厌食症，但是大部分的患者都有过禁食减肥的经历，有的是禁食几天然后再暴食几天，还有的人是白天不吃，晚上疯狂的吃，从而恶性循环。

事件二：

有一位患有神经性贪食症5年的21岁患者说："我因为害怕自己长胖，所以白天我什么都不吃，如果我胖下去，会没有男朋友的。"但实际上，她就是有点脸色忧虑，精神不佳，其他的都很正常。每天夜里，她都把自己锁在房间里不停地吃，最后再把吃了的吐出来。

她的身高有1米7，着装简单大方，皮肤白皙，只是略带一点倦意，烫染过的头发稍微有点发黄柔软。她抱怨说这一切都是因为她的暴饮暴食，从前的她气色红润，有一头乌黑的亮发。

她还说道，因为暴饮暴食，现在的她非常怕冷，这一年的冬季原本不冷，但她还是穿的那么多，她说因为暴饮暴食，她穿那么多衣服，腿看起来更粗了，更丑了，更加不会有男朋友了！

"要是仅仅只是因为你的身材才会有人爱你，那么如果哪一天你变胖了，那要如何是好？"这个问题使她无言以对，然后，她苦笑着说："这些大道理一样的问题，我都有想过，可是如果把一个有缺陷的我带给我自己以及我的爱人，这对于我跟他来说都会是一种无法言语的痛苦。"

要求完美，原本就无可非议，可是如果一味地将骨瘦如柴认为就是完美，就很容易无知地渴望一个永远实现不了的目标，被困在一种思想的死山洞里出不来。虽然这样，如果只是简单地缺少自信与完美主义，与厌食症的犯病无太大的关系。本人如果觉得自己偏重而且对自己的认知度很低时，完美主义才会影响到是否发病。

研究者McKenzie、Williamson和Cubic调查发现，女性的贪食症患者，总是认为自己的体重比自己的标准要重，身材也比梦想中的要胖，其实，这样的人即使是在喝了一杯水或者吃了一口糖之后，头脑中就会有一种觉得她们的身体在变胖的意识，相反，如果是正常的女性，就会觉得这些对她们的身材没有什么影响。

所以，就算是一个很小的与“进食”有联系的事情也会使患者恐慌自己的体重是否增加，对自身身材假象的更深层次的扭曲从而对此进行挽救计划，例如扫除性的行为。因此，“最开始就要让患者正确的认识到自己的体形，以及他们所存在的心理问题。这样才能让患者从根本上进行治疗”。

乔安娜·波平克是美国一位神经性贪食症的治疗专家，她说：“任何一位患者都拥有自己最突出的问题，他们在早期的犯病经历中，自己的私密空间都曾被冷漠不断地侵犯过。”

可是，什么叫作私密空间呢？其中，性侵犯、性虐待和身体虐待是最偏激的虐待，另外还有一些不同方式的对私人空间的侵犯，即使这些没有上面那些那么偏激，也不被世人所注意，但是，这些侵犯却更加的普遍，并且破坏性很大。就好像有的人以监护孩童的名义经常侵犯孩童的私人空间。

如果他毫无隐私，并且书籍被查看，他的物品被不知情地借出或拿去，他的努力被别人踩倒，别人经常忽视或鄙视他的任何选择，他连自己的日常生活都没有决定权，如穿着、饮食、伙伴或活动……这就代表他的私人空间受到了侵犯。

私密空间的侵犯还表现在另一种方式上。同样在被监护的情况下，他没有责任，也不需要承担自己行为的相应后果。他可以不要任何努力就达到他想要的目的，他理解不了努力、制约、责任以及“限度”的含义。

私人界限在不断地被忽视以后，自身就会利用“吃”来转移精神上的苦难。可能在吃的过程中他会得到安慰，关于需要做到什么程度，没有一个定量的规定。不同的时候，贪食症患者对于选择自己所喜欢的食物进食都不是依赖于自己是否饥饿，而是依赖于自我治疗的系统。

同一般的特殊心理一样，贪食症的根本病源是由生物学因素、心理学因素和社会学因素组成的。可是不断有数据证明，其中社会和文化的因素对贪食症者的影响最大。

如果你随机地调查一下你身边的女性朋友，谈谈她们是怎样看待自己的体重的，相信大多数的人都会想要“再瘦一点”，在如今这已经成为了一种时尚。可奇怪的是，不管身高多少，大家都坚信“美女不过百”的结论，还要拥有不实际的一尺七寸的腰。

为什么现在的青年一定要与自然为敌，达到一种半饥渴或者是自我毁灭的折磨性和扼杀生命的境界中呢？在大部分女性看来，漂亮的外表比健康的身体更重要。一些知识人已经将过度追求瘦这样一种社会因素指向书籍以及新闻中在“对瘦的追求”。

娱乐中支持人们更瘦的观念多半是指的女性，最后之所以沦为神经性厌食症，同女性认同“瘦即是美”的观点是息息相关的。从古至今都没有像如今这样，健康爱好者、媒体以及广大的食品、服饰生产集团共同联合起来，组成一个像美国耶鲁大学食品政策和肥胖吕德中心的发起人和主管凯利·D.布朗诺所称的“节食运动”。

虽然这样的“节食运动”名副其实地存在了，但是这样不切实际的标准却很难让人们达到。伴随现在生活条件的提高，女性的身高体重在不停增加，纵观历史同样也是一种往上增加的趋势。可是，很多女孩却逆袭她们在长身体时所必要的发育过程。

就像美国哥伦比亚大学教育学院教授珍妮·布鲁克斯所说的一样，女生与男生不一样的生长发育模式，在和文化的相互影响下出现了神经性贪食症。

在长身体的时候，女生体内主要增加的是脂肪，但是男

生增加的主要是肌肉。对于男生的形象，最好是强壮并且有肌肉，而女生则是消瘦而窈窕，所以在长身体的时候使得男生更加符合自己的理想形象，而女生却是越来越远离理想形象，这就是为什么精神性贪食症患者中女生会远远多于男生的原因。

其实，每个人对于自己体形的要求会随着年龄的变大而逐渐的减少，因此一般大龄的人发病的会很少。

调查还表明，白人青年男性似乎比黑人青年男性对比较瘦的女性更加感兴趣，也许这就是黑人女性很少患有神经性厌食症的因素之一。

西方的研究证明，在那些少部分的患有神经性厌食症的男性患者之中，多半是同性恋或者双性恋。比如说，美国麻省综合医院神经性厌食症中心的医生研究过患病时间超过13年的135名男性神经性贪食症患者，惊讶的发现有将近42%的人是同性恋或者双性恋。原因是在同性恋的意识中更加注重于外在的形象。但是更多事实证明，很多的男性都具有想要变得更加健美、拥有更多肌肉的压力。

另外，还有许多在进行一些对体重有规定的体育项目的男性运动员，就像拳击，他们在男性神经性厌食症患者中也是一个不可忽视的群体。

多亏了体形没有无节制的塑造性，不然这样与身体自然发育相冲突后果会不堪设想。很多的调查都证明，人的体形深受遗传因素的影响，也可以这样说，在我们当中，有一部分人是生来就比别人要重的，并且拥有不同于别人的体形。

即使一些人绝食的确能使得自己的体形比别人更好看，还是只有一少部分人能够达到如今世界所认可的体形。如果所有人都想要拥有自己理性中的体形，在生物学上这样的事情几乎是不存在的。

很多人以及患者都没有正确地认识和了解神经性厌食症。这些其实并没有什么让人羞愧的，这所有的一切都只是因为世人都没有正确地认识美。

再来看一些案例：

张倩今年25岁，有稳定的工作，但从去年开始，她每个星期都要暴饮暴食3次以上，每次都吃很多东西，然后再用手指抠喉咙催吐。

一年下来，张倩吃的东西一点也不少，而体重却持续下降，1.65米的个子，只有40公斤重。妈妈发现张倩消瘦后非常担心，带她去了很多医院，但也没找到病因。直到有一天，妈妈发现她自我催吐。

为什么张倩会发展成这样呢？

原来张倩小时候学过舞蹈，老师向她反复强调不能吃太胖了。10岁时有一段时间，张倩吃得多了一些，体重增加了，就不能在舞蹈表演中跳主角了。从此张倩每天晚餐都不吃饭，只吃蔬菜和水果，这样坚持了好几年。女生小优是个白领，每当心情很糟的时候，她都习惯疯狂地吃零食，特别是薯片。萌萌是一个上高三的中学生，由于考试带来的压力使得她疯狂地吃零食，仅仅几个月体重就大增。回到家中，萌萌会把东西都吃了，即使是一些冷冻的食物，她也来不及加热就猛吃。去年，小丽由于考研失利，开始用暴饮暴食来发泄内心的低落情绪，每次都会吃很多的东西，并且每次吃东西的频率也是出奇的快，但是又害怕自己会变胖，吃后便用手去捣喉咙使刚吃下的东西都吐出来，接着又不断地开始乱吃其他的东西……

每当你心情不好的时候，会不会突然地拿着薯片、冰淇淋或者是蛋糕这些甜点疯狂地吃，又或者是马不停蹄地品尝火辣激情的烫辣火锅从而来去除自己内心的郁闷……大部分女性在感觉到压力或者情绪紧张的时候都会以暴饮暴食来排解压力，希望找到一种味觉上的刺激，从而把压力甩掉。

调查表明，在城市成长的女性，贪食症的发病率是厌食症的两倍，在一些发展比较快的城市，甚至达到了5倍。而且神经性贪食症的患者多数都是女生，所有女生中，发病的大概有1%到3%，相当于男性的10倍，女性的发病年龄一般是18～20岁。有学者指出，因为情绪而开始饮食过量给人们带来的后果只有超重和感到愧疚，这些不仅不能消除自己不愉快的情绪，而且会使人们的情绪更加反复无常，对身体也有很大的害处。

从科学的角度说，因为情绪而进食其目的是为了安慰自己的情绪感受，并不是因为感觉到饿，这样的人仅仅只是把进食当作是一种缓解或者消除自己情绪的工具，困难、郁闷、压力、痛苦、平淡的生活、孤独、交际等这些因素都有可能引发贪食症。

美国心理学研究所调查表示，过度的负担会让人体的皮质醇含量升高，从而激发人们对于食物的渴望。将近一半的超重者都习惯于以零食来克服自己不好的情绪。

历史上，曾为英国副首相的普雷斯科特也曾长年患有饮食失调症，暴饮暴食成性。他曾说："我可以肯定暴食症和工作压力过大有关，暴饮暴食的确成为我释放压力的有效途径。"

学者研究表示，现在的人们压力都非常大，在如此大的压力之下，人们往往会有意或无意地借用一些方法来处理自己的心情。就好像"吃"这样的方式，也许他此时并不觉得饿，这并不是来自身体的呼唤，只是想要以味觉来激发自己，给压力找到一种出口。

依靠情绪而使自己疯狂进食，不仅不能消除人们在生活中所遇到的困难，还会刺激人们的情绪，使其更加的反复无常。

根据事实显示，美国乡村歌手艾尔顿·约翰和日本影星宫泽理惠以前都患有过暴食症。芬兰专业健康调查所以及奥卢大学的调查人员跟踪和调查230名女性，为期是一年，事实证明，在生活和工作中因为压力过大和太过劳累的女性的患病率更高，因为这使得她们情绪化进食，并且拥有不健康的进食习惯，从而开始肥胖，威胁到自身的健康。

神经性贪食症同时还伴有忧虑症、心理人格障碍、焦急症、逼迫症，甚至自杀等，大部分都存在于女性中，女性的发病率在1%～3%，而男性则是女性的十分之一，一般都在18～20岁开始发病。

研究表明，75%的贪食症患者都伴随有焦虑障碍，如社交恐怖或广泛性焦虑等。情绪障碍，尤其是抑郁，也会伴随神经性厌食症同时出现。但是，几乎所有的证据都表明，抑郁是在

贪食症出现之后才产生的，而且可能是对贪食症的反应。

神经性贪食症主要有以下的特点：患者的进食欲望以及他的行为都是突然发作的，并且一旦有了这种欲望便会难以控制，每一次的进食量都非常的大；并且很多病人因为害怕自己的体形发胖，便在吃完以后又强行把食物吐出来，有的甚至服用泻药，也有的是增加运动量。这样的病症持续的发作是非常危险的，不仅会给人带来肠道不适、胃无节制的缩张外，严重的人还有可能危及到生命，并且还很有可能引发成为厌食症。

贪食症患者的心理人格时常都会很不稳定，不能够很好地管理和控制住自己的情绪，他们没有真正的饥饿，但是在心理上或者脑海中他们总是认为自己很饥饿，并渴望利用“吃”来缓解自己的焦虑和不安。

一般来说，很多人都是因为很严重的心理疾病比如说抑郁症或者是心理焦虑才患上贪食症的，他们认为这比贪食和强烈地注重自己的体重更加重要。以这种角度来说，贪食症属于一种心理上的疾病，最根本的是要从心理治疗开始的。

最开始的暴饮暴食都是由一种不好的情绪而引发的，但是这还是不能让人忽视人们在开心的时候所进行的饮食。根据调查发现，有大部分的人在感到快乐的时候都喜欢吃一些烹调食物，如果想要奖励自己会有74%的人想要利用进食的方式；但是在心情不好的时候想到要进食的只有39%，有52%的人会在无聊时进食，只有39%的人会在孤单时进食。另外有调查证明，在受情绪控制的饮食中，人们更加渴望食物具有

“慰藉性”。

这类食物通常热量高、糖分高、盐分高、脂肪高。女性则更倾向于追求甜食，如冰淇淋、巧克力、糖果和曲奇饼干等，而男性则热衷于选择比萨饼、牛排等。情绪化饮食导致人们饮食过量、超重和产生内疚感，不利于人们的健康。

心理专家指出，制止情绪化饮食，主要可以个人通过自我心理调节来达到：

（1）要明白，通过进食这样的行为来控制自己不好的情绪，只有坏处没有好处。不如连续地提醒自己，自己之所以想要不停地吃，并且克服不了自己，并不是因为饿了，其实是有一种难受的情绪需要发泄，但是进食这样的方式是错误的，这样的方式只能证明自己在不断地逃避自己不想面对的事情。

（2）利用一些其他的事情来分散自己对食物的注意力。每当自己想要通过吃来安慰自己不好的情绪时，便要开始不停地告诫自己，利用一些其他的事物来分散你对于进食的注意力。比如说，利用唱歌、聊天、阅读或者上网，但是其中最有效的方式是体育锻炼和散步。

在进行锻炼的时候，人体内发出的化学物质和人类激素对人类的情绪起到一种振奋的作用；同时在锻炼的时候体内还会放出一种叫作内啡肽的物质，它不仅能够很大程度地改善我们的心情，同时还能增加我们自身的免疫功能。

（3）以绿色食物来替代。要是你没有办法来控制内心对食物的渴望，那就尽量让自己多吃点绿色的健康食物，比如说富含多种维生素的食物，包括水果、蔬菜还有豆制食品，或者是含盐量和含糖量低的食物；千万不要饮用一些高能量、高脂肪的食品。

要是已经患有了神经性贪食或者厌食症，第一步就要规范自己的饮食习惯，转变自己对于进食的看法，并且在必要的时候制作一个属于自己的饮食计划，把饮食控制在规定的时间内。

（4）如果是暴食症患者的情况比较严重了，那就必须趁早去专业的医疗机构进行治疗，不可忽视，因为抑郁症和焦急症等病症常伴随着神经性暴食症和神经性厌食症，所以就治疗方法而言，在使用药物治疗的同时还需要进行更深层次的心理治疗以及家庭治疗，使得其内外结合。

治疗师同时也应该调节病人的心理，要引导他们以健康的方式来克服心中的忧虑、负面情绪；同时还会有规范的食疗方法，使用一些健康的药物来治疗，稳定患者的病症，将外在治疗与内在治疗有效地相结合。

第十三篇

『害羞的膀胱』

——社交恐惧

所有的眼睛都在“注视我”

有些人很喜欢表现，尤其是有点自恋小情结的家伙们，使尽浑身解数吸引众人眼光，恨不得全世界都是他们的观众。可是，有人喜欢被瞩目，就有人很“害羞”！他们不喜欢被人注意，甚至会感到紧张或者害怕。

在公共场所，人与人之间难免会有眼神的不经意接触，然而在一般情况下，这些都是无心之举。可有些人却觉得自己无论是在商场、公交车，甚至走在街上，都有无数双眼睛在注视他们，关注他们的一言一行、一举一动。

难道他们是超级明星！NO！NO！其实被所有人瞩目只是他们自己的想法，一种被关注妄想而已。

生活中，人们一般都会在公共场所接触很多人，但是如果问今天都见到什么样的人，除了那些你熟知的或者有接触的人，多数人都毫无印象！因为大部分时间，我们都忽视着周围的人群，同样也被忽视着！

然而，这些“巨星们”，无论在什么地方、什么情境中，他们觉得身边的人无时无刻不在关注着自己，怀疑人家是不是都在讨论自己。他们非常害怕成为别人注意的中心，特别害怕在别人面前出丑，因为这对于他们来说简直就是和天塌下来一样大的事情！

“不知道为什么，迎面走来的每一个人都要瞟我一眼，难道我长得很丑吗？这样搞得我真的很不舒服，我很紧张。好像四处的人都在看着我、讨论我，我到底做错了什么，还是我有什么与众不同的？现在我很害怕去人多的场合了，很不自在，甚至会呼吸困难……”

“我为[illegible]参加学校的唱歌比赛，准备很久。我知道自己胆子很小，但[illegible]很想突破一下，可是我最终还是失败了。台下的时候明明唱[illegible]很好，可是一上台就一句也唱不出来，大家都在哄笑，好丢[illegible]啊。后来感觉学校的同学都在议论我，每次走在操场上，大[illegible]就在我背后指指点点，现在走在街上，感觉陌生人都会嘲笑[illegible]……”

“在[illegible]共卫生间小便时一定要等到旁边没人，或者到一个单独的小[illegible]间，否则我就尿不出来。因为如果有人，我就会感觉他们偷[illegible]我，我很紧张也很害羞……”

以上[illegible]来自“巨星”们的自述，虽然他们害怕的场所不同，但是[illegible]们因为某一不愉快的经历就一直耿耿于怀，害怕再次出现在[illegible]样或者类似的场景中，因为会感觉到人们都在对他那件“大[illegible]情”念念不忘。

这[illegible]不仅仅因为他们是害羞，而是在自我认知上发生了错误，产[illegible]了心理障碍。他们患了社交恐惧症！同样是到街上或其他公[illegible]场所，正常人不会有太大的“收获”，而社交恐惧症患者则[illegible]回了无限的来自陌生人的“批评”、“愤怒”等，尽管大多[illegible]他们自认为的。

[illegible]活中，很多我们看来很平常的事情，在社交恐惧症患者看[illegible]简直是天大的事情！比如，有的女士不愿意自己出去逛街，[illegible]为总觉得这样自己好像暴露在所有人的目光下，浑身不自[illegible]，焦虑不安；比如，坐公交车这样连小朋友都敢做的事情，[illegible]他们来说都很困难。再害羞的人也不会连些日常的事情

都不敢做吧！

普通群体中有高达13.3%的人在一生中会有某种程度的社交恐惧症，使得社交恐惧症成为一种最常见的心理障碍。男女患该病的比例基本持平——1.4∶1。

很多人以为缺乏交际能力就是患了社交恐惧症，这是错误的！首先，有些社交恐惧症患者如演讲恐惧症是可以正常与人交往的；此外，虽然的确有些社交恐惧症患者无法与人正常交往甚至接触，但这并非其原本就无社交能力，而是因为某些原因而导致其对人与人之间的接触产生了恐惧。患社交恐惧症的人害怕直视别人的眼睛，而且担心他们的某些个人特征比如脸红、口吃、体味被别人指责，因此感到焦虑、恐慌不安！

姗姗，大学毕业进入某知名外企的小白领，本该是很多人羡慕的生活，而她却患上了社交恐惧症。

虽然爱美之心人人有之，但是姗姗却

对于自己的外在过分地在意。因为一次恋爱的失败，姗姗觉得男朋友之所以抛弃自己，就是因为自己打扮不够漂亮，并且严重地打击了她的自信心。从此以后，她每天都精心打扮一番才能安心出门。她也特别在意别人对自己的评价。

姗姗为人随和，和同事的关系也很好。有一次，姗姗穿了一件碎花裙子遭到了同事的玩笑似的嘲讽，这深深地伤害了姗姗的自尊心，并将她那早已脆弱如薄纸的自信心击得粉碎。姗姗痛苦地忍受到下班，回家后就立刻把裙子剪碎扔掉。这种压力越来越大，姗姗每天一出门，就觉得大家都在盯着自己看，而且都在嘲讽自己的外表，渐渐地，开始不愿也不敢出门，害怕去人多的地方！

小女孩莉莉，在课堂上偶尔一次发言不顺利，可能是结巴或者停顿，可能由于长得漂亮，遭到了班级男同学们的一阵故意的嘲笑。然而对于一向很好强的莉莉来说，这个痛苦一下被钉入心中，每每发言都和这次一样糟糕，而且愈演愈烈，在课堂上不能回答任何问题。后来虽然私底下与家人、朋友之间却不存在无法交流的障碍，但是出门后不能去商店买东西，因为无法与营业员交流，也无法在公共场合和陌生人交流。

这是一种因“习得性无助”而导致的社交恐惧症。习得性无助，是指因重复的失败或惩罚而形成的一种对现实的无望和无可奈何的行为、心理状态。

关于“习得性无助”的发现，又和狗有关，但不是巴甫洛夫的狗。这一次，是美国心理学家塞利格曼的狗。塞利格曼1967年在研究动物时，他用狗做了一项经典实验。实验是这样的，有点不是很人道！起初，他把狗关在笼子里，然后旁边有人按蜂音器，只要蜂音器一响，就用难受的电击刺激狗，狗关在笼子里逃避不了电击，只好作困兽状，上蹿下跳，屁滚尿流。多次实验后，先把笼门打开，再按响蜂音器，但并没有给电击。然而，狗不但不逃，反而倒在地上开始呻吟和颤抖。这种本来可以主动地逃避却绝望地等待痛苦来临的行为，就是习得性无助。

再回到社交恐惧症来，一个人偶然一次或者几次体会到社交的创伤，但自己被当时产生的痛苦所困扰，多次强化暗示后便有可能对以后类似的痛苦产生“习得性无助”。

从上述的这些例子中可以看得出，社交恐惧症并不像大家认为的只是人际关系问题那么简单，社交恐惧症会严重地影响患者的工作和生活，如果不接受治疗的话，它将会成为一种慢性的、终生的疾病，几乎没有改善或者恢复的可能。

这类社交恐惧症患者主诉与别人见面时不能正视对方，自己的视线与对方的视线相遇就感到非常难堪，以至于眼睛不知看哪儿才好。患者一味注意视线的事情，并急于强迫自己稳定下来，但往往事与愿违，不能集中注意力与对方交谈，谈话前言不搭后语，而且往往失去常态。有的学生患者在上课时，总是不能自已地去注意自己旁边的同学，或总感到旁边的同学在注意自己，结果影响到上课，并给自己带来无比的痛苦。

社交恐惧症患者普遍偏年轻，大部分集中在16岁至25岁之间。之所以年轻人容易患上社交恐惧症，主要有两大方面原因：首先，是网络时代导致人与人面对面交流减少。有很多交流都是通过网络、电话来完成，长时间便形成依赖，逐步变成不愿乃至不能接受面对面交流；其次，是性格影响。现在的

80后、90后人群都比较自我，且都是独生子女，自理能力比较差，凡事以自我为中心，不善于换位思考，稍稍和他人发生争执便会产生极大的挫败感，更不用说主动与对方进行沟通，久而久之便会在社交问题上出现障碍。

怕见陌生人的“害羞鬼”

对于具有社交恐惧症的病人中，有些病人病前人格相对健全，恐惧是在强烈的创伤性处境下发生的，如前面提到的姗姗和小女孩莉莉。然而有另一个极端是病人有人格障碍，从小害羞、怕见人，他们多数就会成为社交恐惧症患者中的怕见陌生人的“害羞鬼”。

你可能会有疑问，很多小朋友见到陌生人都会害羞，难道都是社交恐惧症？你先别着急，咱们好好来了解一下这群特殊的“害羞鬼”。

首先，除了一些特别开朗自信的小朋友喜欢主动与陌生的叔叔阿姨打招呼，多数小朋友都会很害羞、腼腆地躲在爸爸妈妈背后，弱弱地喊一声叔叔或者阿姨好。而有的小朋友不仅仅只是害羞，甚至有些恐慌，打死也不肯叫人，甚至会哭泣。在儿时这类特殊的人可能还不是那么明显化，因为在大人看来，他们只是胆小害羞，年纪小、不懂事而已，但是随着年龄的渐渐增长，你就会发现他们的与众不同了！

小美自小父母就在外打工，和外婆一起生活。小美从小就是个很没有安全感的小孩，也很害羞，每每外婆让她叫人的时候，就会躲在外婆背后。由于外婆怕自己的孙女受欺负，很少让她出去玩，常常关在家里，小美自己的胆子也特别小，不喜欢出门，也不喜欢和人接触。后来上了学也很内向，不敢回答问题，也不怎么和同学、老师说话。除了学校的同学、老师和外婆，小美几乎不和任何人来往，每当出门都是低头不敢看别人。如果有陌生人主动和她说话，她会立刻紧张害怕起来，脸火烧火燎的感觉，心跳加快，大量出汗，根本无法张口说话，更不敢看对方。自己这种傻傻的表现更让她觉得自己是个怪人，进而更加自卑，尽量让自己避免与陌生人接触。

外婆不知道小美这是得了社交恐惧症，还笑自己的孙女是个大家闺秀！随着年纪渐渐长大，小美从不喜欢出门到不敢出门，从不敢看陌生人、不能和他们说话，到只要有陌生人出现在视野里，就开始紧张不安，立刻逃离！如今，已经步入花季的小美，本该好好享受友谊甚至是青涩的爱情的时候，却只能一个人孤独地躲在家里！

现在知道害羞和社交恐惧症的区别了吧：你有人家“害羞”吗？

“我会害怕见到陌生人，有时候只要是陌生人经过我的身边，我都会感到紧张，我享受和熟人以及亲人在一起的感觉，那样我才不会紧张。但是只要是和陌生人在一起，我就会变得沉默和内敛，我会觉得不自在，甚至害怕。而且这种害怕陌生人的习惯导致我对未来的高中生活充满了恐惧，因为上高中后意味着将接触更多的陌生人，而且我比较宅，不喜欢出门，出门看见大街上一个个不认识的陌生人我会产生深深的恐惧，就

想着快点逃离。”这是来自一名初三学生的自述。

他们害怕自己在别人面前出洋相，害怕被别人观察。与人交往，甚至有陌生人在身边，对他们来说都是一件极其恐惧的事情。这种人一到青春期，社交恐惧便明显起来，往往并没有什么确定的诱因，多数和成长环境有关，例如，过于保护孩子，对孩子缺乏信任，缺乏情感支持；过度关注孩子服饰是否整洁和言谈举止是否得体；控制孩子进行社会交往，从而妨碍了他们学习社交技巧来控制自己对社会的恐惧等。

我们再来看一个病例：

由于父母对孙倩要求极严甚至苛刻，她从小性格内向、胆小、孤僻。小学时一次孙倩的考试成绩不理想，父亲就让她重做试题，她不想做还哭闹，父亲就怒气冲天地将笔甩到她脸上，笔尖刺伤了她的脸，鲜血直流。这件事让孙倩至今记忆犹新，想起来还是很害怕。父母很正统、很古板，对孙倩的约束很多，父亲认为女孩子在外蹦蹦跳跳、打打闹闹是不正经的，还容易上坏人的当，所以除了学校和家，孙倩很少在外玩耍。

不愉快的经历不仅仅来自于父母。孙倩一向很好强，所以学习成绩十分优秀，一直是老师眼里的好孩子，对她要求也就更加严苛。一次提问没答好，老师当众批评她、挖苦她，她难过得直流眼泪。孙倩从小就不怎么和男孩子来往，由于学习小组，她和一个男孩子走得比较近，于是同学们都拿他们开玩笑，说他们在恋爱。孙倩感到很羞耻。后来这玩笑话传到父亲的耳朵里，父亲大发雷霆，大骂孙倩不要脸等羞辱的话，从此孙倩再也不和任何男生说话。再就是大一时，同室一位同学A家境不好，孙倩就经常主动帮助她，可这样反而伤了那位同学A自尊似的，同学A不但不领情，反而时常挑剔她、指责她、刁难她，故意当她的面和其他同学亲亲热热，冷落她、孤立她。这使孙倩委屈极了、难过极了。她恨自己，自责自己是不受欢迎的人。

不知不觉地孙倩就怕和人接触了，愈来愈害羞了。她认为自己是个怪人。渐渐地，她把自己封闭起来，从不多与人说话，与人讲话时不敢直视，尤其是异性，眼睛躲闪，像做了亏心事，一说话脸就发烧，低头盯住脚尖，心怦怦跳，身上起鸡皮疙瘩，好像全身都在发抖。

讲到孙倩这个病例，我们发现，孙倩除了怕见陌生人，还特别对异性感到恐慌，这就要引出另一种社交恐惧症——异性恐惧症。在社交恐惧症中，还有一类人群，他们平时都和正常人一样，可以在公共场所自由出入，与人交往也很舒畅，但前提是这些人必须是和自己一个性别。如果是和异性打交道，尤其是陌生的异性，那就会恐惧起来！

这一类社交恐惧症患者比较隐秘，因为他们多数还是可以正常生活的，但在感情方面就会遇到很大的困难。虽然他们也有着强烈的得到异性爱与被爱的渴望，然而由于自己根本无法与异性接触，就更别提谈恋爱了，那简直就是要他们的命。

家住县城的小丽，从小父母离异。由于其爸爸有外遇而导致家庭破裂，妈妈常常把气撒在跟着她生活的小丽身上，动不动就责骂小丽不要脸、贱人等。只要小丽和男生说话被妈妈看见，就会遭到妈妈莫名其妙的辱骂。由于自己的婚姻失败，小丽妈常常灌输小丽这样的思想：男人都不是好东西，不要理他们，他们会害你的。渐渐地小丽越来越讨厌男生，不和男孩子往来，尽量躲他们远远的。“中学时，见到男女生之间的往来就很反感。慢慢地自己也不敢和男生单独相处，但有男生和自己说话，就会立刻紧张，不敢直视对方，像做了亏心事。心怦怦跳、气促，肌肉起鸡皮疙瘩，全身都在发抖、出汗。很想控制自己这种不正常的反应，可是越是想不要这样，自己表现得越差。”小丽自述道。小丽就医后确诊为神经症——社交恐惧症。

神经症即神经官能症，是一组非精神病功能性障碍。是一种心因性精神障碍，以人格因素、心理社会因素为主要致病因素，但非应激障碍，是一组机能障碍，障碍性质属功能性，非器质性。

大多数人认为，这种过度的“害羞”是女性的天性。因为一些正值青春期的女生，一方面有着正常的与异性接触的愿望；另一方面已经内化了的有关两性交往的“羞耻感、道德意识”有意无意地使你批判自己的想法，抑制自己的欲望。因此，常常处在一种是否与异性交往的心理冲突之中。而害怕、羞于见男生这种病态反而减轻了这种冲突。从心理学上讲，身体的“症状”是内心冲突的“改头换面”。

当出现对人的恐惧反应后，便批评、督促自己该怎样怎样，控制自己不要怎样怎样，这就产生了一种暗示、强化“症状”的作用。再加之愈感到“不自然”、“狼狈”、“难堪”，头脑中就愈多地出现“想象观念”。这进一步导致了自我感觉恶化。如此恶性循环，“症状”便日益严重了。在这种想改变又未能改变、想摆脱又无力摆脱的困境中，早年的负性心理印痕被激活了，与现实问题交织在一起，产生了综合作用导致心理障碍的产生。

其实，有些纯爷们儿也会有这种“异性害羞”恐惧症。回想一下，班级里是不是有些男生总是很酷的样子，不爱搭理女生。其实，在这里面就隐藏着“害羞鬼”。他们由于过度在乎别人特别是异性对自己的看法，其实他们有些自卑，害怕在异性面前出丑，被异性否定，因此不敢与异性接触，常以高傲的假面对待异性。如果一旦遭受到恋爱的挫折，就很容易引发这种异性社交恐惧症。

一相亲就逃跑的“逃跑哥”，今年32岁，至今未婚，亲朋多次安排相亲，但是逃跑哥一见到女方，就开始发抖、面红耳赤，撒腿就跑。朋友便给他起了个逃跑哥的外号。你可能在想，一个大老爷们看姑娘还不是美差事，跑什么啊！怎么比姑娘还害羞！逃跑哥，还真就是很“害羞”，不对，应该说是恐慌、焦虑。家人和朋友曾怀疑他喜欢同性，所以才用这种方式逃避，为了证明自己是个正常的爷们，逃跑哥在家人的陪同下就诊，证实自己并非性取向问题，而是患了社交恐惧症。

问其病因就要回忆一下过去了。小时候，逃跑哥去邻居姐姐家玩，结果被好奇的姐姐们脱了裤子，一个无心的恶作剧给逃避哥幼小的心灵留下阴影。中学的时候，他喜欢隔壁班的一个女孩子小S，一向很胆小的逃跑哥苦于自己不敢表白，就和兄弟说了这事。在兄弟们的陪同下，逃跑哥终于大着胆子向女孩表白，结果不但被女孩拒绝，还羞辱一番。害得逃跑哥当众出丑，无地自容。

自那以后，他再也不敢靠近女孩子，在女孩子面前也总是很自卑，觉得没有人会喜欢自己。见到女生就紧张，尤其是自己喜欢的女孩子在场的时候；害怕与女性接触，面红耳赤、紧

张颤抖、说话结巴等这些该有的病症逃跑哥都有啦，哪怕是自己的女上司。由于自己一直无法正常与女性接触往来，也就一直没有谈恋爱。

看了这么多病例，不难发现，这类社交恐惧症患病病因多是和自身的生活环境和成长经历有关。研究表明，社交恐惧症多与童年时期的某个行为印痕有着直接的关系。其中不良的教养方式是恐惧障碍发生的重要原因。病患的父母较正常人的父母对子女缺乏情感温暖、理解、信任和鼓励，但有过多的惩罚、拒绝和过度保护；父母的严厉、惩罚，会使孩子变得胆怯、小心翼翼，在社会中过分担心自己的言行，唯恐遭人指责；父母、老师对其的批评、否定也会使其个性变得自卑、自我否认、内向而逃避社交，或者过分注重自己的言行举止。

强迫、焦虑与**恐惧**

社交恐惧症常常与强迫症和焦虑症交织在一起。

只要有男士在场，Lily就开始坐立不安起来，不敢直视男士，尽量躲避，如果迫不得已要共处，就会做出一些异常的行为，比如手里要不停地把玩一样东西，脸上有着纠结的表情！但是，千万别误会，Lily可不是个害羞鬼，不敢接触异性，她只是在克制自己的强迫症，通过把玩一些东西分散自己的注意力，不要让自己做出更夸张的事情——拔掉男人的胡须等。

很多强迫症患者，由于怕自己在公共场所失控，也会在某些场合下过度紧张不安，表现出类似于社交恐惧症的症状，如无法专心与人交谈、出汗，甚至由于过度紧张而痉挛等。他们也会为某件出丑的小事而耿耿于怀，反复回顾，猜想别人对自己的嘲笑等。

社交恐惧症患者有时候为了缓解压力也会反复地做同样的一个动作，看上去就像一个强迫症患者一样无厘头，比如有演讲恐惧症患者会一直不停地看向出口。许多病症和表现，往往让人分不清楚，是由于强迫症而重复一个动作，还是因为通过重复一个动作而缓解心理的压力和紧张。有时，强迫症和社交恐惧症会同时出现在一个患者的身上。

小学时因为家长有时忘记关冰箱、关水，霍磊就会帮着关上。后来久而久之，每次看到冰箱、门窗、水龙头、电脑都会检查关了没，而且会反复几次，就是刚检查完再去检查，老是不相信已经关好了，出门也总检查门关了没有，口袋里的东西有没有掉。到现在大概已经5年多了。他想过办法克制，但还是感觉去检查一下可能会减轻痛苦。有时候因为不去检查而不能做作业,不能好好吃饭，也不能专心听课，有时候和朋友讲话讲到一半就会想去检查些什么。这已经严重影响其正常的生活，渐渐地大家都觉得他是怪人，进而孤立他。

许多强迫症困扰者往往也有人际交往障碍，像霍磊这一类问题，有的将之归为强迫症，有的将之归为社交恐惧症。两者的本质都一样，都是源于心中有强烈的执着。只是社交恐惧症的执着较单一，执着于良好的自我形象、爱面子。但是，强迫症是对来自自身的某种思想、观念或行为不受克制地去想、去做；而恐惧症所害怕的客体和环境是来自外界的。霍磊是由强

迫症引起了社交障碍。

由于社交恐惧症执着于自己的形象与面子，因此对于别人的评价是非常敏感的，从旁观者处接收到的消极反馈都会激起焦虑水平的提高，并引起生理上的反应，如脸红出汗。因而对于社交恐惧症患者来说，一旦参与社交活动，就会在个人身上出现不断接受消极反馈导致焦虑水平不断提高这个循环过程。

虽然焦虑症和恐惧症都以焦虑为核心症状，但两者不同。形成恐惧症的焦虑是有特定的物体或处境所产生的，比如陌生人、公共场所等，为了减轻焦虑将采取回避行为，如拒绝和陌生人说话、尽量不出门等。焦虑症的焦虑是没有明确客观对象和具体观念内容的提心吊胆和恐惧不安的心情，而且没有办法回避。

社交恐惧症患者在参与社会活动过程中，一般都存在三个认知阶段，分别为预先设想、情景当中、事后分析。

我们就来结合姗姗的病例说一说这三个阶段。一般人早上出门会想一会儿吃什么早餐或者祈祷别堵车什么的，而姗姗每天出门前都在害怕，怕别人嘲笑自己，因为非常关注自己的外表，每天都花很多时间精心装扮好才敢出门。这就是第一个认知阶段预先设想的阶段，患者过度关注和担心即将进行的社会活动。

第二阶段情景当中患者过分关注先前被告诫过的行为，甚至自言自语的次数增加。此时患者采用严密的防御措施，如不停地瞥向出口，以确保在着实忍受不了的状况下可以逃脱，或者避免眼神接触，由于过度关注内心体验，交往中的意外事件就会发生（如，忘记对方的名字，转移对焦虑的注意力时发生不合时宜的笑声等）。

第三阶段是事后分析阶段，患者对刚发生的交往活动进行详细的检查。

姗姗总是怀疑别人在看她，在对她的穿着、外表评头论足，而且开始焦虑不安、心情烦躁等，至于自言自语的次数有没有增多这个只有她自己知道了。多数社交恐惧症患者，在引起自己不舒服的环境中眼神就会一直游离，而且表现出心不在焉的样子，因为他们在寻找逃离的出口和通道。

正是由于在情景当中的不适，社交恐惧症患者内心对形象与面子的执着，因此他们会反复回顾，带着羞愧感不断地自我批评和懊悔，用一个词来形容就是纠结。所以，如果社交恐惧患者不纠正错误的认知观念，参加一次社会交往活动就会提高

他的焦虑水平，增强他对社交环境的恐惧。

社交恐惧症在医学上比较系统的分类可分为赤面恐惧、视线恐惧、表情恐惧、异性恐惧、口吃恐惧。无论哪一种恐惧症，都会因患者的不合适、反常的行为引起自身与周围环境的不适应，因此就会产生心理压力。为了解除这种压力，患者就会进一步增强自身的痛苦感，就越无法自控，就会十分焦虑不安。

赤面恐惧是对人际交往过程中的害羞或脸红过度焦虑而产生的心理恐惧。赤面恐惧症患者感到在人前脸红是十分羞耻的事，即使是因为害羞或者不好意思的脸红，在他们看来也是很丢人的事情，非常畏惧面对众人。患者一直努力掩饰自己的赤面，尽量不被人发觉，因此十分苦恼。在与人接触时无法控制地脸红，并且为此感到自己像落入地狱般痛苦不堪，觉得不治好赤面恐惧症状，一切为人处世等都无从谈起。

社交恐惧症的**三大疗法**

社交恐惧是人类独有的奇妙的现象，在动物世界里看不到这样的现象。如果它们彼此排斥，也多半是为了生存的疆界、领地、食物与配偶，或者喜欢独居的习性。动物这样的排斥是朝外的，社交恐惧却看起来是对某些人的排斥，实质上是朝内的，是自己对自己的排斥。感觉自己在他人眼里不完美、可笑、滑稽，甚至从别人眼里读出自己内心的可耻、卑劣、病态，把他人正常的行为、声音、表情看成是对自己的厌恶、藐视。所以，社交恐惧症是一种认知上的自我否定，那治疗是不是可以从这里入手呢？没错，首先要和大家介绍的就是行为认知疗法。

行为认知疗法，是一组通过改变思维或信念和行为的方法来改变不良认知，达到消除不良情绪和行为的短程心理治疗方法。

社交恐惧症及其焦虑表现将分为心理成分、认知成分和行为成分，是一个三重的理论结构。行为认知疗法主要是从认知角度帮助患者认识到自己的情绪问题源于自己的认知构建方法，进而形成建设性的自我观念，学会用正确、理智的观念看待自己。如用“每个人都会犯错”“这样做并没有什么丢人的”等想法来代替“如果我犯了错误，我就是一个笨蛋”等引起焦虑的想法，卸下习惯的不现实和非逻辑的准则。

在治疗过程中，将对患者引起恐惧的情况做行为分析，把焦虑的程度按次序排列，建立一个焦虑等级层次。回顾一下化学老师的病例，在这病例中我们看到治疗师就对化学老师进行了焦虑的测评：“现在想使用一张焦虑等级测量表来测量你的焦虑程度，表上有0～100单位，0是绝对平静，100是极度焦虑，即惊恐体验。”然后，通过角色扮演法模拟情景，从引起焦虑程度最低的情景到能想象到的最严重的焦虑程度的情景进行系统脱敏法治疗。

系统脱敏法，又称交互抑制法，是由交互抑制发展起来的一种心理治疗法，当患者面前出现焦虑和恐惧刺激的同时，施加与焦虑和恐惧相对立的刺激，从而使患者逐渐消除焦虑与恐惧，不再对有害的刺激发生敏感而产生病理性反应。

下面举例来看一下系统脱敏法治疗的咨询过程。

咨询师开始对李同学进行治疗前的介绍与引导：

“我们已经谈了你在上数学课之前和课上感到非常紧张不安，有时你甚至想逃课。但你认识到你并不是一直对数学课感到紧张，你对数学课的这种感觉是逐渐形成的。有一个叫作系统脱敏法的治疗程序可以帮助你化紧张为轻松，最终上数学课将不再是令人紧张的事。这个方法已经成功地帮助许多人消除了对某一情境的恐惧。在脱敏治疗中，你将学习如何放松。你放松了以后，我会让你想象上数学课的一些事情——从不太有压力的情况开始，逐渐接触更大的压力。当我们不断这样进行时，轻松将取代焦虑，数学课将不再令你紧张害怕。你还有什么不明白的吗？”

求助者：“没有了。”

咨询者：“好，那我们开始。我们谈到数学课的一些情景

时你感到焦虑不安。能具体谈一下吗?”

求助者：“嗯，上课前，只要想到不得不去上课就会使我烦躁。有时晚上也会感到不安，尤其是考前复习时，这种感觉就非常强烈。”

咨询者：“好。你能列举出在数学课的哪些情境下感到焦虑吗？”

求助者：“考试时总会紧张。有时当我遇到了难题，去请教老师时也会紧张。当然，还有老师叫到我回答问题时我也会紧张。”

咨询者：“很好。我记得你从前对自由发言也感到紧张。”

求助者：“是的，也害怕。”

咨询者：“然而这些情境在其他课上并不使你紧张不安，是吗？”

求助者：“是的。而且事实上，我在数学课上的感觉从没有像最近一年这样糟糕过。我想部分的原因是由于临近毕业带来的压力。我的老师让我不知所措，上课的第一天就被他弄得惊慌失措，而且我总是对数字有一种恐慌。”

咨询者：“看来你的恐慌一部分是针对你的老师，而还可能有一部分是由于希望得到较好的毕业成绩。”

求助者：“是的，虽然我知道我的成绩不会太差。”

咨询者：“好，你认识到虽然不喜欢数学而且为之担心，但你还是会以较好的成绩毕业。”

求助者：“不会比中等差。”

咨询者：“我希望这星期你能做一件事。你能否列一个清单，说明发生了哪些关于数学和数学课的事情使你感到紧张？

写下有可能使你焦虑的、有关数学和数学课的所有事情。”

求助者：“好的。”

咨询者：“另外，早些时候你说过，有时与父母相处也会有这种感觉，所以在你改变了对数学课的焦虑之后，我们还将考虑你与父母相处的情境对你的影响。”

咨询后构建刺激等级，一般刺激等级例证（各个项目按时间来安排）：

A.你的教授在上课的第一天宣布一个月后将进行第一次考试。你知道这一个月会很快过去的。

B.考试前一个星期，你坐在教室里，教授提醒考试的日期。你意识到你还有许多东西要在这一个星期里学习。

C.你坐在教室里，教授说考试将在下一次上课时——两天以后进行。你意识到还有许多书没读。

D.考试前一天，你在自习室学习。你不知道自己掌握的知识是否像班上其他同学那样多。

E.考试的前一天晚上，你在自己的房间学习。你想到这次考试成绩占期末总成绩的三分之一这一事实。

F.考前的深夜，你复习完了功课，上床睡觉。你躺在床上在头脑中回忆所学的内容。

G.考试这天清晨，你一起床，头脑中就闪过“今天考试”这一念头。你想知道昨天晚上和以前记住的东西在考试时还能回忆起多少来。

H.考试前一小时，你最后再翻一翻自己的笔记。你开始有一点头晕——甚至有一点恶心。你想要是自己还有更多的时间复习该有多好。

I.课前15分钟，你走向教室。此时你意识到这次考试是多么重要，你希望自己不要交白卷。

J.你走进教学楼停下来喝一杯水，然后走进教室。你向周围看一看，发现大家都在笑。你认为他们很自信，而且他们比你准备得好。

K.教授来得晚了一点儿。你坐在那儿等老师来发卷，你猜想考试的内容会是什么。

L.教授已经发下了考卷，你得到了自己的卷子。你的第一个念头是题量太大，你怀疑自己能否将考卷做完。

M.你开始做考卷的第一部分，有一些问题你没有把握。你花了些时间考虑，继而发现周围的人都在刷刷地写。你跳过那些题目向下答题。

N.你看了看表，时间只剩下25分钟了，你觉得自己在第一部分耽误的时间太多。你想到如果答不完卷子你会得多少分。

O.你尽量快地继续答考卷，偶尔会担心时间不够用。你瞟一下手表，只剩下5分钟了，你还有许多题没做。

P.考试时间到了，你还有些题目空着。你再次因为这次的成绩占总成绩的三分之一而担心。

咨询师通过诱导求治者缓慢地暴露出导致神经焦虑的情境，并通过心理的放松状态来对抗这种焦虑情绪，从而达到消除神经症焦虑习惯的目的。在心理治疗时应从能引起个体较低程度的焦虑或恐惧反应的刺激物开始进行治疗。一旦某个刺激不会再引起求治者焦虑和恐惧反应时，施治者可向处于放松状态的求治者呈现另一个比前一刺激略强一点的刺激。如果一个刺激所引起的焦虑或恐惧状态在求治者所能忍受的范围之内，经过多次反复的呈现，他便不再会对该刺激感受到焦虑和恐惧，治疗目标也就达到。最后再通过指定作业，在疗程之外的实际社会情景中使用治疗中学到的技巧。

无论是团体、家庭或者个体治疗，都要包括基于以上三个部分的技巧指导、心理支持以及防止复发的防御计划。

认知疗法就先讲到这里，下面要请出一位非常有名的神经症患者——森田正马。

森田出生在日本高知县农村的一位小学教师的家庭里，由于父亲对子女要求很严格，尤其对长子森田正马寄托着很大的期望，从很小就教他写字、读书。森田5岁就被父亲送去上小学，放学回家，父亲便叫他读古文和史书。10岁时，晚间如背不完书，父亲便不让他睡觉。

学校本来功课就很多，学习已经够紧张了，

回家后父亲又强迫他背这记那，使森田渐渐地开始厌倦学习。每天早晨，他又哭又闹，缠着大人不愿去上学，用现在的话说，就是“学校恐惧症”。

12岁时森田仍然患有夜尿症，这使他十分苦恼与自卑。由于长期的精神压力和社交恐惧，他16岁时患头痛病并常常出现心动过速，后来还被诊断有神经衰弱。

命运因一次小误会而发生了颠覆性的改变。

大学一年级时，因农忙，森田先生的父母两个月忘记了寄生活费，他误以为是父母不支持他上学，感到很气愤，甚至想到当着父母的面自杀。但是，森田很快就放弃了那个愚蠢的念头，而是暗下决心，努力学习，要出人头地。

在这时期，森田不顾一切地拼命学习，把所有的心思都放在学业上，什么治疗、吃药等事情统统抛到一边。工夫不负有心，森田先生取得了意想不到的好成绩，而且神经衰弱等症状也奇迹般地消失了。

这件事着实让森田又惊又喜，于是他开始专研神经症的治疗，将当时认为治疗神经症比较有效的各种方法：安静疗法、作业疗法、说理疗法、生活疗法等进行实践验证，取其有效成分，再融合自己的痛苦体验经历合理组合，提出自己独特的心理疗法——森田疗法理论。

这是一种顺其自然、为所当为的心理治疗方法，具有与精神分析疗法、行为疗法可相提并论的地位。森田根据患者症状把神经质症分成三类：普通神经质症、强迫神经质症、焦虑神经质症（社交恐惧症被归属于这一类）。森田认为发生神经质的人都有多疑的心理。他们对身体和心理方面的不适极为敏感，而过敏的感觉又会促使其进一步注意体验某种感觉。如此，感觉和注意就出现一种交互作用。森田称这一现象为“精神交互作用”，认为它是神经质产生的基本机制。

社交恐惧症者总是怀疑别人过度关注自己，对事、对人、对己过分敏感、追求完美等。常把自己正常变化如心跳快些等误认为病态，并集中精神注意这些表现，从而出现焦虑和紧张，使不适的感觉进一步增强，导致各种主见症状越来越明显。森田疗法与认知疗法恰恰相反，它不但没有去纠正患者的现有认知，而是告诉病患要接受社交中的“胆怯、紧张、心理不安”这一既定事实，不再把其当作身心异物加以排斥，不再关注体察心理症状，而是要带着紧张、胆怯像正常人一样交往，顺其自然，使症状在不知不觉中消失！

三大疗法的最后一个疗法，是大家非常熟悉的催眠疗法，其治疗方法是精神分析师通过言语暗示或催眠术使病人处于类似睡眠的状态，使求治疗者的意识范围变得极度狭窄，借助暗示性语言，挖掘病人心灵或记忆深处的东西，看你是否经历过某种窘迫的事件，试图寻找到发病的根源，以消除病理心理和躯体障碍的一种心理治疗方法。

除了行为认知疗法、森田疗法与精神分析疗法三大疗法外，社交恐惧症还有许多治疗方法，如和系统脱敏法有异曲同工的暴露疗法，这种疗法是让患者暴露于引起社交恐惧的各种不同的现实刺激情境中，如害怕去公共场所，就带其去商场等公共场所；害怕见异性，就安排其与异性接触等。在暴露期间要有目的、有步骤地使病人产生严重的焦虑反应，鼓励患者坚持到焦虑缓和为止。

心理剧治疗，常运用在中期的治疗和后期的恢复。在传统的方法基础上，通过角色扮演，运用超个人心理学的方法，治疗内在的伤害，同时开发自身的潜能和智慧，达到自我治疗与恢复。

此外，还有借助音乐舒缓患者压力，使其在音乐里将内在的情绪发泄，将潜意识的东西调动出来的音乐治疗法。

总之，不管什么方法，只要能治好病，就是好方法！

第十四篇

另一星球来访者

——自闭症

自闭症：孤独世界里的“孤独者”

小海是程老师班里的学生，程老师第一次看到这个小孩的时候特别喜欢他，因为小海长了一双乌黑的大眼睛、长长的睫毛、小小的嘴巴，程老师觉得小海是班里最漂亮的男孩子了。可是经过慢慢地接触，有了一些互动和交流之后，却发现他与其他同龄小孩有很大不同。

每天早上小朋友们的爸爸妈妈送他们到幼儿园，临走时都会和爸爸妈妈挥挥手说“再见”，老师迎接他们进入班里的时候，与其他小朋友打招呼，他们都会笑笑地说“老师好”。可是，和小海打招呼，他没有目光对视，仿佛说话的对象不是他，只是淡淡地扭着头不理不睬。程老师起初觉得是小海害羞，怕和生人接触，也就没多在意，希望能在接下来的相处中慢慢改善他的害羞，加强他和其他小朋友的交流。可是，程老师发现，别人和小海说话，他都置若罔闻，不做任何语言回应。其他小朋友想和他亲近，拉他的手，伸手要抱他，他却调头跑开。

小海上课的时候从没有安安静静地坐下来听讲，会不停地在座位上左右摇晃，嘴里还不时发出一些怪异的声音。做课外游戏的时候，他不喜欢和其他小朋友一起，对同学们一起玩的游戏不感兴趣，总是一个人独处，站在墙角，或者蹲下来不知道在看什么。吃饭的时候，小海总是喜欢先把鼻子凑上去闻一闻，再决定是否要吃，不吃蔬菜，只喜欢吃糖果和一些零食，饮食固定单调。每天放学的时候，他一定会自己整理好书包，换好鞋子、穿好外套，等待放学。如果临时有变化，就会烦躁不安，不停地要收或怪叫。当他的需求没有得到满足时，便会做出敲打自己的牙齿或撞头或是推倒身边的同学等自伤或者攻击性行为。

最初，程老师只是觉得小海刚到一个新的环境中不太适应，误以为小海只是脾气暴躁。可是经过一段时间的观察和努力，程老师还是把小海的父母叫到了学校进行了深入谈话，因为程老师怀疑小海得了“自闭症”。通过跟小海父母的沟通，程老师了解到，小海确实得了自闭症。

家人在小海3岁的时候发现了小海的“与众不同”，因为小海不像其他家的孩子那样，会在父母身边撒娇，他不喜欢和爸爸妈妈以及家人亲近，叫他、跟他对话，都不会目光接触，原来会说的语言和词汇渐渐变得很少说出来，就像老师观察到的那样，小海吃饭时要先闻一闻饭菜，才决定要不要吃，并且出现了越来越多的刻板行为。小海父母带着小海去医院做检查，得出的结论是“自闭症”。家人一开始不相信，辗转几家医院都是一样的结果，小海父母只能接受这样的现实了，可是他们不希望小海是在特殊学校里得到特殊的对待，因为那样意味着小海或许没有康复的希望了，他们一边参加自闭症的康复医院治疗，也和医生商量着希望小海能在正常的学校里像正常的孩子那样成长，所以在幼儿园入学的时候小海父母对幼儿园的老师撒了谎。

自闭症的症状

自闭症，又称孤独症或孤独型障碍等，是由美国儿童精神医学家卡勒在临床上发现的。他们的患病特征表现为：严重缺乏与他人的情感接触；行为怪异；缄默，语言表达障碍；重复性的、仪式性的行为；视觉记忆和机械记忆能力强，相反，在其他方面学习困难。卡勒将之命名为“早期的幼儿自闭症”。卡勒医生最初报道这类病例的时候是把他们划分到儿童精神分裂症的一个类型中的，也并未得到相关研究人员的重视。1943年到1944年，卡勒和奥地利维也纳大学儿科教授阿斯贝格相继发表了儿童“自闭性障碍”的论文。但是在20世纪40～60年代，又有人不断报道出和卡勒报道的相似的病例，并以不同的名称来命名，当时仍旧是把此类症状分类到“儿童分裂反应”。

典型自闭症的症状，早期最主要表现在不能与别人交往和建立正常的社会关系。自闭症儿童沉浸在自己的世界中，不能像正常小孩那样运用语言、表情、动作和他人进行交流。在最开始的时候很多家长会误以为自己的小孩是内向，因为有的小孩在一两岁的时候看起来和其他小孩并无两样，在3岁左右才发现有明显差别。在婴幼儿时期表现为，小孩不会对亲人微笑，喂奶的时候孩子也不会将身体贴近大人；大人伸手去抱小孩的时候，小孩没有迎接姿势，没有目光接触。再长大一点，对父母没有依恋感，如同陌生人。与陌生人相处却不会感到畏缩，但不会与他人进行眼神凝视；很少与小朋友玩耍，常常会做出一些激烈的行为，严重影响其社交活动；语言发育迟缓，通常自闭症儿童表现得很沉默，而且对语言的理解能力很低，稍微复杂一点的句子就无法理解；缺乏想象力，做不到像正常小孩那样去玩玩具、去“造房子”“过家家”等。由于缺乏想象力，自闭症儿童通常会坚持重复游戏模式，重复一些相同的动作和生活方式，比如穿衣顺序要相同，某些物品的摆放位置一定要不变，一旦变化就会对他们产生强烈刺激，便会大吵大闹。这些症状也主要表现为强迫性行为，对周围环境的任何变化都会表示反感和不安，家里的家具变换位置或者重新摆放了新的装饰品，都能引起他们的强烈反应。

自闭症是天生的

30年前国际上研究自闭症的专家认为，自闭症儿童的出现是他们的父母养育不当造成的，会把责任归咎于父母对孩子关爱的缺失和照顾不周，比如父母双方工作太忙无法照料孩子；或者是父母高智商却造成了遗传变异等原因。父母在小孩疾病确诊后通常会陷入严重的自责中，但是现代医学研究表明，自闭症并非后天形成的，而是先天因素造成的。

造成自闭症的原因有很多，基本上可将成因归为五类：

（1）怀孕期间遭受病毒感染，比如怀孕期间感染脑炎或者风疹。

（2）胎儿时期神经系统发育失常。

（3）生理因素，生产时宫内窒息、中毒或感染等。

（4）遗传，若家庭中有自闭症儿童，则其他兄弟姐妹罹患自闭症的几率为2%～3%。

（5）环境因素，自闭症儿童的父母大多是知识水平很高的人，却在人际关系方面偏冷漠、家庭气氛不和谐的条件下长大的小孩会在人际交往中造成障碍。

总之，自闭症的成因有很多种因素。这些因素阻碍儿童脑部正常发展，并非自闭症儿童本身所能避免。社会大众应该给予他们更多关怀与体谅，帮助他们学习，不要用智力测验评定他们的能力。

梅梅是一个典型的自闭症患者，本该是无忧无虑在幼儿园玩耍、学习的年龄，梅梅却无法享受到正常同龄孩子应有的快乐童年。

妈妈发现在梅梅2岁的时候还不会说话，多动，注意力不集中，不听指令，不和其他的小朋友玩耍。起初妈妈只是以为她说话晚，比其他孩子调皮而已，心里想着等梅梅上了幼儿园，多和其他小朋友相处后说不定情况会改善。梅梅3岁上幼儿园，不到一周的时间，幼儿园的老师告诉梅梅的妈妈说孩子不对劲，从来不和小朋友一起做游戏，只是一个人蜷缩在角落干自己喜欢的事情，对老师说的话置若罔闻，不会用语言或者动作表达自己的需要，喜欢大喊大叫，这让学校的老师也很头疼。

经过一段时间后，幼儿园的老师提醒妈妈应该带孩子去医院看看。听了老师的话，梅梅的妈妈才慌了神，孩子真的有问题吗？孩子没得过大病，感冒都很少，这样健康的孩子怎么会有问题呢？带着心中的困惑，妈妈带着梅梅走遍了全国各大知名医院，得到的是同样的诊断：自闭症。医生告诉梅梅妈妈，这种疾病目前还没有很好的治疗方法，这样的孩子很可能不能上学、不能工作，终生不能离开别人的照顾而独立生活。听了医生的话，梅梅妈妈有些回不过神来，一家三口一直走在幸福的大道上，现在突然前路堵死了。

在那段日子里，梅梅妈妈一直以泪洗面，觉得自己走进了人生的死胡同，任凭怎样找路都寻不到出路。难道孩子的一生就真的这样完了吗？梅梅妈妈不停地寻找各种有关治疗自闭症的信息，甚至连报纸的小广告都没有放过。“有时候明知道是假的，但还是抱着试试看的心理去给孩子做尝试，为此我们上过当受过骗。其实，我们内心还是期盼有奇迹出现，有一丝曙光可以升起。”虽然经历了无数的辛酸，流了无数的泪水，可是梅梅妈妈心中仍旧是充满希望的。

有一天，她了解到有专门的自闭症康复中心，梅梅妈妈参加了康复中心的培训活动。家长在把小孩送到康复中心做培训的时候，家长也要同时参加培训，毕竟小孩子不能一辈子都待在那里，更多的训练和培养需要家长自己完成。梅梅妈妈看了很多案例，也和众多自闭症儿童家长进行交流，获取培训经验，看到有不少患儿经过培训中心和家长的耐心培养后，情况慢慢好转起来，梅梅妈妈心中的希望重新被点燃了。

经过一段时间，梅梅对他人的亲密举动不再产生抗拒，梅梅在试着接受别人的拥抱和安抚，不像从前那样每次别人想要抱她，都被她粗鲁地推开。更让人兴奋的是，从前无论怎么叫梅梅，她都不会对自己的名字产生任何反应，但是现在叫一叫她，她就会扭头给一个眼神。经过一段时间的专业培训，梅梅会拉着妈妈去洗手间，示意要小便，妈妈简直不敢相信，孩子从来没有用语言或者行动来明确表达过自己的想法，家长只能用猜的方式，猜不中她的心思，她就会用哭闹或者大喊大叫来发泄自己的不满情绪。幸福不曾走远，上天眷顾每一个努力的人，梅梅妈没有放弃，不懈的坚持终于得到了回报。

每一个孩子都是天使，上天在让他们降临人间时都赋予了他们不同的符号，于是人和人之间会有各种各样的不同，不管生命是我们常规认为的健康的也好，非正常的也罢，总之，每个生命都应该有享受快乐、幸福的权利。

记忆超群的儿童

在卡勒医生的病例中，有这样一个男孩，他叫托勒尔。托勒尔出生于1933年9月8日，满月分娩，出生时体重约7磅。从出生后一直用母乳喂养到8个月大，在3个月大的时候他的父母就适当地加上了人工食物喂养，可是他们发现托勒尔的饮食并不正常，常常出现食欲不振的情况。一般小孩在2岁的时候会对糖果和冰淇淋特别感兴趣，可是托勒尔却对它们并不感冒。托勒尔和其他正常小孩一样，出牙，学走路，咿咿呀呀学说话。

父母发现托勒尔喜欢一个人待着，一般小孩子小时候是很黏人的，表现在对母亲或者父亲的依赖，但是托勒尔不会在意母亲的离开，不哭不闹，父亲下班回家时他也不会察觉，但是其他的小孩子在父母下班回家的时候会奔跑着钻进父母怀里。家里有其他人到访的时候，他也没有反应，视线不会移向其他人。圣诞节时，街上的圣诞树都无法引起他的兴趣。他经常处于独处的状态，即使去拥抱和爱抚他，他也不会做出回应，他好像活在自己的世界中，对周围所有的人都不感兴趣。

托勒尔热衷于玩积木、锅以及家中所有圆形的物体，他最高兴的事情就是看到这些物体旋转，他的眼睛特别容易对旋转着的东西感兴趣。随着年龄的增加，托勒尔开始出现左右摇动脑袋的症状，如果看到旋转的东西，会高兴地在地上打滚。

3岁的时候，托勒尔有固定的刻板语言形式，喜欢固定使用几个词。他不能使用人称代词，无论什么场合都喜欢说“You”；如果教他学习一个物品的名称，比如杯子，他会有强迫的推理行为，会一个接一个地说：“白杯、黑杯、红杯、牛奶杯、火杯……”把所有事物后面都加一个“杯”字。托勒尔的动作刻板、机械、强迫且重复，比如摆放积木时哪一面朝上，下次一定要这样做；纽扣要从中间一颗扣起；午睡的时候会说“呼”，一定要让母亲回应“咚”之后他才能安睡。

托勒尔的父母还是带着他到了心理门诊去做治疗，托勒尔的父亲为了配合治疗要向医生定期汇报托勒尔的情况。在1939年5月，托勒尔再次接受心理门诊，他的注意力和集中力有所改进，与周围人的接触状况具有某种程度的改善，对人、对事会做出反应，比如表扬他的时候能感受他发出的喜悦情绪。他也能遵守一些规则，但仍然存在着一些强迫性的动作，会不断地说“12，12，12……”

在托勒尔1岁的时候，他的父母却发现托勒尔是个异常聪慧的孩子，因为仅1岁的他能准确地跟着各种宗教音乐的节奏哼唱。他能把住在附近街上的邻居们与他们居住的门牌号一一对应。托勒尔的父母非常兴奋，觉得托勒尔是个记忆超群的小孩，他们鼓励托勒尔背诵短诗，他能背诵圣经中的赞美诗到23首，能对25条长老教义的教理对答如流。2岁后对美国《科学百科词典》中的图片几乎都能记住，他还能记清楚历代美国总统的照片。26个英文字母顺序倒背如流。2岁便能从1数到100。这对托勒尔的父母来说是个莫大的惊喜，就是说，托勒尔是个记忆超群的天才。

还有一个自闭症儿童，智商测验的成绩非常糟糕，不能进行独立的生活，但是他的钢琴演奏水平达到成人职业钢琴师的水准。他也有超人的记忆力，熟知许多古典音乐，只要他听过一遍的曲子，都会熟记不忘。

电影《雨人》拍摄于1988年，就是以天才自闭症患者作为题材拍摄的，电影刻画了一个人到中年的自闭症患者，他在心算和暗记方面有超凡的能力。电影中他还凭借着超人的记忆力去赌场赚了一笔钱。这部影片获得了4项奥斯卡大奖，引起了医学界对天才白痴类型患者的注意。他们记忆超群，曾发现一名自闭症患者在听完一首曲子后可以立刻用钢琴演奏出来；有的自闭症患者可以在一分钟内靠心算算出70年有多少秒；也有自闭症患者只要翻一遍电话簿，就可以把所记的电话号码和对应的姓名背出来。

自闭症儿童的智力水平

在人们之前对自闭症的研究中，认为自闭症儿童的智力都是正常的，只是存在严重的人际关系障碍问题，他们的记忆力都很好。但是现在人们发现，自闭症儿童中60%的智力在人类智力平均水平以下，另外的20%自闭症儿童是在正常范围之内；还有20%自闭症儿童智力超群，他们是阿斯伯格症候群。自闭症儿童分为低功能及高功能，低功能自闭症患者的学习能力差，高功能患者能与人互动，学习能力较好。少部分高功能自闭症儿

童甚至具备惊人记忆力，比如故事书看一遍就可以背诵;出去看到的风景，回家后可以完整画出来。大体而言，自闭儿各项能力中以记忆力最好，而理解、抽象、推理能力较低。虽然有好的记忆力，但自闭症儿童却不擅于应用。比如识字、拼字能力很强，可是串连起来一段文字却很难理解；比如学校考试中默写成绩90分，实际情境中却不会使用适当的词汇说话。有一些自闭儿算术能力很好，可是同样的数学习题表达方式不同，结果可能不会做。比如数字算式会计算，若改成文字叙述就不一定会，专家认为是“用词问题”。

“天才白痴”

不少自闭症儿童会在某一领域具有杰出的本领，他们被称为“天才白痴”型自闭症儿童，但是他们的特殊天才，很少能够在他们今后的生活中或者职业生涯中得到发挥，这是因为他们的智商障碍严重影响了他们才能的发挥。也有很多自闭症儿童的特殊才能是没有被发现的。另一方面，一些特殊的才能在现实生活中是没有用的，比如能背出圆周率后面的1000位数字，比如告诉他今天几月几日他就能立刻回答出今天是星期几，我们得承认这是一种非常特殊的才能，可是这给他的学习和生活并没有带来什么帮助。

阿斯伯格综合症

自闭历程

有一部讲述自闭症患者的电影是《自闭历程》，电影是根据坦普·葛兰汀真实经历改编的。坦普虽然自幼患有自闭症，却拥有亚利桑那州立大学畜牧科学硕士，并于1988年获得伊利诺伊大学的畜牧科学博士学位。她是当今少数的牲畜处理设备设计、建造专家之一。她在此专业领域中发表过上百篇学术论文，并经常性地巡回各地发表演说。她改变了社会对于自闭症的观感，也让世人对患有自闭症的人刮目相看。

坦普4岁才开始说话，和幼儿园的小朋友玩不起来，动辄就在地上哭闹打滚。她的妈妈是哈佛毕业的高材生，在坦普被医生诊断为“自闭症”的时候，几乎都绝望了。坦普上学后常被同学欺负，学不会代数，更学不会法语，但是坦普喜欢机械设计，对机械知识和科学有浓厚的兴趣，她发现自己有强大的视觉记忆，即过目不忘的能力。坦普研究了亲密接触和自闭症患者之间的思考模式，发明了世界知名的“拥抱机器”，一种用来舒缓她自身焦虑的加压设施，开创压力治疗的先河，惠及全世界自闭症患者。

坦普度过了人际危机严重的学生时代，在中学时期幸运地遇见了一位发现她天赋的好老师，这位老师一直帮助坦普的发展，对她不舍不弃，为她打开了科学之门，帮助坦普顺利进入大学。感谢那个一直对她照顾有加的姑姑，坦普也在姑姑的农场中发现了自己的爱好，因为她不喜欢和人相处，她不理解人们说的话，不太懂得人的情绪，在青少年的时候她总是害怕上学，害怕同学和老师，她总是无法和她们相处，她最讨厌聚会，因为在聚会中她学不会礼节性的客套，人们并不会注意她的讲话，尽管她兴高采烈地向他人讲述自己的专业，以为别人会像自己一样感兴趣，可是她的话没有人关心，于是她感到挫败和抑郁。

但是她喜欢动物，能懂得动物，所以选择了畜牧专业。她热心倡导动物福利与效能，向世间解说动物如何思考；她不但革新了迁移动物的机械装置，还大力提倡农牧场动物的生活品质改革与人道屠宰。事实上，她所涉及的装置护理了全美加地区一半的牛群。

或许对于坦普来说，自闭症仿佛是一种上天赐予的礼物，使她少于人际关系的羁绊，她拥有更多自己的时间和空间来完成自己的学术研究和设计工作。她说：“我用画面思考，画面是我的第一语言，英语才是我的第二语言。我看书的时候，会把文字直接转成有声音和影像的电影，就像是一台摄影机嵌在我额头上，直接播出。我的视点自由，可以走在路上，可以飞在天空，也可以俯低移行，感觉脑袋里真的有那么多卷录像带。现在的人热衷电脑的虚拟实境，对我而言那些不过是卡通垃圾。”

现在坦普拥有伊利诺伊大学动物科学博士学位，目前是科罗拉多州立大学副教授；她出版过四本书：《图像思考》《星星的孩子》《基因学与

家畜行为》，以及《牲口管理与运输》。她还成立了“葛兰汀畜牧系统公司”，跟全国各大速食厂商合作，如麦当劳、温蒂汉堡、汉堡王等，共同监督全美各地动物处置设施的状况。此外，她也巡回各地演讲，讲题涵括科学与自闭症研究，堪称数十万有自闭儿的家庭与自闭症患者的角色模范。

阿斯伯格综合症

实际上《自闭历程》中的坦普患的并不是自闭症，而是阿斯伯格综合症。但是当时坦普被确诊自闭症时，阿斯伯格综合症的概念还尚未出现。阿斯伯格综合症又名亚斯伯格症候群或亚氏保加症，是一种主要以社会交往困难，局限而异常的兴趣行为模式为特征的神经系统发育障碍性疾病；很容易与自闭症混淆，但是相较于其他泛自闭症障碍，阿斯伯格综合症患者仍相对保有语言及认知发展。阿斯伯格症患者经常出现肢体互动障碍和语言表达方式异常等状况，但并不需要接受治疗。阿斯伯格综合症是根据奥地利儿科医师汉斯·阿斯伯格命名。1944年，他在研究中

首度记录具有缺乏非语言沟通技巧、在同伴间表露低度同理心、肢体不灵活等情形的儿童。50年后，它被标准化为诊断依据，但学界对疾病症状的界定仍尚不明确。

阿斯伯格综合症是一种主要以人际交往困难，局限而刻板的兴趣及行为模式为特征的广泛性发育障碍，是一种自闭症的亚型，也被称为高功能自闭症。阿斯伯格患者对表情、双关语、社交规则等都会感到很困难，婚恋和为人父母会是他们艰难的人生阶段。心理治疗对综合症的改善很有限，最主要的还是来自家庭的理解、包容和支持。

引人深思的数据

一项来自美国疾病控制和预防中心的数据显示，根据来自14个州的数据调查研究结果估计，在美国88个孩子中就有1个孩子被诊断为自闭症。男孩患自闭症的几率为1/54，几乎是女孩患病的5倍。患自闭症孩子的数量从阿拉巴马州的1/120到犹他州的1/47。增长最大的是西班牙及黑人孩子。该研究还显示在3岁时会有更多的孩子被诊断为自闭症，1994年出生孩子的发病率为12%，而2000年出生孩子的发病率增加到18%。

瑞典哥德堡大学的儿童及青少年精神病学专家克里斯托弗·吉尔贝格从20世纪70年代开始统计自闭症病例以来，他发现有很多东西都是一样的。在瑞典，7岁儿童的自闭症发病率在1983年是0.7%，1999年是1%。

在人口聚集的地方患儿比例升高，这是个值得研究的问题。

彼得·贝尔曼是美国哥伦比亚大学的一名社会学家，他正在研究的就是病例增长在多大程度上是由社会因素驱动的。他在加利福尼亚州分析了近500万份出生记录，以及2万份该州发展服务部的记录。通过把出生信息和具体的诊断内容联系起来，贝尔曼掌握了非常详细的人口资料，对自闭症患者的人生经历也有深入了解。

结果，他得到了社会因素影响诊断的一些线索。过去二十多年，在自闭症诊断病例的增加约有25%可以归为他所说的“诊断性增长”。根据病历，贝尔曼发现，在10年前会被诊断为智力缺陷的孩子，现在会被诊断成智障和自闭。另有15%的增长可以解释成人们对自闭症的关注提高了，也就是说由于科学和传媒的发达，越来越多的人们开始关注和了解自闭症。贝尔曼表示，对于已观察到的病例增加，他目前能对半数以上作出解释。

贝尔曼还认为，地理位置上的人口聚集可以解释另外4%。比如最引人注意的人口集聚区是好莱坞和周边。在以西好莱坞为中心、方圆900平方千米的地区，那里的儿童被确诊为自闭症的可能性要比该州其他地方高4倍。有不少居民担心，当地的饮用水里是不是有什么触发自闭症的东西。

1959年，加利福尼亚州西米谷市附近的圣苏珊纳野外实验室曾发生核事故，人们担心水中有这次核事故的残留物。这么推测起来似乎确实是因为水质的问题，但是，好莱坞的供水和洛杉矶是一样的，而洛杉矶的自闭症比例并未显著高于其他地方。此外，贝尔曼还说，无论是在好莱坞居住多年的家庭还是新搬去好莱坞的家庭，发病率都较高。

在人口聚集区，自闭症确诊率较高的真正原因和邻里关系有关：那些地方的孩子家长会相互交流，知道该在哪里寻求帮助，以及到了医疗和教育机构应该找哪些人。按贝尔曼的说法，一旦互通消息的这些家长形成了一个团体，专家就更有可能驻扎在这片地区，诊治更多的自闭症孩子。

此外，社会变化会带来生物学上的影响，这一点可以解释另外10%的增长：生育年龄推后。研究发现，在父母35岁之后出生的孩子被确诊为自闭症的风险比较高。对于父亲和母亲年龄谁对孩子的影响更大，不同研究有不同答案，但贝尔曼对40岁以上父母亲所做的研究显示，母亲的年龄对孩子影响更大。

在增加的自闭症病例中，还有46%得不到解释。贝尔曼认为，这并不意味着“额外”增多的部分就是由环境污染所致，只是还没找到合理的解释而已。“除了我们已经找到的因素外，还有很多因素会促使自闭症诊断率的升高。”不过，现在有很多研究人员认为，自闭症人数的增多至少有一部分确实是因为发病率升高，且是由环境中的某些因素所致。他们没有在数字上过多纠缠，而是直接把主要精力放在寻找致病因素上。

从人们发现自闭症起，关于病因的争论就没有停止过，有人认为这是先天性疾病，也有人说源自后天的影响。早期观点以“冰箱妈妈”理论为主，但后来受到强烈质疑，该病的遗传机制则受到更多关注。如今的观点似乎介于两者之间。美国凯撒医疗机构的自闭症研究主管丽莎·克罗恩说：“以往的自闭症研究主要针对遗传机理，从这些研究中，我们对自闭症有了很多了解；但自闭症的病因还是没有弄清楚。我认为，这可能是因为我们忽略了某些东西。”

目前，美国政府资助了几个重大研究项目（也有一些小项目），通过监控环境接触物、从孩子及父母身上定期采取生物学样本等方法，寻找未知危险因素和自闭症标志物。

其中一个项目是2007年由CDC资助的“探查早期发育研究”，该项目招募了约2700名2～5岁的儿童。研究内容包括发育评估、问卷调查、病历审查，以及血液、颊上皮细胞、头发的采样分析，以便检查遗传组成和接触的环境化学物质。另一个项目是由美国国立卫生研究院（NIH）资助的“早期自闭症风险纵向调查”，研究人员调查了1200个家庭，这些家庭通常已有一名自闭症孩子，并且准备再生一个孩子。这个项目就是要弄清楚，遗传与环境因素之间是否存在相互作用，从而可能给下一个孩子带来自闭症风险。

克罗恩认为，“这些研究会给整个自闭症研究领域带来根本性变化”。作为“探查早期发育研究”项目的领头人，她和其他科学家都希望，在接下来5～10年，人们对自闭症以及这种

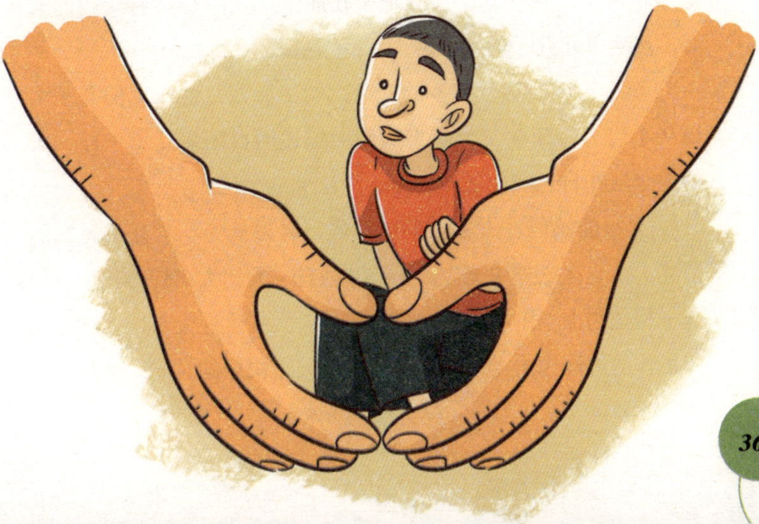

疾病的发病率都有更深入的认识。

克雷格·纽沙菲是美国德雷塞尔大学的流行病学家，也是“早期自闭症风险纵向调查”项目的研究人员。他认为，与其争论发病率有没有上升，还不如把精力放在寻找病因上。“如果造成自闭症病例增多的是环境原因，我们肯定要把它找出来。”现在是时候放开自闭症发病率到底有没有升高这个问题，继续前进了，“我觉得这很可能是个根本没法回答的问题”。

海洋天堂，**父爱如海**

在李连杰的电影生涯中有一部电影刷新了人们对他的认识，那就是《海洋天堂》，在李连杰从影25年来，第一次没有在电影中出演打戏，而是饰演了一位病症儿童的父亲，完完全全的文戏，用深沉的表演感动了无数观众。

影片一开头是汪洋大海之上漂荡着一只孤舟，父亲满脸忧郁和踌躇，带着儿子孤独地坐在船上，无望地看着辽阔的大海，然后牵起儿子的手，两人一齐跃身跳入大海……

李连杰饰演这位47岁的父亲，叫王心诚，他21岁的儿子大福从小患有自闭症，像所有病例中描述的自闭症儿童一样，大福完全活在自己封闭的世界里，无法独立生活。

大福的妈妈在大福年幼的时候，因为承受不了儿子患病的消息，在一次意外中丧生。王心诚独自一人把大福抚养长大，与儿子相依为命。王心诚在海洋馆工作，大福生性爱水，喜欢在父亲工作的海洋馆中游泳，那是大福每天最快乐的时光。可是王心诚却身患重病，肝癌晚期，生命只剩下三四个月的时间。

社会上已有的自闭症诊疗机构通常仅接受未成年自闭症患儿，在患儿成年后基本上都要家长自己负责，可是大福已经21岁了，实在是找不到能够收留大福的机构。为了让儿子大福以后能有一个好归宿，王心诚日夜焦灼，甚至想到了要和大福一起离开人世，这就是影片一开头的场景。经过多方打听，几经周折，终于找到了一个肯收留大福的机构，但是王心诚却发现，大福在这样紧闭和局促的环境中，像鱼儿失去了水，变得没有生气，大福活得不开心。

为了大福能够快乐地生活下去，留在他最心爱的海洋馆，王心诚为自己制定了最不可能完成的计划，教会大福在海洋馆“上班”。他费尽心力地教大福自己坐公交车去海洋馆，教大福认识每一张钱币，教大福记住从家到海洋馆的公交车怎么坐，一遍又一遍地重复。

在生命最后的日子里，为了不让大福感到孤独，他甚至不惜拖着病重的身体，背着自制的龟壳扮成海龟，陪着大福游泳。他不断地告诉大福自己将会变成海龟，一直陪伴在他身边。王心诚最终离开人世时已心中无憾，大福学会了用钱买东西，回家坐公交车时，当司机问有没有人下车时，大福会回答“我下”，爸爸教他的东西他全都学会了。电影最后一幕，大福来到海洋馆，下水游泳，他抱住大海龟，趴在海龟壳上，脸上是甜蜜幸福的笑。

电影《海洋天堂》总的部分场景是根据田惠平及其自闭症儿子的真实经历改编的，影片中王心诚教大福学习坐公交车等都是真实生活中田惠平的经历。

在儿子被确诊为自闭症之前，田惠平的人生一直是一帆风顺的，她家庭条件优越，学习成绩优异，从四川外国语学院毕业后留校任教，结婚后又生下了一个可爱的儿子，取名杨弢。在杨弢只有5个月大的时候田惠平被派往德国学习，虽然杨弢还是个婴儿，嗷嗷待哺很是舍不得，但是田惠平还是选择了出国。两年后，田惠平回国便把杨弢接回了自己身边，但是田惠平却惊讶地发现，自己的儿子和其他小孩有点不一样。

她发现，自己这个漂亮的宝贝儿子仿佛一直活在自己的世界中，经常自言自语，自己唱歌，有时候会模仿别人说话，但却很少用自己的语言跟别人交流。比如，田惠平会问，弢弢你今天在幼儿园快乐吗，弢弢会先四下张望一下，再重复一遍“在幼儿园快乐吗”。田惠平多希望儿子能正面给她一个回应，经历了一次次的失败之后，田惠平绝望了。田惠平心里明白，孩子有问题。1989年，田惠平终于带着儿

子走进了医院，得到“一纸判决书”：儿子得了一种病，这种病叫作自闭症。

医生说自闭症无法痊愈，需要终身被照顾，田惠平一下子懵了，也就是说自己的儿子很可能要像傻子一样过一辈子。经过四年的苦苦煎熬，田惠平终于忍不住了，她要带着儿子离开这个世界。一天晚上她把积攒已久的安眠药碾碎加入粥中，给自己盛了一碗，给儿子盛了一碗，在杨弢刚要喝下粥的时候田惠平突然醒悟，自己不能这么自私，她要带着弢弢共同成长。

田惠平不断地重复对弢弢说话，教弢弢认识一件事物需要千百次的重复，就像电影《海洋天堂》中演的那样。在田惠平的耐心培训下，弢弢的病情没有进一步发展。可是有一次坐公交车，弢弢拍打了一个陌生的小孩，无论田惠平怎么解释，小孩的家长都不肯罢休，最后叫来了警察才获救。经过这件事之后田惠平意识到，无论自己把儿子照顾得如何好，如果这个社会不给自闭症儿童一个安全的环境，儿子就是不安全的；如果这个社会不能给自闭症患者应有的尊严，那弢弢的人生永远都是没有尊严的。

于是她决定带着儿子去北京，办一所学校，把自闭症患儿们都聚集在一起，做系统化的治疗。1993年，中国第一家自闭症儿童专业培训机构——北京星星雨教育研究所成立了。在成立初期，因为经济困难，田惠平和她的同伴们曾被四次赶出出租屋，后来海淀智陪学校校长把一间平房借给她们，星星雨才算稳定下来。白天田惠平和老师们一起上课，晚上把课桌和办公桌拼起来就当床铺。

有一位东北来的患儿，智力特别好，但是却被学前班退回，母亲领着他去医院做检查，却被诊断为“弱智”。没有教材，靠着一本《孤独症儿童行为训练》和自己的实践经验，田惠平开始了对自闭症儿童的培训，她们针对每个孩子设定不同的特别训练，对这位患儿，田惠平为他制定了明确的训练目标，用不断的鼓励和赞扬去引导他理解课堂上应该做什么，什么时候可以唱歌，什么时候是下课……

经过四个月的培训，这个小孩回家了，顺利地进入了小学，且一路顺利地升学。这是田惠平最初的成果，她看着孩子们的进步，确信自己确实能为他们做点事情。1994年，田惠平被美国《读者文摘》（亚洲版）评为"今日英雄"；1996年被《中国妇女报》评为"十大女性新闻人物十大"之一；1998年代表"星星雨"赴卢森堡参加"世界自闭症组织"成立大会，并作为创始成员签字。田惠平的努力促进了社会认识、理解和接纳自闭症儿童，尊重他们的权利。

《爸爸爱喜禾》讲述的是一位自闭症儿童的爸爸，在儿子被确诊为自闭症之后写下的，他用充满戏谑和欢乐的段子，讲述自己和儿子共同度过的那些有笑有泪的时光。他一直用乐观向上的姿态来面对自己的人生，尽管在一开始自闭症对他是一场巨大的灾难。可是他选择了用自己多年来的幽默和乐观去勇敢面对。我们能从书上看到不少让人发笑的段子，可每一条段子都包含了喜禾爸爸对喜禾深沉的爱。

我们要祝福这样一位爸爸，以及更多地像田惠平和喜禾爸爸一样的父母，向他们致敬！他们无私的爱感动着我们。也希望能有更多人了解自闭症，正视自闭症，尊重自闭症患者，给他们一个充满尊严和安全感的环境。

第十五篇

我把自己丢掉了

——心因性失忆症

6小时的**大脑空白**

傍晚时候，张女士神情恍惚地在大街上走来走去，因为行为异常，又没有监护人跟随，随后被赶来的警察送到了精神病医院。

医院的医生发现，她并不是个完全失去理智的精神病患者，而是患有一种令人非常惊诧的怪异病症。她似乎丧失了之前6个小时的记忆，她的脑子里，从当天中午12点至晚上6点这段时间里发生的一切都是空白的，她自己到底在哪里、做了什么事、跟谁在一起，甚至她自己是谁，她都完全没有印象，脑中一片空白。每天下午，就好像被人清洗一次脑袋一样。警察甚至怀疑她是不是招惹了某个“黑衣人”。

还有人开玩笑地说，她脑子里的磁盘好像出现了“坏道”，所以才会导

致部分时间段的记忆丧失。

张女士在休息了一段时间后，逐渐恢复了记忆。在医生的询问下，张女士说出了她的经历。她对当天中午以前发生的事情记得很清楚。

这要从张女士的身世说起，她有一个不幸的家庭，更有一个不幸的童年，在她很小的时候，因为她的母亲婚外情被父亲撞见，所以，她的父母就离婚了。她最初和母亲一起生活，可母亲离婚后依然我行我素，还是经常招蜂引蝶，幼小的张女士还一度受到母亲姘夫的性骚扰。

成年后的张女士爱上了一位年轻的卡车司机，并且怀了身孕。但是这个卡车司机却在他们婚礼前两天莫名其妙地不见了，从此一去不回。张女士将孩子生了下来。然而，一个单亲妈妈独自抚养婴儿的艰辛不是常人所能体会的，每天她就为了孩子的奶粉钱疲于奔命，生活的压力让她不能再独自抚养儿子，只能带着孩子和父亲及两个弟弟住在了一起。

父亲对她并不友善，在住院前的几个星期里，父亲整天骂她是个扫把星，指责她只会添麻烦，只会给家人带来厄运，甚至说他的婚姻都是因为张女士才破碎的。两个弟弟也不理解她，威胁要把她和她的孩子赶出家门。在和父亲、弟弟争吵的时候，她开始感到自己头疼、疲倦、焦虑、孤独、忧郁，还一度失眠，整晚整晚的睡不着觉。在此期间，张女士在超市找到了一份收银的工作，并且遇到了一个年纪与她相仿的男子，两个人很快就产生了感情。最近的一段时间，张女士经常会在晚上找那个男子，从他那儿寻找家中没有的平静和温馨。

张女士住院后，慢慢适应了这个精神病院的生活，心情开始平静，但她依然想不起来下午的6个小时时间里到底发生了什么。她还记得她调休不用上班，所以早上给父亲和弟弟们做完早饭，上午干了一些家务，然后中午的时候坐上一辆公共汽车，想去看心理医生（因为她最近失眠得更厉害了），然后她就什么都忘记了。她自己似乎对这段记忆“空档”不以为然，就像只过去了一瞬间，在医生的提醒和鼓励之下，张女士一再努力地回忆事情的经过，她说她的脑中浮现出一个似真似假的场景，好像是个停车场，然而，这个停车场好像又和自己没有什么关系。

医生分析后，认为她脑海中的这个如梦如幻的场景一定和她压抑在内心潜意识里的东西有关，为了帮助她，所以希望她能够详细地描述这个场景。张女士说她好像看到了一个停满了汽车的停车场，一个男人站在停车场的一边，一个女孩子正往那个男人那边跑。这个场景不停地出现，那个女孩飞快地向前奔跑，但又好像没有向前移动。而且，张女士还感觉是自己在奔跑，但却不明白为什么奔跑，似乎她自己是要跑去向那位男子求救的。

医师接着又问张女士，她当时“求救”的时候心里想的是谁，张女士说：“是心理医生，因为我最近非常难受，而且还失眠，我想应该去看心理医生的。”张女士回忆说，她还曾向男友提起过这件事，她喜欢的那个男子在郊区做一份兼职的工作。

经过对张女士的零星记忆的推断，张女士就是被郊区的巡逻警察发现并被带到医院来的。医生觉得张女士一定是在某种心理作用下导致的这种失忆，她回忆中梦幻一样的场景，应该是她丢掉的6小时中的某个片段。医生决定将她催眠，在催眠的状态中，张女士慢慢回忆起了她忘记的6小时空白时光。

原来，张女士乘坐公共汽车去看心理医生，寻求解决她失眠的办法。她下车后，发现预约的心理医生出门了，她就到值班室打电话给医生，依然没人接听。于是张女士就决定去郊区找她的男友。现在，父母和两个弟弟都不能帮助她，她只能去找男友。

张女士又乘坐公交车到郊区，到那里的时候已经是下午两点了，她看到男友正从东边入口走向车子，她在西边入口处等他。张女士想男友一定会看到她，然后会载她一起走的。但男友并没有看到张女士，径自开车离去。于是她跑着追了上去，对面开过来的汽车把她撞倒在地上，她忽然头晕目眩，然后就开始漫无目的地在大街上来回奔走……

张女士终于恢复了那6个小时的记忆。

英国作家霍尔曾经写过一本名叫《生猛鲨鱼档案》的小说，小说的男主人公患上了失忆症，经常收到一个名叫埃里克·桑德森的人的来信，这个埃里克·桑德森其实就是他自己，这是过去的他未雨绸缪，在发现自己即将失忆时，不断给自己写信，希望能够给迷失的自己指引一条找回自我的路。埃里克·桑德森在信中说，他的记忆被一条虚拟的鲨鱼蚕食了，这条鲨鱼生活于他的意识深处，不时地出没于他的脑中，吃光了他的记忆，从此他逐渐忘记了自己。

这本书是以超现实的手法诠释了失忆症，不过从医学角度看，失忆症并不玄乎，它就分为“心因性失忆”和“器质性失忆”两种。“器质性失忆”顾名思义是因为外部物理作用造成的记忆丧失或局部丧失，当人的脑部受到创伤和打击的时候，

人的意识、身份记忆或大脑对环境的正常整合功能遭到破坏，因而对生活造成困扰。它是外界物理作用造成的，和“心因性失忆”这种失忆者意识自发产生的失忆是两个概念。

这里提到的物理作用，不光是指跌倒、重击等常见的物理作用，还有一些你想都想不到的。美国南加州有一位老人，他感染了某种病毒，脑子里负责记忆的海马区周围被这种病毒逐渐蚕食，造成他只有瞬间记忆，他的时间永远只有现在，空间也只是眼前所见，人们说鱼的记忆只有3秒钟，而他的记忆甚至都没有3秒钟，这也是典型的“器质性失忆症”。

而张女士没有受到过外部的物理伤害，当然就不是“器质性失忆”了。心理医生解释说，这是一个“心因性失忆”的“局部性失忆”病例，属于“解离型歇斯底里精神官能症”。所谓“解离”，指的是一个人的意识、记忆、智能、情感，甚至是他的行为等的正常整合功能发生突然的暂时性的改变，导致这些功能的某些部分丧失的情形。张女士丧失的就是“6个小时的记忆”。

心因性遗忘，是一种选择性的反常遗忘现象，当事人对新近重大事件（如创伤、丧亲）因震撼过大不堪回首而产生部分性选择性遗忘，或暂时性记忆解离，使其不出现在意识中，是大脑主动抑制或“忘记”不愉快经验的心理机制。

著名心理学家弗洛伊德的老师沙考的另一个高徒冉涅认为，正常人的精神、思想、语言和行为等整合构成人的“人格”整体，在一般情况下，一个正常的人可以依靠自我意识召来（知晓）这些精神、思想、语言和行为，但是，如果神经系统发展变异，使得沟通各种精神内涵的因素降低，就会使得某些精神、思想、语言和行为的功能不再为个人的意识所察觉，这就会出现思想的“解离状态”。

而弗洛伊德则认为，在“解离状态”中，患者所失去的（思想、语言或其他东西）常常是他无法接受的东西，有时候会是重大的精神打击或者压力，这种“解离状态”借一种特殊的精神力量将不愿承受的东西“赶”进潜意识的状态，从而不能被正常的精神意识所唤醒。换句话说，它是内心主动觉醒的心理反作用。

“解离状态”会对人形成保护作用，使他不会因为想起那些无法接受的精神意识而产生悲痛。通常情况下，病人无法接受的精神意识有两种情况，一种是外来的令人痛苦的事件，一种是内在的心理冲突。

医学界对“解离状态”的科学解释，目前一般采用弗洛伊德的这种“动力心理学”理论，不过，并非每一个面临外来痛苦事件或内在心理冲突的人，都会产生意识的解离，因此，意识的“解离状态”可能也含有冉涅所解释的“人格”因素。有新的医学研究表明，“心因性失忆”可能是人类进化过程中产生的，大脑选择性地让部分记忆处于“休眠状态”，也就是说，大脑可以主动抑制或者“忘记”不愉快的经历。

也就是说，张女士的失忆，并不是我们平常认为的外部物理创伤造成的失忆，而是自我意识主动选择的失忆，她的大脑通过抑制令她感到痛苦的记忆中的人和事，把那些不愿意想起的东西埋在了意识的最底层，大脑通过“雪藏”这部分记忆，能够保持意识不至于彻底崩溃，这种意识是人面对逆境时的一种弹性机制。

失忆原来**不简单**

“心因性失忆”是意识在起作用的“失忆”，其实并非只有像前文说到的张女士那样的“局部性失忆”，该病症还有另外三种情形，分别是“选择性失忆”“全盘性失忆”和“连续性失忆”。

张女士这样的“局部性失忆”，是在某些创伤事件发生后数小时内的失忆，而且是完全失去这段时间内的记忆。

“选择性失忆”是当事人对某时间段内发生的事情选择性地记得一些，却又遗忘另一些。

“全盘性失忆症”是当事人完全忘记自己所处的环境和自身背景，包括姓名、地址等都统统不再记得。

“连续性失忆症”是当事人忘记了从某一时间或者某一事件之前的过去经历。

前两种在人群中并不常见，通常当事人都是受过极端刺激后才会出现“局部性失忆”和“选择性失忆”的情形，而后面两种失忆症一般是我们常见的。不过需要注意的是，它们都不是我们在影视作品中看到的因为物理作用造成的失忆，它们都有一个共同点——它们都是意识的主动记忆抑制。

前面讲到的张女士就是个典型的“心因性失忆”者，她在发病当天亟须他人的帮助，可能她的精神已经到了崩溃的边缘了，她四处寻求帮助却又到处碰壁，男友的最终驱车离开对她的精神来说更是致命打击，无助、绝望、孤独、恐惧等情绪在不断的量变之后，产生了可怕的质变，完全超出了她所能承受的负荷，于是意识的“自我压抑”就发挥了作用，大脑的自我防护机制开始工作，将她的遭遇和她半生的无助情感一股脑儿地“驱赶”到了潜意识的角落里，这样可以防止她因为想到这些不愿触碰的东西造成更严重的崩溃。

她的这种“心因性失忆”也使得她得到了警察和医生的帮助，警察把她送进了医院，随后，医生、护士给予了她热情的关照，这些“收获”也让她更加不愿意想起之前痛苦的经历。

因为“心因性失忆”是由于心理因素造成的，所以，它“丧失”的记忆通常会有选择性。也就是说，这些失忆者一般只遗忘那些给他带来痛苦的经历。张小姐就仅仅把中午12点到下午6点的“6小时记忆”忘记了，而其他的记忆却完整地保留在她的脑海里。

苗子从16岁就开始在一家纺织厂工作，厂子里的一草一木她都知道在哪里，甚至每个工友的外号她也知道得清清楚楚。然而，所有人都知道她曾经在19岁时生过一个小女孩，只有她自己说没有。

苗子那时候年龄还小，看到别人穿得花枝招展，跟街上的男孩们出去玩，处在青春期的她内心里非常渴望能有个男孩多看自己一眼，所以每天打扮得非常漂亮。后来一个姓马的街头混混每天在厂门口拦她，刚开始的时候，苗子还坚决不同意跟那个“小流氓”交往，可时间长了，她看到这个“小流氓”也挺幽默风趣的，一来二去就不再拒绝对方了，两个人随后建立了恋爱关系，没有多久两人还住在了一起。

沉浸在爱河里的苗子其实根本不了解姓马的那个“小流

氓”，他不光在外面惹是生非，还召集了一帮人入室偷盗，有时候因为跟同伙分赃不均还在街头火拼，傻傻的苗子年龄还小，看到他身上的伤口，还觉得那是“男子汉”的标志，不但不劝阻他，有时候甚至跟他一起和街头的混混们在一起玩。

没有多久，苗子发现自己怀孕了，可那个“小流氓”并没有因为这个对苗子有一丁点的关照，每天依然和一群狐朋狗友出入在酒楼、赌档，甚至开始带一帮人拦路抢劫。为了让那个“小流氓”改邪归正，她决定要把小孩生下来，希望能够用孩子感化他。

就在苗子快要生产的前一个星期，那个“小流氓”因为打架斗殴，被人用匕首扎死了。痛苦万分的苗子只有一个人跑到医院把孩子生了下来，因为她当初和“小流氓”在一起，已经跟家人断绝了关系，所以她抱着婴儿出院的时候，没有一个人来接她。当时是个雨天，她独自一个人抱着刚刚出生的小孩，走在马路边，路旁的人都用异样的眼光看着她，头发散乱、衣衫不整的她望着哭声不断的婴儿，想到了去死。

她神情惶恐地走到了河边，把婴儿放在护栏旁的草丛里，随后就跳进了水里。

万幸的是，她被下游一个钓鱼的人救了上来，她身体恢复以后，又回到了厂里上班。工友看到她产后身体恢复得很好，就询问孩子怎么样了，可她无论如何也不记得曾经生过孩子的事情。

刚开始大家以为她是不好意思，所以才故意隐瞒，后来发现，她真的一点不记得生孩子的事了，生孩子这件生活中实实在在发生过的事情似乎被她过滤掉了。

在这个案例中，这个女孩记忆丧失得非常奇妙，她遗忘了自己曾经生过小孩的经历，但对之前和之后发生的一切与小孩无关的事情却记得一清二楚，她的这种失忆就是“心因性失忆”的另一种情形——“选择性失忆”。

因为生小孩的经历是她的“悲痛根源”，所以，她选择性地把生小孩的一切记忆“忘记”了，或者应该说是她的精神把生小孩这件事“隐藏”在了她的潜意识层面，在她自己的记忆中就不存在这些情节了。

一位著名大学里教授现代文学的女教授也莫名其妙地丧失了记忆，她的经历比苗子更加离奇。

她不知道自己是在什么状态下失去记忆的，因为之前的事情她也不记得了。在丧失记忆后，不记得自己住在哪里，不记得自己从事什么工作，不记得自己的名字是什么，甚至连自己的母亲都不记得了。总而言之，她把自己的过去忘得干干净净。

然而，令人感到不可思议的是，她对以前教授的现代文学的东西却记得一清二楚，她记得所有她曾教授过的课程，甚至能背诵很多著名作品的精彩片段。所以她很快又回到了学校上课，因为失忆并没有影响她教授现代文学，不过她不记得她的学生和同事的名字了。

后来，在亲朋好友和热心同事的帮助和耐心提醒下，她慢慢地一点一滴地恢复了以前的记忆。不过恢复的记忆越多，她却变得越来越不高兴，因为她发现她的脑海中不断出现一些她不愿意接受的事情，婚姻破裂、父亲去世、儿子车祸、房子着火、被房东赶出家门……当着一切记忆重新“找回来”的时候，她恢复了往日的哀伤。

原来，“心因性失忆”是人类意识中用来保护自己的一种心理防卫机制，是一种自我逃避，也是一种自我保护。它在某些意义上来说，还是个好东西呢！

抓住记忆的尾巴

当一个“心因性失忆”者丧失了他对某些或者全部往事的记忆，那么他是否还拥有缺失的这部分记忆的内隐记忆呢？或者说，他的大脑中是否还保留有关于这部分丢失的记忆的蛛丝马迹呢？

心理医学虽然没有确切承认这种现象的存在，然而有大量的案例表明，很多的病人失去了某些或者全部的记忆，但是他的大脑里依然还保留有一些内隐记忆的影子。比如突然进入了心灵深处的不期而遇的意象、对某种特殊物体的厌恶、对某种事物无来由的恐惧等，这些东西，可能就是人们对那些不能回忆起来的内隐记忆的表现。

内隐记忆，指在不需要意识或有意回忆的条件下，个体的过去经验对当前任务自动产生影响的现象。内隐记忆是启动效应的一种，就是不需要回忆，而储存在大脑中的信息却会在操作中自动起作用的现象，其特征是，信息的提取是无意识的。

内隐记忆像幽灵一样，悄悄地潜伏在潜意识的最深处，已经转变为一种心理上的条件反射或心理的应急效应。

1907年，美国心理学家伊莎道尔·柯里亚特报告过这样的经典病例：一位妇女漫无目的地在田野里漫游，对自己的经历一无所知，当地的居民非常恐惧就报了警，警察将她送到了伊莎道尔·柯里亚特的心理诊所。

这个妇女的亲人随后把她领回了家，柯里亚特作为她的医生进行了跟踪治疗。柯里亚特把她带到了她小时候生活过的老宅子里，来到这所老宅子里之后，她觉得这所房子显得既陌生又奇怪，陌生是自然的，她忘记了所有的东西，面前的一切当然陌生，但令她感到奇怪的是，她认为前几天梦中曾经梦到过这所房子，摆设和布局跟眼前的房子一模一样，不过似乎眼前的房子显得脏乱了一些。科里亚特意识到，她梦中的那所房子就是她幼年时残留在脑海中的影像，这种现象很可能就是失忆者存在内隐记忆的一个证明。柯里亚特还在随后的报告中说，当他用催眠手段让这位患者放松下来，并让她把内心所想到的任何东西说出来时，患者偶尔还会说出一些意象或是一闪而过的想法。但是，这些零碎独立的意象或想法，又不像是她的个人记忆。患者自己也不知道这些意象或想法来自哪里，她甚至认为自己或许是机缘巧合后的“特异功能”。

在另外一些关于“心因性失忆”的病例中，也出现过这样的现象。

李博原来是一个活泼开朗的男孩，在某所大学读工商管理，现在是大三的学生，暑假期间他打算到所在城市的郊区打工赚钱。

然而，命运总是凭空的捉弄世人，有一天晚上，李博在工作结束回住处的路上，被陌生人从背后袭击，然后遭受了暴力的同性恋强奸，之后那个人将他打晕，丢在了野地里。

第二天，路过的行人发现了他，将他送到了医院。醒来的他，不仅对遭受强奸的事情没有任何记忆，而且还失去了自己以往所有的记忆，他不知道自己为什么来到了这里，也不知道自己要去哪里。

医院的精神病科医生觉得得帮助他，在给他看过一幅主题模糊、通常被解释为暴力犯罪的后现代油画之后，李博开始变得极其的痛苦，一度想要自杀。虽然如此，他自己还是对发生的那件事情毫无记忆。

我们前文提到的，和弗洛伊德师从一人的冉涅，并不像弗洛伊德那样出名，他的名字被铺天盖地的关于弗洛伊德的心理学和精神病学的著作遮盖。不过近年来，他关于失忆症相关的著作

被医学界不断的关注，其中一些案例也引起人们的注意。

冉涅的一份报告曾提到过一个案例，一个女人在一条卵石小路上被坏人野兽般残忍地强奸了，她对自己被强奸的经过表现出了失忆现象，她不记得自己曾经被强奸。然而，后来人们发现，她对“卵石”这个词产生了强烈反应，这个词总是浮现在她的脑海中，她自己也不知道这是为什么。机缘巧合，当她再一次被带回到她遭强奸的那个地方时，她开始变得不安起来，不过她想不起她曾在此遭到过伤害。

在冉涅1904年发表的另一篇报告中，也曾提到了一位女性失忆者的故事，她因为母亲去世经历了一次非常大的心理打击，虽然在她母亲去世期间她一直陪伴在侧，她却对母亲过世的事情以及期间的一切事情没有任何的记忆。她后来恢复了记忆，不过在她失忆的整个过程中，她一直被各种各样的乱糟糟的心理意象所困扰，这些意象都和她认为是幻觉的母亲的逝世相关。令人感到惊讶的是，在这些杂乱而强烈的意象中，她对她母亲的模样和细节还有零星印象，可她却对这些心理意象感到非常陌生，她不知道这些意象是什么时候进入她脑中的。

除此之外，冉涅还有一些同类病例，失忆者被各种强烈的情绪折磨困扰，但这些情绪却又不像是给失忆者引起的记忆创伤造成的，它们更像是潜藏在失忆者内心深处的一些东西。冉涅后来得出了一个结论，他认为“心因性失忆”患者不能在意识中自主地产生某些回忆，但同时却会对这些记忆的自动、不可抗拒、不合时宜地再现，这就是内隐记忆的表现。

弗洛伊德也曾经报告过类似的观察结果，并且还提出过相似的观点，他后来曾作出了一个著名的论断——癔症主要产生于对往事的缅怀。用通俗语言来说，就是困扰“心因性失忆”患者的，就是他们不能外显回忆的事件的内隐记忆。

内隐记忆的作用到现在仍然还处于研究探索的过程中，不过至少我们知道，虽然我们的自我感知和身份感知高度的依赖我们对经历的外显记忆，但是，我们的意识可能是更密切的和内隐记忆相联系的。通过“心因性失忆”的案例中表现出来的对往事的泄露，或许可以找到意识和记忆之间的关系。

大脑是如何“**主动**”失忆的

王医生是一位临床心理学家，他最近接诊了一个失忆的年轻人。该病人是被警察送来的，警察说接到了这个人的求援，说是自己的后背非常疼痛，但是又不记得为什么疼痛，甚至不知道之前发生了什么，警察在他身上没有发现任何身份证明文件，意识到他失忆之后就把他送到了这里，还在报纸上刊登了寻人启事的消息。

王医生发现，这个病人是个非常沉静的短发青年，他不知道自己叫什么，不知道自己家在哪里，一句话来形容就是，他对自己的任何经历都没有印象了。不过，他隐约记得自己有个叫“阿水”的外号。

经过王医生的测验，他的智商属于正常水平，对于给他讲过的故事进行回忆有一定的困难，不过，他对正在发生的事件的记忆非常完好，能够认清并记住周围人的面孔，也能正常地使用日常用语，说明他的语言记忆并没有受损。

王医生为了更清楚地探明“阿水”对情节记忆的回忆能力，对他进行了心理学的一系列测试，医生大声地朗读了一些常见的词汇，如狗、花园、跑步等，让他根据某个单独的词汇联想到特定的场景或者事件。如果是一个正常人，这个测试时产生的回忆会随机地分布在他从童年到此时的整个时间范围内，但是这个“阿水”所产生的回忆，90%都集中地反应为他失忆之后的这段时间。

既然是90%，那就还有别的记忆被激发出来了，是的。王医生发现在“阿水”少得可怜的失忆之前的回忆里，主要局限于他在某超市工作时的一段时间。很显然，王医生在他大脑失忆的汪洋大海中，找到了一座仍然被保留的“记忆孤岛”。

王医生认识到，对于失忆的“阿水”而言，这个“记忆孤岛”

就是找到他丢失记忆的突破口。为了证实这个“记忆孤岛”里的超市，王医生找到了那家超市的售货员，售货员确认了“阿水”确实在这里工作过，而“阿水”的外号是同事不经意间给他起的一个绰号，而且那也是他平生唯一一次被称作“阿水”。

阿水为什么失去了自己的记忆，而单单记得超市里的这段呢？他后来说，他在超市工作的那段时光是他生命中最美好的一段时光。他在幼年时候遭到父母遗弃，一个残疾人将他抚养长大。他的生活中充满了各种失望、失败等消极思想，但在超市工作的时候，他因为勤劳肯干，受到老板和同事的喜爱，这一段美好的时光，似乎对吞噬他一切的失忆症具有免疫能力。

在王医生对“阿水”进行了几天的心理治疗之后，“阿水”的记忆逐渐恢复了。他能够想起自己的名字，并逐步回忆起失忆前的一些事情。原来抚养他长大的残疾人养父忽然去世了，他在葬礼上悲痛欲绝，之后发生的一切他也慢慢回忆起来。痊愈后的“阿水”随后离开了王医生处。

参加完养父葬礼的“阿水”为什么会突然失忆呢？

心理学和精神科学到目前为止，还不能对这种失忆现象提出令人信服的解释，虽然我们知道这些“心因性失忆”是精神创伤造成的，但导致大脑发病的生理原因却并不清楚。为了能够更加详细地了解这些记忆障碍，我们必须要搞清楚，为什么有些人会以丢掉过去或者遗忘时间的方式，来对应激和创伤做出反应呢？他们的大脑是如何做到“主动”失去记忆的呢？

在解释失忆的原因的问题上，直到今天，医学界还没有人能够对此作出确切的解释和回答。不过，近年来借助科技手段，在神经科学领域的一些新发现，对这个问题的解答极富启发性。人们发现，这个线索可能来自由肾上腺所分泌的类固醇激素，它被人们称之为右旋糖类皮质激素。

这种激素有什么作用呢？当人们受到应激（如情绪创伤）和创伤（如大脑受伤）反应时，大脑就会随即引发一连串的生理反应，最后是以这种激素的释放结束，这些激素构成了身体对应激的反应，在大脑需要的地方调动能量、提高心血管活动水平，并且抑制那些在生理危机期间需被抑制的身体反应。

但是，右旋糖类皮质激素是把双刃剑，正如这种激素为我们的应激反应作出有效干预一样，右旋糖类皮质激素也会给我们带来危险。神经学家罗伯特·萨波尔斯基和他的同事论证了这一点，他们证明右旋糖类皮质激素分泌过量会对细胞产生严重的破坏。大脑对右旋糖类皮质激素的刺激最敏感的部位是海马，这是一个研究“记忆”的科学家们熟知的部位，而右旋糖类皮质激素的受体高度集中在海马体内部。

海马体，又称为海马回、海马区、大脑海马。海马体主要负责学习和记忆，日常生活中的短期记忆都储存在海马体中，如果一个记忆片段，比如一个电话号码或者一个人在短时间内被重复提及的话，海马体就会将其转存入大脑皮层，成为永久记忆。

罗伯特·萨波尔斯基及其同事们是在白鼠身上做的实验，他们连续两周在白鼠身上注射右旋糖类皮质激素，发现白鼠海马体有明显退化现象，连续数周在白鼠身上注射右旋糖类皮质激素，造成白鼠大脑海马体内部激素受体永久性损失，而且还严重地破坏了海马体细胞。其他后续实验也反映，连续把白鼠置于应激状态下（如连续电击），会刺激它的大脑不停地释放右旋糖类皮质激素，也会产生类似的破坏效应。

他们随后在灵长类动物身上做了相似的实验，结果它们和小白鼠一样出现了海马体受损的情况。

海马体、右旋糖类皮质激素、应激反应，这三者之间的联系，人类是否和这些实验动物一样适用呢？这是肯定的。

美国医疗机构在对越战老兵的身体检查过程中发现，很多退役老兵出现记忆障碍，长期处于应激状态导致他们的右旋糖类皮质激素分泌旺盛，对海马体造成了一定损伤。这个现象在临床医疗中也有发现，在正常记忆者身上注射同类激素药物，会导致他们的外显记忆短期受损。

一个因为其他疾病采用右旋糖类皮质激素进行治疗一年的患者，会不记得刚刚阅读过的一段文章，他的外显记忆受到了严重的损伤，出现了记忆障碍。但是，他在残缺单词填补这项内隐记忆测试过程中却表现了正常的启动效应。

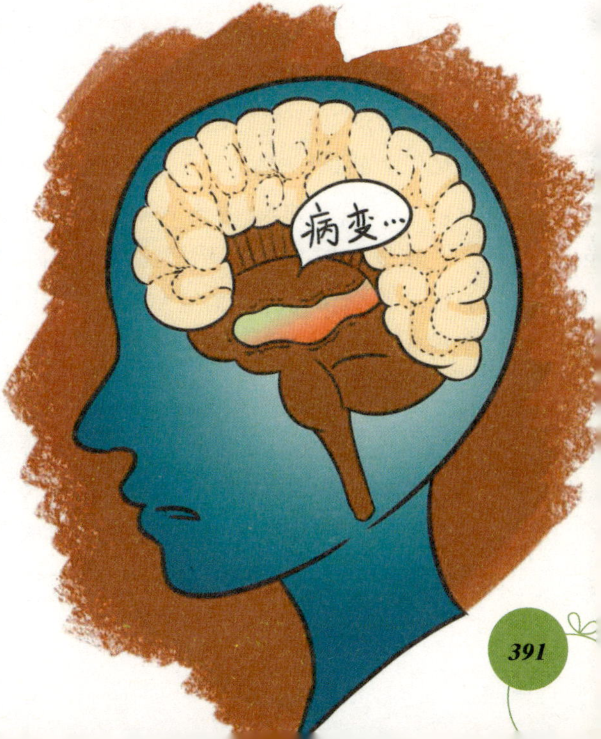

虽然并不是所有参加战争的军人都表现出了失忆症，但是，医生发现他们在生活中都表现出容易受到异常记忆影响的倾向，这些都是海马功能变异的表现。到这里，我们似乎找到了大脑“主动”失忆的关键所在了。

不过通常在面对重大精神创伤的应激反应时，右旋糖类皮质激素的分泌可不像给小白鼠注射一样了，那种应激反应在瞬间内可能会释放过量的右旋糖类皮质激素，破坏了海马体细胞组织，这也许就是大脑“主动”失忆的真相了。

别让你身边的人“**失忆**”

通过对弗洛伊德“解离状态”理论的理解，我们知道，“心因性失忆”的病人其实是处于了一种意识的“解离状态”中，不管是“局部性失忆”，还是“选择性失忆”“全盘性失忆”“连续性失忆”。只是因为他们不愿面对的外部情况各异，而且每个人的人格状态不同，导致了不同的情形。

这些人往往是因为无法接受某些东西，或者是重大的精神打击，或者是难以承受的巨大压力。这些通常情况下都是来自于当事人最亲近的人的离去、背叛、指责、诋毁，再加上一些外来因素的共同作用造成的。

需要注意的是，“心因性失忆”虽然很多是“局部”“选择性”的失忆，但是它依然是一种“精神创伤”，它对人的大脑造成的伤害是不可逆转的，如果不经过心理医生的诱导性治疗，可能会导致其他的精神疾病，如人格分裂、梦游症等症状。

而且，我们知道，很多“心因性失忆”会在某些条件下慢慢恢复记忆的，当他们再次面对不能承受的精神打击的时候，经受打击的他们可能会再次崩溃，而且情况可能会更严重，严重者会出现各种心理障碍。

如果说外来因素的东西是不可控的，身边亲人的人为伤害却是我们可以避免的，所以对待我们最亲的人，我们不应该用恶毒的语言和行动伤害他们，每个人的承受力不同，你的一句恶语，可能会伤害亲人终生。

周六上午10点钟的时候，刘医生的心理诊室走进来一位男子，左手提着一个装CT片的牛皮纸袋，看他的情形，似乎不像是求助的病人，倒像是陪伴病人的家属。果然，随后他出去把一个人带了进来，是一位神情呆滞的年轻女士。

这两个人坐下以后，男子介绍说病人是他的妻子，并开始讲述妻子大月的病情。

大月的老家在江西，从小就性格内向，不爱跟人说话。因家庭困难，小学没有毕业就外出打工。几个月之前，她跟随丈夫来到广州打工，在一个家具厂里做配料工作，其他工友都是经验丰富的老工人，工作熟练，效率高，她常常跟不上别人速度，所以经常受到老板的指责和工友们排挤。

就在昨天，大月因为工作上的事情和一位工友发生了争吵。两个人吵得非常凶，还互相撕扯了起来，对方把大月的脸都抓花了，到现在还能看到几条深深的血痕。昨天下午下班回到家中，丈夫忽然发现大月突然记不起以前的事情了，她不记得父母、丈夫、孩子的模样，要是丈夫走到她跟前她还能认出来，如果走开一会儿，她就很快忘记他的模样。

看到这个情形，这可把大月的老公急坏了，急忙打车到市医院，把她送到医院的急诊科，给她拍了脑部CT。医院的医生通过CT检查，并没有看出明显的脑部异常，后来还是经过这个医生的提醒，来到刘医生的心理门诊求助了。

在和大月交谈中，刘医生发现大月的反应明显有些迟钝，她的神情也显得呆滞恍惚，跟她对话的时候，发现她说话含糊不清，不过还能讲清楚昨天发生的事情，基本上能回答一些简单的算术问题，同时没有幻觉和妄想。不过就像她丈夫所说的那样，她自己不记得家人的模样。

刘医生对她进行了韦氏记忆量表的测查，检测的结果显示，她的记忆是正常的。这可真是太奇怪了！

大月和她的老公表示不理解，不能接受检查结果，认为刘

医生的心理评估是儿戏，在骗他们的钱，她明明就不记得家人的模样。大月的丈夫还提出，评估的时候问的都是常见问题，所以才会查不出来。于是，刘医生提出给他们详细地解释检查结果。就在这时候，诊室里出现了戏剧性的一幕，大月开始躺在诊室的地板上又哭又闹，接着大喊大叫，一会儿又哈哈大笑，搞得她老公更是一头雾水。

刘医生向大月丈夫解释了之后，接着对他说："你不用着急，过去体贴地哄哄她就会好的。"在她老公的劝解下，大月很快就平静了。

刘医生随后给大月开了一些帮助记忆恢复的药，向她丈夫讲了一些注意事项，他们就离开了。半个后，大月完全恢复了记忆，她丈夫专门跑到诊室向刘医生道歉，刘医生提出要他多关心、体贴大月，才能有助于大月的恢复。

为什么一次小小的争吵会对大月有如此严重的创伤呢？

大月的失忆是明显的"心因性失忆"，之所以在她身上出现了"心因性失忆"，原因大致有三个方面的因素。

首先，是因为她自身的人格因素，大月属于表演型人格，这从她躺在地上大哭大笑、大吵大闹能看出来，这种人具有人格的不稳定性和表演性。表演型人格的人从某种意义上来讲，更容易出现"心因性失忆"的情况，因为表演型人格的人意识中更容易将这种意识的"抑制"作为自我意识的表达。

其次，是因为她的心理素质比较脆弱，自我防御体系的阈值较低，抵挡不住精神刺激的攻击。人在面对外部消极刺激时的心理承受能力是不同的，在人群中，有一部分人的心理素质极强，有一部分人的心理素质极弱，绝大多数人是适中的，也呈现出一个枣核形状。其中一部分心理素质极弱的人，心理防御的阈值就是较低的那部分人，当他们不能承受一时的外部精神刺激的时候，也更容易出现“心因性失忆”。

再次，是她周围存在的社会心理压力。大月在工厂里是刚来的新手，工作的熟练程度自然不够，所以她受到了大家的排挤，所以发生了持续性的慢性精神刺激。而之前发生的和工友的剧烈争吵和撕扯是一次急性应激反应，给她原本就偏低的心理防御体系造成了强烈的冲击，从而出现了这种心理问题。

“心因性失忆”是影视剧常用的情节，很多人感觉有点脱离现实，其实它在我们的生活中发生的几率还是较高的，可能因为影响程度的不同，许多人没有意识到而已。不过，“心因性失忆”是因为强烈的内心冲突得不到有效解决，导致了意识解离而出现认知功能的改变，属于急性心因性反应的一种。

俗话说的好，“心病还要心药医”，所以，“心因性失忆”的治疗主要是通过干预性心理治疗来完成。

对“心因性失忆”的干预性心理治疗分为三部分：

首先是指导当事人的家属，给予当事人必要的关心和情感支持。

其次是针对当事人做个别的心理治疗，就大月而言，除言语、药物暗示治疗外，可以尝试催眠治疗。

最后是预防，应在个体记忆恢复后，对之进行认知矫正，重新构建其认知体系，加强心理辅导，增强当事人的心理免疫力。

第十六篇

我本是男儿身，又不是女娇娥

——性别认定障碍

本是男儿身，**不是女娇娥**

那天早上我一觉睡醒，像平时一样开始洗漱穿衣服，穿着穿着，居然发现胸忽然没有了，不可思议，我摸了一摸，胸前平平的，随着胸再一路看下去，怎么发现自己下面多了一个“小弟弟”，我的那个神啊，我先前可真真的是一个女娃娃，现在却变成了一个男性十足的男人，但是刚刚的那一切都还只是一个开始，我想都没有想过，从今以后，我将会不得不利用这个身体度过一段“男身女心”的光怪陆离的生活。我觉得，在这段日子，我将过得十分奇特。

变成男子的第一天：

幸运的是，变成男人后除了注意我、观察我的女生比平时还要多一些之外，我的生活和以前没什么变化，当然也不需要我做太多的改变。虽然这么说，但是我却觉得有一个地方还是真真正正的改变了，这也是使我苦恼的地方，那就是上厕所的地方变得不一样了！女厕所的人数从来都比男厕所多，以前女厕所的人很拥挤的时候我还可以趁男厕所没人的时候去男厕所方便一下，但是自从我变成男人身之后，那就千万不能去了，但是话又说回来，我变成男人后还上什么厕所啊！

第一周：

问题出现后，我发现不好，很不好。哦，说了这么多，我忘了给大家说一个很重要的问题了，那就是我的真身，实际上，我的男真身是个青壮男，名字就是小范。于是，以前做女人时从来没遇到过没想过的一个问题，而且是一个严重的问题出现了，呃，说起来还有些不好意思，那就是我每天早上醒来的时候就会晨勃一次。

也许有人会问，什么是晨勃呢？那就是男性独特的生理时钟，每天清晨4～7点的时候，小弟弟就会不自觉地自然勃起，什么都控制不了，意识啊、生理啊、想法什么的都是浮云，总是无意识地就勃起了。唉，现在作为一个男人，这个东西可就比女人每月的“大姨妈”似的起劲多了，每天因为难以忍受，清晨下来被折磨得人不像人鬼不像鬼的，几个星期下来，我的眼睛就出现了大大的黑圈。都说熊猫的愿望就是拍一张彩色照片，现在我差不多就可以实现这个愿望了。

第一月：

抑郁了，我开始抑郁了。我的闺蜜小芹最近中国情诗看多了，忽然向我写了两句诗向我告白，我拿着那句写有“愿得一人心，白首不相离”的纸条，我纠结了，我的心颤抖了。但与此同时，我以前最爱的男人也向我表示：以前为了兄弟你，我可以两肋插刀，但是我为了小芹，我可以插兄弟两刀。

我的那个神啊，这个世界再一次变得天旋地转、乾坤颠倒了，我那个悲哀啊，我那个难过啊，现在我真心地想大喊一声：“妈妈啊，你可不可以把我重新生一遍？”

咳咳，以上的种种都是我的一个梦，不知是喜是悲的梦。我也文艺范地说一声，梦里不知身是客啊，醒来时惊出了一身虚汗，虽然这只是一个不平凡的梦，当然也是不可能实现的，但是这个梦却引起了我一个深深的思考：从哪里可以看出来自己到底是一个男人？或者是从哪儿可以看出自己是一个女人？

女人和男人的特性到底是什么呢？

但是说真的，这个和性唤起模式具体的好像没有什么太大的差别：

对于男人来说，勃起是男人一个很重要的标志，这也是一个男人的尊严之事。而且有的男人还担心自己一日不勃就变得阳痿了，有些男性还认为，如果自己阳痿了，那就相当于失去了自己的生命。但是对于自己做梦梦到自己是“假男人”的我来说，晨勃是何其的别扭，何其的奇怪，但是我不会因为有它的存在就觉得自己是一个男人，当然，我也不会因为自己的身体对女性有那种性冲动就觉得自己是一个男人。

那要这么严格的说起来，和生理结构有没有很大的关系呢？好像也没有太大的关系，原因：

要知道啊，我做梦的时候，自己可是一个真正的男人，不是一个女人，因为我的生理结构和男人是一模一样的，但是那又有什么用呢？好像也没什么大的用处，曾经的闺蜜向我示爱，但是我曾经最爱的人要跟我抢女人，要大打出手，并且伤及兄弟情义的时候，我的那个心啊，真的是伤心欲绝，我的内心可是一个女人啊，注意，我的心是个女人！那个时刻，我的心都碎了……

最后的答案到底是什么呢？

我们先来看看一个人的答案：

你们好，我是17岁的乔乔。虽然我在生理上是个男性，但是自从我开始懂事了、有记事能力了，我的内心一直就当自己是一个女孩子，所以到初中之前，我都保持着女孩子的面貌，穿女孩子的衣服，说女孩子的话，所以我一直很喜欢做女孩子喜欢的那些事，比如织毛衣啊、刺绣啊、煮饭烧菜等，而且一般的说来，我比一般的女生做得好，我还不喜欢男孩子做的那些事，总感觉男孩子做的事比较粗狂，我不太喜欢。

我的爸爸是船长，他常年不在家，在外面漂泊，所以我和爸爸能够待在一起说话的时间也特别少，剩余的时间都是妈妈、姨妈、姑姑们陪我一起度过的，我就像贾宝玉似的，生活在女人堆里，可以说我是从小生活在胭脂堆里的，但是我生活得很开心，发自内心的高兴。虽然有时候我的表哥会嘲笑我，说我从来都没有或者不会参加男人的活动，甚至说我是个“伪娘”，更不要说我不会踢足球什么的了，反正男生应该做的我都不会！但是我却觉得不是那么一回事呢，因为我高兴、我乐意这样扮作女孩子！

最重要的是，我的朋友都基本上是女孩子，我和女孩子都比较谈得来，聊天也很开心，她们都愿意把自己的心事给我说，我是她们的闺中密友，她们也是我的闺蜜。但是大约在我12岁的时候，身体的本能让我开始有了性幻想：但是内容不是女人的性幻想，是常常幻想自己是女性的样子来与英俊的男人做爱。随着我的年纪慢慢增长，和朋友们的性别就分得越来越明显了，不像以前那样融合，大家反而嘲笑和讽刺我的女孩子气，说我是娘娘腔。我在正常的人群中有种鹤立鸡群的感觉，显得特别扎眼，种种的指责让我感到自己无处遁逃。由于受到各种讽刺和白眼，终于有一次，我彻彻底底忍受不了这种排挤的痛苦的生活了，我打算离家出走，然后再找地方自杀。但是我还是比较幸运，最后我又被家里人给找了回来，但是我再也不想去上学了，我特别害怕学校里的人的白眼和嘲笑……我觉得自己是一个灵魂被困在男人的身体里面的女人，所以我希望自己能够做变性手术，让自己变成女人，这样我就不用受别人冷眼了。

通过上面所说的乔乔的故事，我们终于可以找到问题顶峰答案了，能够让我们发现自己到底是男人还是女人的东西，不是性唤起模式，也不是所谓的生理模式，说到深层处是一种个人感觉，那就是所谓的性别认定。

像乔乔这样的人，他的生理性别和他的心理性别不一致，通俗的说，就是一个男人的生理性别下包裹着一颗女人的心，包裹着女人的心理性别，这样就会造成性别认定障碍，就是这么说也不为过，就是说这个人的灵魂被安错了身体。性别认定还是比较罕见的一种心理，在这里，我们要专程强调一个词语，那就是“罕见”，罕见就是比少见还要少见：有1/3左右的男性发病率会因为地区的不同而不同，但是女性就更少了，就只有1/15至1/10左右。

性别认定障碍的起源与影响因素

在科学上说，性别认定障碍的起源和影响因素仍然是一个谜团。虽说这个问题到现在来说还没有一个具体的答案，但是并不代表说没有一个合理的猜测，在下面，我就给大家讲几条参考的例子：

我们从父母那里得到的染色体就决定了个体的基因性别在卵子与精子发生碰撞激情并受精的时候就决定了，这是没办法改变的，但是从今以后我们所要发展的性别发育就会受到各种各样的因素的影响，比如周围的朋友、人物，接受的事物等一系列的因素。

母亲在怀孕的最初几周之中，性腺和内外部的生殖结构具体的说是没有什么男女性别之分的。但是如果存在着Y染色体，母亲肚子里的胎儿的性腺将会分化成为睾丸，那样就会变成一个男人，这就有了男女之分，睾丸分泌睾丸素，也就是雄性激素，然后肚子里的胎儿就会发育出男性的生殖器官；但是如果不存在Y染色体，那样性腺就会分化为卵巢，就会变为女孩子，卵巢分泌出雌性激素，从而胎儿就会

发育出女性的生殖器官，男女差异就出来了。

胎儿在发育的一些特定的时期内，胎儿的雄性或者是雌性激素的水平的轻微升高就可能让一个女性胎儿男性化或者让一个男性胎儿女性化，这样就会出现性别认定障碍。像一些孕妇在怀孕期间如果是服用了某种副作用比较大的药物的话，像我们先前说的那种激素的水平还是会出现波动的。

我们上面所说的，就是一些专家或者学者对性别认定障碍生物学因素的猜测。

行为主义门派的代表人物之一，也是世界心理学史上最为著名的心理学家之一——斯金纳，曾经有过下面一段讲演：

大家好，我就是斯金纳，大家不来点掌声吗？谢谢大家的捧场。俗话来说，他方唱罢我登场，今天我们的故事里没有其他的专家，也没有其他人，现在我就是这里最大的大腕儿，是这里的专家，大家有什么问题就来找我，就像作家来找我的原因就很简单，没错，我来的目的就是想向大家讲一讲我理解的“强化理论”。

大家一定就会问我了，什么叫作强化理论呢？在这里我说的还有我认为的行为之所以发生变化，那就是我们说的强化作用，因此来说，对强化的控制就是对行为的控制！首先我要声明的是，大家所认为的强化是什么词语呢？大家一定会认为，有一个强字就是个贬义词，但是事实上，我这里所说的强化可不单是指奖励，它是个中性词。

所以，我说的强化就可以分为积极强化和消极强化。

什么叫作积极强化呢？所谓积极强化，就是通过呈现愉快刺激来增强反应概率，比如说可以是表扬啊、鼓励啊什么的。

那什么又是消极强化呢？所谓消极强化呢，就是通过消除厌恶刺激来增强反应概率，比如说让人免做家务什么的。

我还是要向大家提醒一个问题，这里的消极强化是很容易让人理解成为惩罚啊，所以这是不对的，这个惩罚不是与消极强化这个分概念是相对的，但是这个与整个强化的概念相对的，但是这个惩罚还是可以分化为积极和消极，例如下面所说的这些：

积极惩罚：通过呈现厌恶刺激来降低反应的概率，例如关禁闭。

消极惩罚：通过消除愉快刺激来降低反应概率，如禁吃肯德基。

说到这里，我们大概就可以理解了，这里的强化就是强化反应的概率，但是惩罚却是用来降低反应概率的。

大家用我们这个理论就可以解释一件事了，那就是为什么说世界上最有效的手段可以提高效率，那就是激励，激励可以帮助一个人改变命运，就像是说小孩子为什么都喜欢得到老师的表扬。小时候，就像我的自身实际来说，我小时候就特别喜欢得到老师的小红花。所以我们一定要多多鼓励小孩子。

说激励是一种积极强化的原因是很简单的，那就是激励可以提高人的行为概率。因此，当你不满足手下或者自己搭档的做事速度的时候，沟通的方式就显得特别的重要。做事的时候不能一上来就是劈头盖脸的一顿臭骂，脸拉得特别长，我们可以利用一下语言的艺术，先扬后抑，就是先表扬，然后再批评。

我可以举一个例子，就像老师经常说的，比如说：那个某某某，我觉得你是一个很好的孩子，非常有潜质，而且又聪明，做事有耐心，但是这件事你处理得并没有完全发挥你的潜质，我觉得你还可以做得更好……或者说：嗯，不错，那某某某，这件事你在情感方面做得还不错，但是我感觉你还可以做得更好，还可以发挥你完全的潜质，你还可以这么做……

除了上面所说的这些，我的强化理论中还有大家非常熟悉的“普雷马克原理”，这个常常被家长拿来哄小孩子用的，而且那些小孩子还比较受用。那什么叫做普雷马克原理呢？那就是用高频的活动强化低频的活动，我们还可以说一些例子，比如用孩子喜欢的活动去强化他们参加不喜欢的活动，具体的就是可以这么说：“你先把这些青菜吃完，才可以吃一些火腿。”如果一个儿童喜欢看动画片，但是又不喜欢读书，那就可以让他先看一些书之后才准许去看动画片等之类的。

性欲倒错的**异装癖**

电影《沉默的羔羊》里有两条主线，一条是食人魔汉尼拔，另一条就是拥有异装癖的连环杀人魔野牛比尔了。

比尔在童年时代经常遭受母亲的虐待。长大后他的心理因此变得扭曲，患上了异装癖——通过易装来获得心理与性的满足感。此后他不满足于普通的化妆，开始不断猎杀妓女，把她们的人皮剥下，用来缝制衣服甚至家具。当他化着女人的浓妆，披着女人的皮在大跳“野牛比尔之歌”时，他的神情亢奋得像个孩子。

异装癖又称异性装扮癖。是指通过穿着异性服装而得到性兴奋的一种性变态形式。这种性变态患者以男性多见，因为女性着男装现在已经常见，尤其在西方社会还很流行，故并不视为异常行为。

异装癖是性欲倒错的一种，他们通过穿着异性的服装，来唤醒自己身体里面真正的自我，达到在精神层面上成为目标性别的欲望。但异装癖的变装往往不是对自己性别不认同，而是纯粹迷恋通过服饰变装来满足自己内心深处那特殊的性欲幻想。

如果说野牛比尔还有部分成为女性的幻想，那么俄版的“野牛比尔”则是完完全全的异装癖者了。

俄罗斯媒体的新闻报道，俄罗斯叶卡捷琳堡市警方逮捕了现年36岁的连环杀手安纳托利·克里格蒂斯克。他涉嫌杀害了多名应召女郎和街头妓女，被捕的时候，他身上还穿着一件

“皮夹克”——那可是用那些女受害者的人皮缝制的！

克里格蒂斯克原本生活在叶卡捷琳堡市附近的特维村中，在离家不远的一家农场里上班。从外表看起来，他跟别人并没什么不同，但是谁都不知道，他居然是残忍变态的连环杀手。在空闲时间，克里格蒂斯克经常会驾驶自己的小货车到附近的城市，好寻找目标下手。一旦有街头妓女被他盯上，他就会像《沉默的羔羊》里面的野牛比尔一样，在汽车车厢后将其残忍扼杀，然后开车把受害者的尸体带回家中。

更令人发指的是，克里格蒂斯克还会在自己家里把死者的皮剥下来，做成人皮夹克，然后将尸体扔到偏远的森林里。由于很少有人关注这些街头妓女，更不会关心她们的失踪，所以克里格蒂斯克在很长时间内都一直逍遥法外。

有一次，克里格蒂斯克把自己农场老板的女儿安娜引诱到了自己家里，两人进行了一整夜的伏特加酒狂欢派对。当时两人都喝多了，克里格蒂斯克掏出一把刀子，刺向安娜，想杀死她。但是由于他喝得太多，力道不足，并没有杀死安娜，只是把她捅伤了。安娜惊慌失措，逃出了克里格蒂斯克的家，并报了警。很快当地警方就赶到了克里格蒂斯克家中抓住了他，当时他还醉醺醺的。被捕之后，克里格蒂斯克向警方供认了他接连杀害多名应召女郎的可怕罪行。

在俄罗斯警方逮捕克里格蒂斯克的时候，他身上正穿着那件恐怖的“人皮夹克”。之后，警方在他的床底下搜到了一个盒子，里面装有10副款式不同的女性耳环，警方相信，这些耳环都是克里格蒂斯克从女受害者身上摘下来的。也就是说，死在他手里的女性多达十余人。

警方发现，这个人的外表还算可以，但是社交方面有所欠缺。他在农场干活，说明他只是中低产阶级，文化水平也不会太高。再加上工作环境问题，接触的人比较少，所以社交能力不强。他之所以会选择妓女下手，是因为这些人属于社会边缘群体，很少有人会关注她们，就算失踪了，也很少会有人注意到她们。有一点可以肯定，他和《沉默的羔羊》里的野牛比尔的现实真人爱德华·盖因不同，他之所以会穿着死者的皮肤，可能是因为他有着很强的控制欲和占有欲，之所以会做成皮衣，可能是想要炫耀自己的能力。

异装癖者以男性多见，基本上都会结婚成家，过上正常的夫妻生活。他们是异性恋者，可以与异性恋爱结婚，在妻子面前掩饰这种行为，少数不加掩饰，甚至要求妻子满足他们病态的心理需求，加以配合。在日常大多时候他们都是规规矩矩的普通上班族，只有在家或者某些特殊时候才会进行易装。虽然夫妻生活正常，但通过易装，他们会觉得自己

特别美丽，往往能找到更兴奋更高昂的性快感，并因此获得绝对的满足。因此他们本身并不是真的拥有性别认定障碍，至少他们对自己的性别还算满意，暂时也没有想要改变性别的想法。

一般来说，异装癖患者会在5～14岁对异性的装束产生浓厚的兴趣，随着年龄的增长，这种兴趣也会越来越浓厚，到了青春期，就有了与异性装束有关的色情幻想。刚开始的时候，他们还是比较收敛的，异装癖者最初基本不会暴露在公众视线外，而是在自己房间悄悄换装，对着镜子顾影自怜，慢慢地一点一点暴露在公众视线外。他们的衣服光鲜亮丽、前卫时尚、绚丽非凡，这样的异装，他们会有一套乃至多套，甚至有的人还会使用女性化妆品与各种饰品。初期是有时候穿一两件异装，以后逐渐发展，直至全部异装，在公共场所浓妆艳抹招摇过市。这样的人认为自己的性格适合女性装扮，身穿女性服装的时候，他们会感觉安全、惬意、漂亮、优雅大方。穿着异装能引起异装癖患者的性快感，通常会诱发手淫或者射精，以获得性爱的最大满足。异装癖患者的家人对他们的这一行为持不同态度，大部分

放手不管，对其不闻不问，一部分会出于理解和忍耐帮助其变换异装。

这是一种什么心理呢？我们就看看异装癖者穿上纱裙是什么感觉吧：

我喜欢穿着多层轻柔纱裙睡觉，心里觉得特别满足。在大街上每每看到穿纱裙的女子，都觉眼前一亮。当然，这主要是欣赏，只对极少数本来就很性感漂亮的纱裙女子才会有那种欲望，而且也不会去侵犯别人。我只是喜欢她们的美和那种婷婷的女人风韵。

可以看出，这是一种特殊的性癖爱好，与性别无关。

现实中异装癖者不在少数，但在国内因为受到歧视还是很少揭露出来，只能偶尔从一些街拍中见到。在西方则是见怪不怪了，瑞典一名中央党议会议员甚至公开承认有异装癖！

即使如此，有些妻子还是为丈夫的异装癖行为感到不安：异装癖到底要怎么治疗呢？

1.尽早发现事实尽早治疗

一般在5～14岁异装癖患者会对异性装束产生兴趣，这时候要有针对性地积极治疗。带动患者多多参与集体活动，使患者自信、自尊、自强，对自己的性别期望尽可能的减少。这样通过控制病情的发展，使患者的异装癖有明显的改观。

2.试图理解

已经成年的异装癖患者，可以诱导他们回忆童年的遭遇，找出自己可能的病因。然后对这一病因详细分析解释，使患者明白之所以患病是自己幼年时对性别压力影响所致，让患者对病情特征及病情危害有正确的了解，控制自己，改正自己。

3.厌弃治疗

对穿着异装的患者，表现出明显的厌恶并施以一定的语言及心理刺激，使其逐渐走向正常。

4.婚姻疗效

异装癖男子基本都会结婚成家。妻子要调整适应并帮助丈夫，这使得丈夫的异装癖可能会好转。这时再接受治疗，效果会更加显著。有的患者穿着异装才能引起性快感，乃至达到性高潮，如果没有异装就表现有性功能障碍，阳痿、早泄等。结婚以后，在有性行为的时候，妻子可以爱抚、亲吻、鼓励丈夫，以此来减轻丈夫性交的压力，克服焦躁不安的情绪，引导丈夫在不穿异装的情况下达到性兴奋和性高潮。

性别认定**障碍与异装癖**

大家好，我是小唐，但是我并不小了，今年已经有35岁了，是一位电子工程师。既然我已经选择走出来向大家说说我的例子，我也就不藏着掖着了，我要开诚布公地跟大家交代发生在我身上的一切！在这里，请大家不要被我的名字骗了，我不是个女的，我是个堂堂正正的男人。

我有一个奇怪的爱好，那就是，我很喜欢穿女孩子的衣服。而且有一阵子我甚至把自己打扮成女人的模样，然后跑到公共场所转悠。但是我又怕啊，怕自己被熟人看到并且拆穿，你想啊，一个男人穿着女人的衣服，那不是很奇怪吗，特别是让同事看到了，以后传出去还得了啊！于是我只有放弃了这个想法。后来这个不好的习惯被我老婆知道了，因为我所有的衣服都是向她借来穿的。呵呵，但是我的老婆并不像其他人一样那么顽固的，相反，她还挺开朗的。她还建议我就待在家里做这些事就可以了，千万不要去外面冒险，万一被逮着了、被人发现就不好了，被人嘲笑就更不好了。我老婆还帮我瞒着家里其他人。很多年后，家里都还这么相安无事，都是风平浪静的。

最后让我决定改变这个毛病的，是一件让我触动很大的事情，这件事就发生在最近，到底是什么事儿呢，我等一会儿再说，我现在先来说说我染上这个病的经过。

我们家总共有5个孩子，我是那5个孩子中唯一的一个男孩子，就像是贾宝玉一样，是个在香粉堆里长大的孩子。我的父母好像也没好好的考虑过我是个男孩子的事情，我们家的浴室里也经常晾满了女性的内衣。大概在我十几岁的时候，在某一次，我到浴室里洗手，忽然看到那些内衣，我的心忽然跳得很快，想了想，我就偷偷地拿走了其中的一件，然后就躲在里面试穿，我还记得那是一条女性的内裤，我那时的心还跳得很快。这个时候，我的一个姐姐忽然走了进来，她看到了我的举动，脸色变得很红，很尴尬很难堪，最后她很气愤地骂我是“社会渣滓”，她骂完我之后即走了。我知道她的本意是想羞辱我、侮辱我，她觉得我的做法是很可耻的，但是让人想不到的是，一想到她刚刚很难堪的脸色，反而更让我感到无比的性兴奋，然后我就开始自慰，而且穿女性内衣裤的那次是我整个青年时期达到性高潮最强烈的。

虽然我到现在都还不觉得穿女性内衣自慰有什么错误，因为到现在为止这都没有影响我的婚姻，而且我们一起生活都还很和谐，我对我的妻子很好，我的妻子也很喜欢我。

既然生活得这么美满，其实我还是不准备放弃的，但是，最近又发生了一件事：开始我本来以为在家穿女装不会有什么大问题的，也很安全，但是现在我不这么想了，有一次当我在屋里像平常那样穿着老婆的内衣，然后沉浸在我的性幻想中的时候，我几岁的女儿忽然闯了进来，幸好我当时的反应比较快，我害怕极了，生怕我的女儿把我当作怪兽，于是就一个打滚儿钻到了床下，才没有被我的女儿发现，否则我还真不知道该怎么收场呢，后果我还真不敢想象。

那什么叫作异装癖呢？其实这个解释也很简单，我上面所说的一系列症状就是异装癖，但是如果真的要给它下一个定义的话，就是异装恋物癖，它是属于恋物癖的一种。异装癖大多是指男人喜欢穿戴异性的衣物或者饰品来产生性幻想、性勃起。异装癖和恋童癖、露阴癖、恋尸癖、恋物癖等，都是一种性欲倒错，变得都不一样。

那么什么是性欲倒错呢？简单的说就是本来不应该引起性冲动的事情，但是看了或者是想了却让你性冲动了。人的性唤起用错了地方，不是对人而是对待某个事物，这个就是所谓的性欲倒错。性别倒错的一种类型就是性别认定障碍，指的是对自己那个性别的角色不适应，就像自己是男人但自己的内心却是女性，生理性别和心理的性别不一样。异装癖（性欲倒错）的主要目的是为了得到性满足，但是性别认定障碍的主要目的却不是性欲方面的，而是另一种方式，那就是希望公开的、完全的用异性的那种方式生活。

异装癖还必须有一个特定的条件，就是那个人必须要是两性人，通俗的说就是阴阳人！

那么，男两性人就是指生理上具有更多的男性特征的两性人，他们身上有发育完全的生殖器官，但是本来属于女性的那一部分生殖器官就发育得不完全。

有完整的女性生殖器官，但只有部分男性生殖器官的人，称为女两性人。男两性人的身体表面正常，生殖器官也没有先天异常；而女两性人一出生就会被认定为某种性别，自身表现的性别混乱并不会影响她们自己认定的性别。这是性别认定障碍和两性人之间的区别。

跨性别与变性者

“男左女右，人妖站中间！”

在网络游戏中男玩女号、女玩男号的情况比比皆是，在被游戏伙伴发现后，往往能得到朋友一句笑骂：你个人妖！

事实上，这种情况和人妖扯不上边。生活中不时能听到人们对人妖的调侃，大家对人妖这个词总是既好奇又带有一丝偏见。

人妖，英文名ladyboy，是指泰国男性从小注射雌性激素而发育得到明显女性第二性征的男性。他们在法律上定位为男性，但实际上身体和心理往往出现不男不女的情况。这是种雌雄同体的说法，与现代用来指扮装者、变性者或男同性恋不同。

虽然大多数人妖靠歌舞表演生存，但人妖可不是只出现在午夜歌舞地！在泰国，几乎每个地方都能碰见人妖。在最新的喜剧电影《人在囧途之泰囧》里，王宝强和徐铮就因为分不清楚人妖而闹出了不少笑话。他们在泰国的寺庙里拜佛，旁边走过一位千娇百媚的美人，正高高兴兴地想搭上几句话，结果美人开口说话，声音却是男的！

这种乌龙事在泰国可是随处可见。在泰国，人妖一般来自贫困家庭，为了生计把小孩送入专门培养人妖的学校。小孩一般需要从两三岁开始培养，从小要吃雌性激素药，这种药坚持服用十多年后，男性生理特征就会逐渐萎缩，男性生殖器官会变小，身体上的肌肉也会减少。与之相反，他们身上的女性特征却在增加，不但皮肤变得细腻柔滑，充满了弹性与光泽。此外，他们的胸部与臀部也会变得更发达，乳房更是比普通女性还要挺拔浑圆。

他们不仅身体在发生变化，就连心灵也往往被人为扭曲。他们的衣着打扮与爱好从小就以女性为标准进行培养，还要在学校里接受严苛的技艺训练。练习舞蹈与声音，练习腿功腰功、女性说话神态……可以说，人妖的成长过程充满了辛酸，忍受着身心的折磨，即使在最青春貌美的几年，也必须面对同行激烈的竞争与婚嫁的难题。

之所以特地用人妖作为例子，是因为这个群体最能体现这一节关于跨性别与变性者的主题。人妖游走在男女的边缘，大多数都是跨性别者，少数成功完成手术的即成为变性者。

跨性别一般来说有两种说法，第一种说法最被广泛接受——跨性别是指那些在出生的时候根据其性器官而被指定了某个性别，但是却感觉到那个性别是对他们的一种错误或不完整的描述的人。

Transman，用来指称从女性跨越成为男性者；Transwoman，用来指称从男性跨越成为女性者。可以用中性、雌雄同体等来形容跨性别的人。他们认为自己是不同于男性和女性的另一种性别，介于男女之间，亦不希望通过手术来改变现状。这正是男左女右他们在中间的一类人。郑秀文有一首歌，名叫《非男非女》，里面的歌词来形容他们或许很贴切：无绝对非男与非女，性别现在叫也许。

另一个说法是“那些对其出生时被指定的性别感到无法认同的人”。由于和性别认定障碍的概念稍有重叠，这里就主要提及第一种说法。

说起跨性别，不得不提到澳大利亚顶级名模安德烈·皮吉斯，一朵妖孽的花。很难去形容这种性别模糊带来的美。他既是男模又是女模，穿着男装时仿佛是来自中世纪的贵族公子，

换上女装则是颠倒众生的妩媚佳人。“无性别”正是他走红的最大筹码。

跨性别者混合了男女性的特质，使得自身暧昧不清没有界限，性格与观念也变得更自由、不受束缚。不少跨性别者甚至是双性恋，比如安德烈·皮吉斯，比如偶像剧《蔷薇之恋》里的葵。

还是用五月天《雌雄同体》的歌词来总结比较恰当——

你也许避我唯恐不及
你也许把我当作异形
可是你如何真的确定
灵魂找到自己的样貌和身体
发现自己原来的雌雄同体

说完跨性别，下面就要提到变性者。

变性者相信大家也都知道了，就是已经通过手术改变自己原本性别的人，又称作变性人。变性者与跨性别最大的区别是：跨性别是没有改变自己性别的，而变性者已经改变成了自己想要的样子。在泰国，少数人妖遇上真爱后，也会通过昂贵的手术圆了自己的女人梦。

说起变性者，相信大家都能举出不少耳熟能详的名字来：著名的舞蹈家金星、韩国艺人河莉秀、台湾综艺主持人利菁……不少网站更专门开辟有变性新闻的版块，可见变性已成为不容忽视的现象。

成功变性的途径当然是做手术。通过完成手术，可以圆了多少性别认定障碍者的梦想！这种心态也不难理解：想想，七尺大男儿变身妖娆大美人，清俊美人儿化身伟岸男子汉……困扰了自己那么多年的不安与困惑，能用手术解决掉是件多么让人欢喜的事情。

当然，要做变性手术还得有足够的勇气和心理准备。看看这个漫长复杂的手术过程吧：

首先是变性手术前的诊断与评估。要确诊病人是性别认定障碍者，免得人家是一时兴起、一时冲动。毕竟变性以后会后悔的病人也是有的。然后还要接受一段时间的心理治疗，还得有严格的考察，让病人以异性身份生活一段时间，根据他们的适应情况来评估是否真的需要做手术。

以下是男变女的过程。

乳房成形术→阴茎和睾丸切除、尿道移位、人工阴道及外阴成形术→声带缩短手术→喉结切削→鼻子整形术→电针除毛术→演讲治疗

手术过程中，重中之重的当然就是胸部手术以及阉割和阴道再造的一系列手术了，完成这两步就可以说变成真正意义上的女人了。而在改变生殖系统的主手术后，还需要完成各种整

形微调手术。声带缩短手术可以提高声音的音调，鼻子整形术是为了改变鼻音。削喉结、除毛等是为了让外形更接近女性，演讲治疗则是训练说话的声调。

女变男的过程则是：

乳房缩小平胸术→阴茎再造术→阴唇缝合→保留阴蒂→再造面部毛发

前两项是手术的核心部分，而保留阴蒂是为了保留性交的快感来源。虽然女变男手术看似比较简单，其实不然。阴茎再造术的难度很高，所以现在女变男手术的价格一般要比男变女高。

变性手术失败几率自然是有的，过程烦琐而且不可逆。所以在作决定前一定要认真考虑，千万别一时冲动！

好了，手术基本流程说完了。我们为一对变性情侣祝福吧！

埃默拉尔德·安德鲁斯变阿伦。阿伦原本为女儿身，多才多艺，擅长芭蕾，还曾经参加过选美比赛。从5岁上学的第一天起，阿伦就觉得自己内在是个男孩，跟父亲一起骑摩托车才是她最喜欢做的事。

“我一直认为我的内在是个男孩，因为怕遭人非议，所以我一直不敢说。”

之后，阿伦开始不间断地注射雄性激素，外表也开始男性化，因为她内心的想法得到了父母的理解与支持，最后阿伦进行了变性手术。

卢克·希尔也就是现在的凯蒂，原为男儿身，从小她就喜欢玩洋娃娃，3岁就有当女孩的念头，现在她是美国第一位公开变性身份的青少年。

“我非常想当个女孩，在我3岁的时候……越长大我就越想变成女孩儿，我完全没有办法阻止这种念头。”

15岁时，卢克改名为凯蒂，之后开始雌性激素的注射，让自己的胸部慢慢丰满。凯蒂的故事感动了好心人，她获得了4万美元的捐款，终于使她在18岁生日后完成了变性手术。

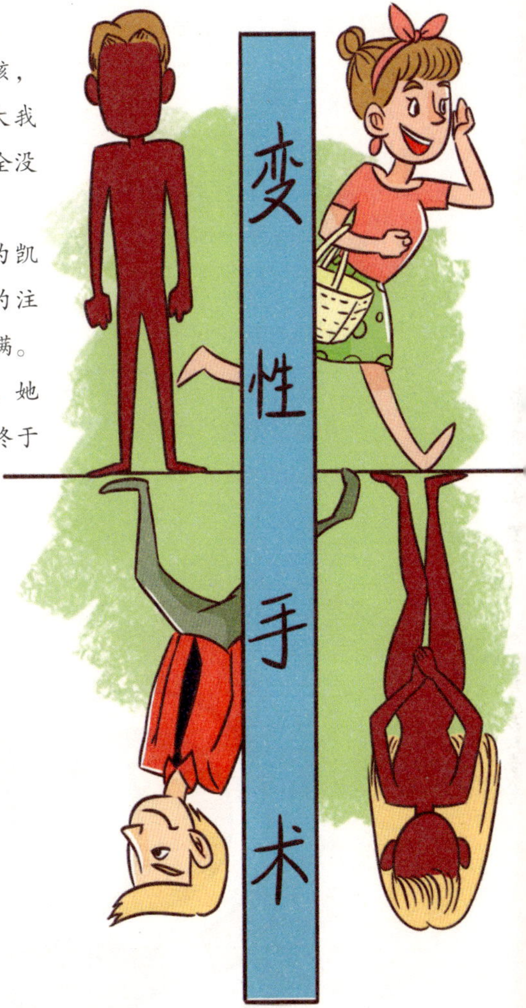

阿伦和凯蒂第一次见面是在一次支持变性人团体的活动上，那是在俄克拉荷马州塔尔萨。两人相似的成长历程、遭遇使他们相识、相知、相惜、相爱。这对性别互换的金童玉女，仍然是一道亮丽的风景线。

变性人也有美丽的春天，缘分，真是妙不可言啊！

同性恋恐惧

同性恋这个词想必大家已经不陌生了，顾名思义，就是同性之间的相爱。

香港歌手何韵诗曾经参与同性恋者游行活动，并在活动上勇敢地说出："我好骄傲地在这里和大家讲，我是同性恋者。"此举引起公众轰动。

无独有偶，另一位著名歌手黄耀明也在演唱会上公开宣布："我是一个同性恋者，我是一个gay。"

其实同性恋的现象并不少见，大家也没有必要太大惊小怪。早在古代就能发现同性恋的存在。"断袖"一词大家也听说过，典故就出自《汉书·佞幸传》。上面记载道："为人美

丽自喜，哀帝望见，悦其仪貌，宠爱日甚。出则参乘，入御左右。常与上卧地。尝昼寝，上欲起，贤未觉，不欲动贤，乃断袖而起，其恩爱至此。”

大概意思是说，董贤长相俊俏美丽，汉哀帝倾慕他的美貌，命令他当随身侍从，并对他日益宠爱。两人形影不离，总是相伴左右，甚至同床共枕。有一次哀帝醒来，衣袖被董贤压住，他怕拉动袖子惊醒了爱人，就用刀子将自己的长袍袖子割断，可见其爱恋之深。后人就用“断袖”来作为对同性恋的一种代称。

除了汉哀帝和董贤外，历史上诸如此类的典故还有“分桃”“龙阳之好”等，被记载下来的同性恋至少也有十几对，更别论不入史册的“断袖们”了。古代传统封建的社会尚且如此，何况是日益开放的现代呢？面对越来越多的同性恋现象，大家恐怕已经见怪不怪了。

同性恋虽然不属于性别认定障碍，但是却经常与有性别认定障碍的人息息相关。资料显示，无论是易性癖、异装癖、跨性别还是变性者，在性别认定障碍的群体中更容易出现大众眼中的“同性恋”现象。

为什么说是“大众眼中的同性恋”呢？我们举个例子，假如一个男人有易性癖，那么他也很容易爱上男人。在他自己看来，自己应该是女人没错，女人爱男人不是天经地义的事情吗？自己也应该算是异性恋啊！但是旁人却不会这么想。因为他的身体是男的，人们眼中的他是男人，一旦他与另一个男人相爱，就会被认为是同性恋。所以到底算是异性恋还是同性恋，有时候真的难以说清楚！

同性恋虽然已被大众所熟知，但是同性恋群体所面临的处境却并不乐观。

德国足协主席旺茨齐格曾说："虽然我们取得了2010年世界杯的入场券，但守门员恩克的自杀、赌球丑闻以及专业球员中'同性恋恐惧症'，这都给德国足球造成了负面影响。"

其中，专业球员的同性恋恐惧最为严重。虽然连足协主席都表示理解并支持那些能勇敢公开自己性取向的球员，但在球坛里同性恋依旧是一个禁忌的字眼。一名叫做乌尔班的职业球员在接受《世界报》采访时坦然承认自己是同性恋的事实，并表示之所以愿意公开是因为想在德国足坛打破这个禁忌，给更多人自由。但没想到他会因此沦为民众的笑柄，人们对他"决定性取向的权利"和率先公开性取向的勇气视而不见。

事实上世界各地都有同性恋球员，光是德国就至少有三名现役球员是如此。然而却极少人愿意站出来大声宣告真相，即使宣告了往往也只是得到人们鄙视的眼神。如今同性恋的问题普遍，尤其在文化艺术界更是见怪不怪，甚至在业余球员那里也不是问题。为什么球坛仍存在着如此强烈的同性恋恐惧呢？

对此，英国首席同性恋公共顾问专家马克思·克利福德就解释说："球迷对同性恋的憎恨简直到了无以复加的地步，艾尔顿·约翰是知名的歌手，也是沃特福德队的头号球星，不过没有一个沃特福德球迷以此为荣。同时，他也叹息道："在其他领域，比如乐坛、影坛、神职界都有同性恋敢于公开自己的身份，唯独足坛没有人敢站出来，据我所知，足球圈憎恨同性恋的现状和十年前一模一样。”

克利福德说的是实话，早在1998年就有一名球员因为公开自己同性恋的身份，受到辱骂和攻击，最后选择了自杀。他就是英格兰职业球员法沙奴，也是唯一一名公开同性恋身份的英格兰职业球员。

在土耳其，足球裁判员哈里，因为同性恋的身份，被拒绝参军服兵役，甚至还被迫辞去工作。哈里为同性恋的“健康问题记录”也保留在征兵医学报告中。土耳其足球界的有关规定中明确表示，因为健康原因没有服兵役的，不允许担任裁判员。因此哈里不得不辞职。哈里曾经向司法部门提起诉讼，关于自己的不公平待遇问题。媒体开始对土耳其足球和同性恋的关注和议论也始于哈里的这一行为。

但是球迷和足球俱乐部都不愿意接受同性恋。克利福德说：“俱乐部不愿意球员公开同性恋的身份，这会给球员的名声和身价造成影响，俱乐部的利益也会因此受损，所以几乎没有俱乐部愿意帮助这些球员。”

可见人们对足球界的同性恋的憎恨到了匪夷所思的地步，很明显这是一种同性恋恐惧的表现。

同性恋恐惧又称“恐同症“，是指对同性恋行为以及同性恋者的非理智性的恐惧和憎恨。如今社会主体是异性恋，同性恋的存在在“恐同症”者看来就是异端。他们从小就被灌输同性恋不正派、不道德、肮脏混乱等负面情绪，使得他们视同性恋为毒蛇猛兽。1984年，学者海雷克就明确指出，同性恋恐惧主要是针对同性恋的含有敌意的反应，表现为对同性恋的未经思考、毫无区别的恐惧态度。

有三种情况可导致同性恋恐惧症的产生：（1）无法认同自己同性恋的身份，拼命压抑自己，远离并躲避同性恋者；（2）对同性恋有很深的成见和误解，怕同性恋会破坏原有的社会体系，对同性恋有强烈排斥感的异性恋者；（3）认为会被传染艾滋病者。这里需要明白，同性恋≠艾滋病。异性恋感染艾滋病的人数要比同性恋感染人数多得多，这表明艾滋病是每个人都可能会受感染的传染病。同性恋与异性恋唯一的不同就是喜欢的人是同性。

近几年还开拍了许多关于同性恋的电影。所以现在的同性行为也不是什么稀奇的事情，也越来越被广大人们所接受和认可，而且还能够被认为是一种合理的性行为的形式。甚至在很多国家，同性结婚已经合法了，得到了国家和人民的认可。大家对待同性恋的态度已经从以前的白眼转化为淡定，可以说是一种司空见惯的态度，在这里，法律和心理健康的专家们的观点也发生了很大变化。我们列举以下几个例子：在20世纪70年代的美国，同性恋行为曾经在《精神疾病诊断与统计手册》中，被列入了性偏离症状，之后过了十多年，“同性恋行为”被移除出了1987年出版的《精神疾病

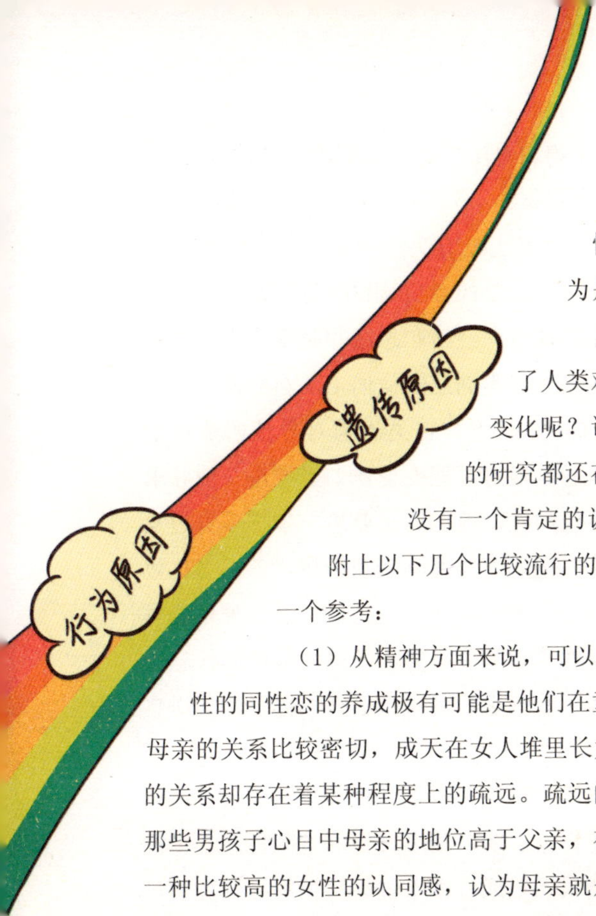

诊断与统计手册》，这表明同性恋已经不再被认为是精神疾病了。

具体是什么原因造成了人类对这种性取向产生了变化呢？许许多多关于性取向的研究都还在进行中，在目前还没有一个肯定的说法，但是在这里，附上以下几个比较流行的观点，可以给大家做一个参考：

（1）从精神方面来说，可以从这个角度分析：男性的同性恋的养成极有可能是他们在童年的时候和他们的母亲的关系比较密切，成天在女人堆里长大，但是他们和父亲的关系却存在着某种程度上的疏远。疏远的最终结果就是，在那些男孩子心目中母亲的地位高于父亲，在他们心目中会呈现一种比较高的女性的认同感，认为母亲就是他们的一片天。像我这么说大家可能还是对于这种印象比较模糊，还是会不太清楚，那么，你们身边有没有玩得特别好特别好的异性朋友呢？你和他的关系好得可以无话不谈，心里的话都可以向他说，但就是因为彼此之间太熟悉了反而没有了男女之间的爱，却和他的感觉有一种亲情，就像是自己的家人一样。同理而言，男同性恋也是这样的，就是由于他们对女性的那种高度认同感，或者是因为天天生活在一起，就是深层熟悉，他们觉得自己在内心是女孩子，让他们觉得和女性恋爱感到很别扭也很奇怪，就像是在乱伦一样。

（2）但是在行为主义上就有另一种说法：那些发现自己初次和同性恋在一起谈恋爱的经历是很美好的，是很完美的，但是他们初次和异性恋的经历和想法却是很危险、很不舒服的，他们尴尬，让人很不满意，他们生活在痛苦之中，总觉得异性身上全部都是缺点，正是因为对异性的那种不满和不舒服，这些矛盾就很有可能促使他们想要进一步寻求与同性恋的经历，不仅如此，他们还想要进一步排斥身边发展异性恋的机会和人。他们的同性恋的经历越多，都会让他们越发想继续进行自己的这种同性恋行为。但是这种说法对很多数的同性恋来说都不太有说服力，所以很多的同性恋认为：哥哥们在谈恋爱之前就很清楚自己的性取向了，知道自己爱的是什么人了。

女性和男性是很不一样的，所以，这种说法就被很多的女同性恋所接受，有证据表明，很大比例的女同性恋者都经历过一些让她们感到很恐惧或者很不悦的早期的异性恋的过程。其中有很多的报告都是在说，在自己还是童年的时候就很可能遭到了年长男性的虐待，在生活方面受到过男性的迫害，或者是在很早的时候就曾经被异性性侵犯过。在这相比之下，男性的同性恋者对早期曾发生的和异性间有异性间性经验的一些回忆，却是充满了深深的爱意和兴奋甜蜜的，这都是很普遍的。

（3）遗传是很可怕的，即使是同性恋也会存在遗传的问题，就像是同性恋的亲朋好友中间的同性恋的比例还是比较大的，那这样的话，你成为同性恋的可能也会比较大的，环境也会决定一个人的性格和性取向。最重要的是对于一些家庭来说，这个同性恋还是有根源可寻找的，可以追溯到几代前，所以这样就有了“同二代”“同三代”之说。

从心理学上看，遗传的确会影响一个人的性取向，这个就和他们的身高、皮肤还有身上其他特点一样，都是会严重地影响一个人的特点。但是大家众所周知，同性恋的性行为是不可能像异性恋那样可以繁衍后代，因此我们可以预见，这样的同性恋的遗传就会变得越来越少，随着时间的流逝，这种遗传或者同性恋就会慢慢地消失。

那么，怎么判断身边的人是否有“恐同症”呢？

很简单，看看对方是否有以下八大“恐同症”症状：

1.自己不想的强加在别人身上

这种“恐同症”的人，一提到同性恋，脑子里立马显示出来的信号就是两个性别相同的人如何上床，臆想人家的各种做爱方式，然后就觉得很反胃之类的，更有甚者，可能会骂起来：真是变态，真是恶心，真是不伦不类的。这种症状是比较多的一种，所影响的面是比较广的，也比较严重。其实人家如何关你什么事情呢？为何你非要去想象呢？你想到同性恋就想到人家床笫之事，无非你想到异性恋也是这些事情了，只是对象不一样。

2.闭塞视听、主观臆断

那些“恐同症”的人从来没碰到过同性恋者，他们脑海中同性恋的性格、外表等只是他们从一些很久前的影视作品或者自己的臆想中拼凑出来的，他们固执地认为同性恋都是男女性格颠倒的，男的“娘炮”，女的“金刚”，甚至男女不辨，更有甚者认为同性恋都是心理变态的。其实他们不了解内情，同性恋并不是讨厌异性，那些性格像女生的“娘炮”中也有很多最后跟女生走到一起的。大多数同性恋其实也是平常人，他们也生活在大千世界里，或许远在天边，或许近在咫尺，你是无法察别的。

3.不一视同仁，只要投其所好

正常的男人一般对女同性恋是没有歧视的，但是对男同性恋却很有成见，正常的女人刚刚好是相反的。出现这种情况，完全是因为思考问题的时候只思考了性，正常的男人对女人会有性冲动，正常的女人对男人同样有性冲动，他们往往对跟自己性别相同的同性恋是相当鄙视的，原因很简单，这些人不能让他们的性冲动得到满足。不要自认为这种人就不是恐同症了！这种把跟自己性别相同和不同的同性恋区别对待的行为，是恐同症一大经典现象。

4.浮想联翩，担心被同性恋缠上

有些人看到同性恋跟看到鬼怪似的。可能平常亲密无间的两个人，有一天其中一人说自己是同性恋，那另外一人保证拔腿就跑，日后碰到，也是能闪多远就闪多远，就好像同性恋是牛皮糖，沾上了甩都甩不掉。或许有些人根本没碰到同性恋，只是自己想象，如果身边某个人是同性恋，一定会缠上自己。其实同性恋跟异性恋一样的，总不见得身边每个异性都对你有意思，都会缠上你吧？所以，不用总是浮想联翩的，你的魅力还没有那么大呢。

5.庸人自扰，担心人类没有下一代

这种人呢，总害怕全世界的人都变成同性恋，然后人类不再有下一代了，然后人类灭绝了，地球物种也要消失了。其实想要解除这种症状很简单，去调查一下，这么多人当中有多少同性恋。

6.把艾滋传播的罪名强加到同性恋头上

具有该症状的人，大多是思想还停留在很久以前的人，他们受以前一些偏激的宣传的影响，觉得每个同性恋都是艾滋病患者，同性恋就是艾滋传播的途径，就是艾滋病的根源。有同

性恋就有艾滋病，没有同性恋就没有艾滋病，同性恋几乎成了艾滋病的代名词。随着人类知识面的拓宽，这种偏激思想越来越少了，但是也不能排除，还是有人或重或轻的有这种思想。其实，同性恋跟异性恋是一种性质的，他们的实质都是差不多的。艾滋病是一个全球性的问题，是全人类面临的问题，一味地把同性恋跟艾滋病摆到一边去，把所有罪名都强扣到同性恋身上，是不可取的。

7.凭空而来的仇恨

此类“恐同症”是极端型的，这种人是没办法控制自己的情绪的，他们不管你是什么样子的，但凡你是个同性恋，就该骂，就该打，就该杀，有些人动手甚至不顾后果。

8.听到同性恋结婚就情绪激动

患有这种症状的人，不一定知道同性恋是什么，但是只要听到人家同性恋要求结婚，要求法律保护，便会跳出来辩论，说同性恋是不合理的，同性恋是没有下一代的，是对长辈的不孝，同性恋是异类，是不可以提要求的，觉得同性恋如果结婚就是对婚姻的挑衅，对婚姻的侮辱。

生活中最为常见的恐怕就是人们听到雷声感到恐惧，甚至有人会为此吓破了胆，有的人会对金属刮擦玻璃的声音产生反应，有些人则会对鞋子踩雪地的声音非常反感。

患有偷盗癖的人，大多数不是因为偷窃到的物品有多高的经济价值而收获快感，他们大多是图那种占到便宜的喜悦以及不被人发现的窃喜感。